QUELLEN UND FORSCHUNGEN

ZUR

SPRACH- UND CULTURGESCHICHTE

DER

GERMANISCHEN VÖLKER.

HERAUSGEGEBEN

VON

ALOIS BRANDL, ERNST MARTIN, ERICH SCHMIDT.

LXXXVII.

DIE ALT- UND NEUSCHWEDISCHE ACCENTUIERUNG UNTER BERÜCKSICHTIGUNG DER ANDERN NORDISCHEN SPRACHEN.

STRASSBURG.
KARL J. TRÜBNER.
1901.

DIE

ALT- UND NEUSCHWEDISCHE ACCENTUIERUNG

UNTER BERÜCKSICHTIGUNG

DER ANDERN NORDISCHEN SPRACHEN

VON

AXEL KOCK.

STRASSBURG.
KARL J. TRÜBNER.
1901.

G. Otto's Hofbuchdruckerei in Darmstadt.

Wie der titel der jetzt erscheinenden abhandlung angibt, will sie in erster linie die accentuierung des alt- und neuschwedischen darstellen, aber auch die accentuierung der andern nordischen sprachen berücksichtigen. Bei einer erörterung der nordischen accentuierung dürfte es zweckgemäss sein von dem schwedischen auszugehen, da dieses mehr von der gemeinnord. accentuierung erhalten hat als die schwestersprachen. Da aber die accentverhältnisse der nordischen sprachen wohl auch für die germanische laut- und accentuierungslehre überhaupt von belang sind, so hege ich die hoffnung, dass eine kürzere darstellung der nordischen (besonders der schwedischen) accentuierung nicht ohne interesse auch für germanisten in Deutschland sein wird.

Schon früher habe ich gelegenheit gehabt die nordische accentuierung zu untersuchen. Ich erlaube mir folgendes zu erwähnen: Språkhistoriska undersökningar om svensk akcent I (1878), II (1884—85), Historiska anmärkningar om dansk akcentuering (Ark. III, 42—82), Studier öfver fornsvensk ljudlära II (1886) s. 340—379, Långa ändelsevokaler i det nordiska fornspråket (Ark. IV, 87—94), Der *i*-umlaut und der gemeinnordische verlust der endvocale (Beitr. XIV, 53—75), Fornnordiska kvantitets- och akcentfrågor (Ark. nf. III, 334—377), Till frågan om aksentueringens invärkan på svenskans vokalisation (Sv. landsm. XIII, no. 11). Schon in dem 1878 in Nordisk tidskrift for filologi, ny række III, 241—257 erschienenen aufsatz 'Ljudförsvagning i akcentlösa ord' habe ich (s. 247 f.) hervorgehoben, dass in dem älteren schwed. der fortis in grosser ausdehnung auf dem zweiten compositionsgliede der composita hat liegen müssen, und die hoffnung ausgesprochen die verbreitung dieses accentgesetzes in den altgerm. sprachen später untersuchen zu können.

In der jetzt erscheinenden abhandlung versuche ich sowohl frühere eigene untersuchungen als auch diejenigen anderer forscher über die nordische accentuierung zu verwerten; ich glaube aber auch neue beobachtungen und erklärungen mitteilen zu können. Diese abhandlung bringt also sehr viel, das sich in 'Språkhistoriska undersökningar om svensk akcent' nicht findet, ebenso wie die letzt genannte schrift sehr viele einzelheiten und mehrere untersuchungen mitteilt, die hier ganz übergangen bez. nur in aller kürze erwähnt sind.

Ungefähr die hälfte der abhandlung ist nach meinem schwedischen manuskript von Dr. E. Th. Walter übersetzt.

Lund, den 23. november 1900.

A. K.

Inhalt.

* Vgl. das schema s. 36 f.

* Vgl. das schema s. 140 f.

Abkürzungen.

acc. = accentuierung — dial. = dialektisch — fac. = facultativ — rel. = relativ — rspr. = reichssprache — sth. = stockholmisch.

Aasen = Ivar Aasen, Norsk grammatik (Christiania. 1884).

Ark. = Arkiv för (for) nordisk filologi.

Arvidi = Andreas Arvidi Strengnensis. Manuductio ad Poesin Svecanam. Thet är, En kort Handledning til thet Swenske Poeterij (Strengnäs. 1651).

J. A. A(urén), Qvantitetslära = J. A. A(urén), Bidrag till svenska språkets qvantitetslära (Stockholm. 1874).

Blandinger = Blandinger til oplysning om dansk sprog i ældre og nyere tid, udg af Universitets-jubilæets danske samfund.

Brekke = K. Brekke, Bidrag til dansk-norskens lydlære (1881).

Bruun: Akc. = C. F. Bruun, Om akcenten og tonefaldet i danske ord (Horsens. 1885).

Bure: Rytm. stud. = Nils Bure, Rytmiska studier öfver knittelversen i medeltidens svenska rimverk (Lund. 1898).

Grundtvig = S. Grundtvig, Det danske sprogs tonelag (in Beretning om forhandlingerne på det første nordiske filologmøde. København. 1879).

Hempl = George Hempl, German orthography and phonology. Part first. (Strassburg. 1897).

Höysgaard = [Jens Höysgaard,] Accentuered og Raisonnered Grammatica, Som viser Det Danske Sprog i sin naturlige Skikkelse . . . (Kjøbenhavn. 1747).

(Kock:) Akc. = Axel Kock, Språkhistoriska undersökningar om svensk akcent. I—II. (Lund. 1878—85).

Kock: Fsv. ljudl. = Axel Kock, Studier öfver fornsvensk ljudlära. I—II (ib. 1882—86).

Kock: Språkh. = Axel Kock, Undersökningar i svensk språkhistoria (ib. 1887).

Am. B. Larsen: Solø. Dialekt = Amund B. Larsen, Lydlæren i den solørske dialekt især i dens forhold til oldsproget (Videnskabsselskabets skrifter II. Hist.-fil. klasse. 1894. No. 4. Kristiania. 1894).

Larsson: Ordförrådet = Ludvig Larsson, Ordförrådet i de älsta isländska handskrifterna (Lund. 1891).

Medeltidsordspråk = Östnordiska och latinska medeltidsordspråk. Peder Låles ordspråk och en motsvarande svensk samling. Utgivna för "Samfund til udgivelse af gammel nordisk litteratur". I. Texter med inledning, utg. av Axel Kock och Carl af Petersens (København. 1889—1894). II. Kommentar av Axel Kock (ib. 1891—1892).

Mikkelsen = Kr. Mikkelsen, Dansk sproglære med sproghistoriske tillæg (København. 1894).

Rietz = Johan Ernst Rietz. Svenskt dialektlexikon (Lund. 1867).

Sv. landsm. = Nyare bidrag till kännedom om de svenska landsmålen ock svenskt folklif.

TfF. (nr.) = Nordisk tidskrift for filologi (ny række).

Weste = [Erik Vilhelm] Weste, Svenskt och franskt lexicon (Parallèle des langues françoise et suédoise. III–IV. Stockholm. 1807).

Accentuierungs-bezeichnung.

(Vgl. s. 7 ff.)

Die einsilbigkeits-accentuierung (die acc. 1) wird durch eine eins bezeichnet, z. b. *ta¹let* 'die rede'. Die zwei- und mehrsilbigkeits-accentuierung (die acc. 2) wird durch eine zwei bezeichnet, z. b. *ta²la* 'reden'.

Fortis (exspiratorischer hauptaccent), durch ʹ bezeichnet, z. b. *tá¹let*, *tá²la*. Verkürzte bezeichnung: *ta¹let, ta²la*, wo eine eins, bez. eine zwei so wohl die lage des fortis als auch das accentuierungs-system angibt.

Semifortis (exspiratorischer halbaccent), durch ˋ bezeichnet, z. b. *u²ttàl* 'aussprache'.

Infortis (exspiratorischer nebenaccent):

Levis, durch ˡ bezeichnet, z. b. *ta²lȧ*.

Levior, auch durch ˡ bezeichnet, z. b. *po¹jkarnȧ* 'die buben'.

Levissimus, unbezeichnet, z. b. auf der ultima von *ta¹let*.

Der stoss des dänischen wird durch · angegeben, z. b. *vintræ·* 'weinstock'.

I. **Abschnitt.**

Allgemeine bemerkungen über accentuierung. Quantitätsverhältnisse. Beschreibung der heutigen accentuierungssysteme und ihre geographische verbreitung.

1. Die lehre von der accentuierung behandelt den exspiratorischen druck und die musicalischen töne der sprache.

Der accent ist nämlich zweierlei art: exspiratorisch und musicalisch. Der exspiratorische accent ist der exspirationsdruck, womit eine silbe ausgesprochen wird. Je schwächer der exspiratorische druck ist, um so weniger beachten wir die betreffende silbe; je stärker derselbe ist, um so kräftiger wird unser ohr (unter im übrigen gleichen umständen) durch die silbe affiziert. Der musicalische accent ist der musicalische ton oder die musicalischen töne, womit eine silbe ausgesprochen wird. Hier sind die stimmbänder wirksam. Es ist eine aus dem alltäglichen leben wohl bekannte thatsache, dass — wenn auch innerhalb gewisser grenzen — ein musicalisch höherer ton mehr 'durchdringend' ist als ein musicalisch tieferer ton. Dieses umstandes bedient sich die sprache, um verschiedene silben in verschiedenem grade hervorzuheben. Wenn der luftstrom durch den kehlkopf getrieben wird, und die stimmbänder sich einander nähern, werden diese in vibration versetzt und geben einen ton. Die verschiedenen musicalischen töne hängen von der verschiedenen spannung der stimmbänder ab. Je mehr diese gespannt werden, um so mehr schwingungen machen sie in der sekunde, um so höher wird der musicalische ton, und um so mehr wird die silbe in musicalischer beziehung hervorgehoben.

In den meisten sprachen ist ein hoher musicalischer accent mit einem starken exspiratorischen auf ein und derselben silbe verbunden, während schwache exspiratorische und tiefe musicalische accente zusammen vorzukommen pflegen. Dies ist aber keineswegs immer der fall. So verwendet z. b. das schwedische oft auf ein und derselben silbe einen verhältnismässig schwachen exspiratorischen accent zusammen mit einem hohen musicalischen ton.

2. Während 'accent' passend nur benutzt wird um den exspirationsdruck oder den musicalischen ton bez. die musicalischen töne einer silbe anzugeben, bezeichnen wir mit 'accentuierung' die zusammenfassung mehrerer verschiedenen accente, sei es mehrerer exspiratorischen, oder mehrerer musicalischen accente, oder so wohl exspiratorischer als auch musicalischer accente. Wir sprechen also von schwedischer 'accentuierung', von deutscher 'accentuierung' etc. Unter der 'accentuierung' eines wortes (z. b. des schwed. wortes *skenet* 'der schein') verstehen wir die zusammenfassung der exspiratorischen und musicalischen accente desselben; wir sagen aber, dass die ultima von *skenet* in der schw. rspr. einen musicalisch tiefen 'accent' hat. Vgl. mit dieser verwendung von 'accent' und 'accentuierung' die ausdrücke 'ton' und 'betonung'.

3. Der exspiratorische accent ist entweder eingipflig oder zweigipflig. Der eingipflige accent besteht aus einer ganz einheitlichen exspiration; diese kann aber während der dauer der silbe entweder wesentlich constant (eben) bleiben oder abnehmen oder zunehmen oder erst zunehmen und dann abnehmen. Die paenultima von *tala* 'sprechen' hat nach der südschw. aussprache einen ebenen (constanten) eingipfligen accent, welcher durch — veranschaulicht werden kann. In dem worte *tal* 'rede' verwendet die schw. rspr. einen eingipfligen accent; er kann durch ⟍ veranschaulicht werden. Wenn die partikel *nå* 'nun' mit verdruss, vorwurf etc. ausgesprochen wird, kann sie einen zunehmenden eingipfligen accent (⟋) bekommen. Erst zunehmender, dann abnehmen-

der accent findet sich bisweilen auf der partikel *så* 'so' (∧). Die abnahme und die zunahme können langsamer oder schneller vor sich gehen: ⟍ ⟍ etc. Was in sprachwissenschaftlichen werken oft wenig glücklich 'schwach geschnitter accent' genannt wird, kann besser als ein schnell abnehmender exspiratorischer accent charakterisiert werden.

4. Der zweigipflige accent besteht darin, dass die anfangs relativ starke exspiration erst etwas abnimmt um sich dann von neuem zu vermehren. Dadurch entstehen zwei, durch ein dazwischenliegendes 'thal' getrennte 'gipfel', ohne dass der eindruck einer einheitlichen silbe verloren geht. Die zwei gipfel haben wohl in der regel verschiedene 'höhe', und dieselbe sprache kann verschiedene arten zweigipfliger accente verwenden. Der zweite gipfel des zweigipfligen accentes auf der ersten silbe von *fanjunkare* 'fähnrich' z. b. ist nach der Stockholmer aussprache niedriger als der zweite gipfel des zweigipfligen accentes von *fan* 'teufel'. Diese verschiedenen accente können durch ⌣ und ⌣ veranschaulicht werden.

Ein sehr ausgeprägt zweigipfliger accent kann aber einen eindruck hervorrufen, der dem von zwei silben nahe kommt, und die grenze zwischen zwei verschiedenen silben und einer silbe mit ausgeprägt zweigipfligem accent ist unsicher.

5. Der musicalische accent ist entweder einfach oder combiniert. Der einfache accent besteht aus éinem musicalischen tone, aus éiner musicalischen senkung (einem sinkenden portament) oder aus éiner musicalischen steigung (einem steigenden portament). Diese verschiedenen musicalischen verhältnisse können durch —, ⟍ und ⟋ bezeichnet werden, wobei die verschiedene neigung oder steigung der linien die schnelligkeit des portaments veranschaulicht. Der einfache accent macht immer einen einheitlichen eindruck.

6. Durch den combinierten accent bekommt man dagegen den eindruck, dass verschiedene accent-elemente auf der silbe vereinigt sind; er besteht nämlich aus verschiedenen combinationen einfacher musicalischer accente. Eine silbe hat einen combinierten accent, wenn z. b. ein steigendes portament auf ein sinkendes, oder ein langsam sinkendes auf ein schnell sinkendes folgt u. s. w. (\/ oder ⌊ etc.).

Über die verschiedenen arten des accentes sowie die klassifikation der accente vgl. besonders Sweet: A handbook of phonetics (1877) s. 91 ff., Sievers: Grundzüge der phonetik[4] s. 182 ff., Kock: Akc. I, 12 ff., II, 1 ff., Vietor: Elemente der Phonetik[3] 275 ff., Seelmann: Die aussprache des latein 15 ff. Weitere literatur über diesen gegenstand in den bibliographien bei Kock: Akc. I, s. V ff., 1 ff., II, 1 ff. und Hirt: Idg. akzent 1 ff.

Quantitäts-verhältnisse.

7. Für die richtige auffassung der schw. accentuierung sind einige kurze angaben über die quantitäts-verhältnisse der nschw. reichssprache notwendig.

Die nschw. rspr. verwendet sowohl vocale als auch consonanten von verschiedener quantität (länge). Für unseren zweck müssen drei grade unterschieden werden.

I. Lange quantität. Sie kommt entweder dem wurzelvocal oder dem unmittelbar nach dem wurzelvocal folgenden consonanten der simplicia zu sowie diesen lauten der mit hauptaccent ausgesprochenen silbe der composita. So ist der (erste) *a*-laut lang z. b. in *tal* 'rede', *talet* 'die rede', *tala* 'reden' *talför* 'redefertig'; der *l*-laut aber in *tall* 'kiefer', *tallen* 'die kiefer', *tallskog* 'kiefernwald', *ställt* 'gestellt'.

II. Halblange quantität, die entweder dem vocale oder dem unmittelbar auf den vocal folgenden consonanten der mit dem halbaccent (31) ausgesprochenen silbe von composita zukommt. Der vocal der zweiten silbe ist halblang z. b. in *uttal* 'aussprache', *uttala* 'aussprechen; der *l*-laut dagegen in *martall* 'verkrüppelte kiefer', *martallar* 'verkrüppelte kiefern', *utställt* 'ausgestellt'.

III. Kurze quantität. Sie kommt allen übrigen lauten zu, also allen lauten derjenigen silben, welche nicht haupt- oder halb-accent haben, z. b. den *l*-, *e*-, und *n*-lauten in *ta-len* 'die reden'; weiter allen nicht langen lauten der silben mit hauptaccent und allen nicht halblangen lauten der silben mit halbaccent, z. b. den *t*- und *l*-lauten in *tal* 'rede', allen lauten in *talför* 'redefertig' ausser dem *a* und *ö*, allen lauten in *skrika* 'schreien' ausser dem *i*.

Eine silbe mit hauptaccent enthält nur éinen langen laut, eine silbe mit halbaccent nur éinen halblangen laut; die übrigen laute dieser silben sind kurz.

Wenn eine silbe einen langen laut hat, nennen wir sie langlautig, z. b. die paenultima von *talet* 'die rede' und die von *tallen* 'die kiefer'. Enthält eine silbe einen halblangen laut, nennen wir sie halblanglautig, z. b. die ultima von *uttal* 'aussprache' und die von *martall* 'verkrüppelte kiefer'. Hat eine silbe keinen langen oder halblangen laut, nennen wir sie kurzlautig, z. b. die ultima von *talet* 'die rede', die ultima und die paenultima von *talade* 'redete'.

8. In isoliert ausgesprochenen simplicia findet sich éine langlautige silbe; in isoliert ausgesprochenen composita gewöhnlich éine langlautige und mindestens éine halblanglautige silbe. Die sprache hat aber mehrere wörter mit éiner langlautigen und keiner halblanglautigen silbe, welche sprachgeschichtlich composita sind, und die auch von dem modernen sprachgefühl als composita aufgefasst werden, z. b. *besē'* 'besehen', *förfátta* 'verfassen', wo nur die zweite silbe langlautig ist. Umgekehrt finden sich viele wörter mit den quantitäts-verhältnissen der composita (d. h. mit éiner langlautigen und éiner halblanglautigen silbe), ohne dass die compositionsglieder dem jetzigen sprachbewusstsein klar sind, z. b. *vārnăgel* 'warnendes beispiel', *tacksam* 'dankbar', deren erste silbe langlautig und deren zweite silbe halblanglautig ist.

9. Ebenso wie der halbaccent zwei verschiedene grade und der nebenaccent drei verschiedene grade (31, 32) hat, so wäre es auch möglich entsprechende quantitäts-grade zu unterscheiden. Der *n*-laut von *gamman* 'freude' (mit levis [32,1] auf der ultima) ist z. b. ein wenig länger als der von *tillsámman* 'zusammen' (mit levissimus [32,3] auf der ultima). Es ist aber für unseren zweck nicht nötig, diese geringeren quantitäts-abstufungen zu unterscheiden. — Man kann auch eine kleine verschiedenheit der dauer des langen *l*-lautes z. b. in *ställ* 'stelle' und in *ställt* 'gestellt', bez. des halblangen *l*-lautes in *utställ* 'stelle aus' und in *utställt* 'ausgestellt' beobachten. Unter im übrigen gleichen umständen ist nämlich die dauer eines langen bez. halblangen conso-

nanten im auslaut der silbe ein wenig grösser als im inlaut der silbe.

10. Etwas anderes als die quantität der laute ist die quantität der silben, d. h. die dauer, welche die aussprache sämtlicher laute einer silbe erfordert. Diese schwierige frage ist bis jetzt nicht eigentlich untersucht worden, und es ist sehr möglich, dass kurzlautige silben mit vielen lauten (z. b. *vulskt* in *djäfvulskt* 'teuflisch') eben so lange oder längere zeit erfordern als halblanglautige oder gar langlautige silben, welche nur aus éinem laute bestehen (z. b. *Björk-ö*, *ö* 'insel').

Eine langlautige silbe ist aber immer als eine lange silbe aufzufassen.

11. Nur unter exceptionellen umständen finden sich ausnahmen von den obigen regeln. So können gewisse einsilbler wie *ja* 'ja', *nå* 'nun', *så* 'so', *hva* (st. *hvad* 'was'), '*nä*' (st. *nej* 'nein'), *hm* 'hm' mit kurzem (auslautendem) vocal ausgesprochen werden, obgleich sie hauptaccent haben. Umgekehrt kann man ein wort, das unter normalen umständen mit langem vocal + kurzem consonanten auslautet, ausnahmsweise mit langem vocal + langem consonanten aussprechen. Dies kann z. b. mit *ūt* 'heraus' (*ūtt* ausgesprochen) der fall sein, wenn das wort, mit verdruss ausgesprochen, so viel wie 'machen Sie dass Sie fortkommen!' sagen will. Die verbindung langer vocal + langer consonant findet sich bisweilen in der weniger sorgfältigen sprache in solchen wörtern wie *mīnn* aus *mīnen* (best. form von *mīn* 'miene'), *natiōnn* aus *natiōnen* (best. form von *nation* 'nation'), d. h. in der best. form von solchen substantiven, die mit langem vocal + *n* auslauten, wenn der vocal des bestimmten artikels verloren gegangen ist. Composita von dem typus *mål-lös* 'sprachlos', *ris-soppa* 'reissuppe', also zusammensetzungen, wo der auslautende consonant des ersten compositionsgliedes mit dem anlautenden consonanten des zweiten compositionsgliedes identisch ist, haben zwar langen vocal + langen consonanten, aber die silbengrenze liegt *in* dem langen consonanten, und die erste silbe schliesst also mit der lautverbindung langer vocal + kurzer consonant. Bei leidenschaftlichem gespräch kann ausnahmsweise auch ein anlautender consonant abnorm verlängert

werden; z. b. *är du rrrasade* (st. *rasande*)?! 'bist du toll'?!, und hier bekommt man also die lautverbindung langer consonant + langer vocal.

12. In mehreren dialekten finden sich quantitäts-verhältnisse anderer arten als die in der rspr. gebräuchlichen. Hier sei nur erwähnt, dass die in der alten sprache gewöhnliche lautverbindung kurzer vocal mit hauptaccent + kurzer consonant noch immer in vielen dialekten von Norrland, Dalekarlien und Finnland fortlebt, z. b. *lĕsa* 'lesen' (aschw. *lǣsa*), *bŏd* 'bote' (aschw. *bōþ*, *būþ*).

In der alten sprache konnte der semifortis (31) so wohl auf einer kurzlautigen silbe (z. b. auf der paenultima von aschw. *skynsami* 'erkenntliche') als auch auf einer langlautigen silbe (z. b. auf der dritten silbe von aschw. *faþurlīker* 'väterlich') ruhen. Sogar der infortis konnte im urnord. auf langlautigen silben liegen, z. b. auf der ultima von *windōʀ* 'winde' (vgl. 233, 234).

Vgl. betreffs der quantitätsverhältnisse J. A. A(urén): Bidrag till svenska språkets quantitetslära (1874), Lyttkens och Wulff: Aksentlära in Svenska språkets ljudlära (1885), Lundell in Sv. landsm. I, 140 ff., Kock in Ark. nf. V, 151 anm., Noreen: Grundlinier till föreläsningar. Inledning till modersmålets prosodi 5 f., Beckman: Grunddragen af den svenska versläran 26 ff.

Die beiden accentuierungs-systeme des schwedischen.

13. Das schw. (ebenso wie das norw. und das dän.) verwendet zwei verschiedene acc.-systeme. Dies tritt bei einer vergleichung von wörtern, die betreffs der lautlichen verhältnisse homonym sind, aber verschiedene accentuierung haben, besonders deutlich hervor, z. b. *buren* (best. form von *bur* 'käfig'): *buren* (part. pass. von *bära* 'tragen'), *sägen* (subst.) 'sage': *I sägen* 'ihr saget', *sågen* 'die säge': *I sågen* 'ihr sahet', *hafven* 'die meere': *I hafven* 'ihr habet', *regel* 'regel': *regel* 'riegel', *giftet* 'das gift': *giftet* 'die ehe'.

14. Das eine von diesen acc.-systemen kommt denjenigen wörtern zu, welche noch immer einsilbig sind oder in der alten sprache (im isländischen) einsilbig waren, z. b. *hus* 'haus', *bönder* 'bauern' (isl. *bǿndr*, pl. von *bōndi*), *huset* 'das haus' (eine juxtaposition des einsilbigen *hus* und des artikels *et*, früher also *hus et*). Es wird deshalb *einsilbigkeits-accentuierung*, verkürzt *acc. 1*, genannt, und wir bezeichnen es mit einer eins nach dem vocale mit hauptaccent, z. b. *hu¹s*, *bö¹nder*.

15. Das andere der betreffenden acc.-systeme kommt den wörtern zu, welche schon in der alten sprache (im isländischen) zwei- oder mehrsilbig waren und noch immer zwei- oder mehrsilbig sind, z. b. *hysa* 'behausen' (isl. *hȳsa*), *huse* (archaist. dat. sg. von *hus* 'haus' in dem ausdrucke '*gå man ur huse*' 'samt und sonders ausziehen'; isl. dat. sg. *hūsi*), *bonde* 'bauer' (isl. *bōndi*), *talade* 'sprach' (isl. *talaþi*). Wir nennen es *zwei- und mehrsilbigkeits-accentuierung*, verkürzt *acc. 2*, und bezeichnen es mit einer zwei nach dem vocale mit hauptaccent, z. b. *hy²sa*, *bo²nde**.

Orientierende beschreibung der acc. 1 und der acc. 2.

16. Wörter mit der acc. 1 werden nach der Stockholmer aussprache folgendermassen accentuiert. Auf der silbe mit exspiratorischem hauptaccent (fortis) z. b. *säg* (imperat. 'sage'), auf der ersten silbe von *sägen* (subst. 'sage'), *bönder* ('bauern'), *bönderna* ('die bauern') ruht ein starker exspiratorischer eingipfliger accent, der am anfang des vocales am stärksten ist und nachher etwas abnimmt (eingipfliger fortis). Dieser exspiratorische accent ist mit einem musicalisch relativ hohen tone (acutus) verbunden, der während der aussprechung der silbe wesentlich unverändert bleibt, wenn er auch ein wenig steigen oder sinken kann. Die nächst folgende silbe (also die zweite silbe von *sägen*, *bönder*, *bönderna*) hat den schwächsten exspirationsdruck der sprache (levissimus), und der unterschied des exspirationsdruckes in dieser silbe und in der nächst vorangehenden ist sehr bedeutend. Dieser schwache

---

* Die beiden acc.-systeme wurden zuerst von Anders Nicander 1737 beobachtet. In demselben jahre wurden die beiden litauischen accente beobachtet und beschrieben; vgl. J. v. Rozwadowski IF. VII, 233 ff.

exspiratorische accent ist mit dem tiefsten musicalischen tone der sprache (gravis) verbunden, der etwa zwei töne unter dem tone der ersten silbe liegt. Die ultima von *bönderna* trägt den nächst schwächsten exspiratorischen accent der sprache (levior*), dessen exspirationsstärke ein wenig grösser ist als der accent der paenultima; die ultima hat gewöhnlich denselben musicalischen ton wie die paenultima.

17. Wenn eine oder mehrere relativ unaccentierte silben der silbe mit hauptaccent voraufgehen, so verändert dies die jetzt beschriebene accentuierung nicht. Die ultima von *gevä¹r* 'gewehr' hat z. b. dieselbe accentuierung wie *säg*, die paenultima und die ultima von *gevä¹ret* 'das gewehr' dieselbe accentuierung wie *sägen*. Die silbe *ge-* trägt den schwächsten exspirationsdruck (levissimus) und den tiefsten musicalischen ton (gravis) der sprache.

18. Wörter mit der acc. 2 bekommen dagegen nach der Stockholmer aussprache folgende accentuierung.

19. Zweisilbige wörter, z. b. *säga* 'sagen', *tala* 'sprechen', *kamma* 'kämmen' haben auf der paenultima einen starken exspiratorischen zweigipfligen accent (zweigipfligen fortis), der am anfang des vocales am stärksten ist, nachher aber abnimmt um am ende der silbe von neuem ein wenig zuzunehmen. Der zweite accentgipfel ist jedoch im vergleich mit dem ersten sehr niedrig. Mit diesem exspiratorischen hauptaccent ist ein combinierter musicalischer accent verbunden, der aus dem mittelton (medius, éinen ton tiefer als der höchste ton der sprache) und dem tiefsten ton der sprache (gravis, zwei töne tiefer als der höchste ton der sprache) besteht. Auf der ultima von *säga*, *kamma* ruht ein exspiratorischer nebenaccent (levis)**, der etwas stärker als der nebenaccent der ultima von *bönderna* ist. Mit diesem exspiratorischen nebenaccent ist der höchste musicalische ton

---

* Dieser nebenaccent kann mit dem nebenaccent der ultima von *mutige* nach der norddeutschen aussprache verglichen werden.

** Er dürfte mit dem nebenaccent der deutschen wörter *Anna*, *Otto* etc. nach der norddeutschen aussprache verglichen werden können, wenn auch die ultima dieser deutschen wörter länger als die ultima der schw. wörter *säga*, *kamma* ist.

der sprache (acutus, welcher sich auch in *säg* etc. findet) verbunden. Vielleicht wird dieser hohe musicalische ton der ultima durch eine unbedeutende erhöhung schon auf dem allerletzten teile der paenultima vorbereitet.

20. Drei- und mehrsilbige simplicia dagegen verwenden einen eingipfligen hauptaccent, und der nebenaccent ruht nicht auf der nächst folgenden silbe. Ihre musicalische accentuierung hängt davon ab. So finden sich z. b. auf der antepaenultima von *kammade* 'kämmte', *talade* 'sprach' eingifliger fortis und mittelton (medius), auf der paenultima der schwächste exspirationsdruck (levissimus) und der tiefste musicalische ton (gravis) der sprache, auf der ultima levis und acutus.

21. Wenn eine oder mehrere relativ unaccentuierte silben der silbe mit hauptaccent vorangehen, so braucht dies die eben beschriebene acc. 2 nicht zu verändern. So haben z. b. *betála* 'bezahlen', *betálade* 'bezahlte' mit der acc. 2 dieselben exspiratorischen und musicalischen accente wie bez. *tala* 'sprechen', *talade* 'sprach'. Auf der vorsilbe *be-* in *betala*, *betalade* ruhen der schwächste exspirationsdruck (levissimus) und der tiefste musicalische ton (gravis) der sprache. (*Betála*, *betálade* können aber facultativ auch mit der acc. 1 ausgesprochen werden.)

Die exspiratorische accentuierung der reichssprache.

22. Nach dieser orientierenden beschreibung der zwei acc.-systeme gehen wir zu einer erörterung der exspiratorischen accente der rspr. über.

Sie sind die folgenden.

23. I. *Fortis* (exspiratorischer hauptaccent). Der fortis ist unbedingt der stärkste exspiratorische accent der sprache; er ruht auf langlautigen silben, und wir bezeichnen ihn durch ´ über dem vocal, z. b. *kám* 'kamm', *kámma* 'kämmen', *kámmarlärd* 'stubengelehrter'. Wenn man das acc.-system neben dem fortis angeben will, erhält man die bezeichnung *ká¹m*, *ká²mma*, *ká²mmarlärd*.

In verschiedenen gegenden ist der fortis von verschiedener art.

24. A. Insofern die rspr. *par préférence* in der hauptstadt gesprochen wird, finden sich in ihr folgende arten von fortis:

a. *eingipfliger fortis.*

b. *zweigipfliger fortis.*

25. *Der eingipflige fortis* ist am stärksten am anfang des vocales und nimmt nachher etwas ab (⟍). Er findet sich

1) in allen wörtern mit der acc. 1, z. b. auf der ersten silbe von *kam* 'kamm', *kammen* 'der kamm', *fredag* 'freitag'; auf der zweiten silbe von *betyg* 'zeugnis', *förtala* 'verleumden'; auf der dritten silbe von *frieri* 'brautwerbung'; auf der vierten silbe von *fyrverkerier* 'feuerwerke'.

2) in wörtern mit der acc. 2, wenn die fortis-silbe durch eine oder mehrere silben von der silbe mit levis (bei den simplicia 32,1), bez. von der silbe mit starkem semifortis (bei den composita 31,1) getrennt ist, z. b. auf der ersten silbe von *kammade* 'kämmte', *renaste* 'der reinste' mit levis auf der ultima; auf der ersten silbe von *konungarna* 'die könige' mit levis auf der ultima oder paenultima; auf der zweiten silbe von *förtalade* 'verleumdete' mit levis auf der ultima; auf der zweiten silbe von *fullkomligare* 'vollkommener' mit levis auf der ultima oder paenultima — weiter auf der ersten silbe von *kammarlärd* 'stubengelehrter' mit starkem semifortis auf der ultima; auf der ersten silbe von *nådeansökan* 'gnadengesuch' mit starkem semifortis auf der paenultima.

26. *Der zweigipflige fortis* ist am stärksten am anfange des vocales und nimmt nachher ab, um am ende der silbe von neuem ein wenig zuzunehmen (⁀). Er findet sich in allen wörtern mit der acc. 2, wenn eine silbe mit levis (in den simplicia) oder eine silbe mit starkem semifortis (in den composita) unmittelbar auf die fortissilbe folgt, z. b. auf der ersten silbe von *kamma* 'kämmen', *aldrig* 'nimmer'; auf der zweiten silbe von *förtala* 'verleumden'; auf der dritten silbe von *lärarinna* 'lehrerin', wörter, die sämtlich levis auf der ultima haben, — auf der ersten silbe von *uttal* 'aussprache', *kammakare* 'kammacher' mit starkem semifortis auf der zweiten silbe. Eine silbe mit zweigipfligem fortis scheint eine unebene ('wogende') aussprache zu haben, und eine solche silbe (z. b.

die paenultima von *kamma*) macht den eindruck von etwas grösserer länge als eine silbe mit eingipfligem fortis und der acc. 2 (z. b. die antepaenultima von *kammade* 'kämmte').

27. Da der zweite gipfel des jetzt beschriebenen accentes sehr niedrig ist (⌣), kann dieser zweigipflige accent als ein *incidierter fortis* (vgl. lat. *incīdo* 'einen einschnitt machen') charakterisiert werden. In einigen wenigen einsilbigen wörtern: *fan* 'teufel' (aus alt. zweisilbigem *fanen*), *nå* 'nun', *så* 'so', *ja* 'ja', *jo* 'doch (ja)', *nej* 'nein', *åh* 'oh', *hm* 'hm' findet sich aber, wenn sie mit der acc. 2 ausgesprochen werden, ein zweigipfliger accent anderer art, welcher passend *geminierter fortis* benannt werden kann. Er ist nämlich ein ausgeprägt zweigipfliger accent, der zwar am anfang der silbe am stärksten ist und nachher abnimmt, aber auf dem zweiten teile der silbe von neuem recht bedeutend zunimmt (⌣). Der zweite teil hat den exspirationsdruck, der sonst einer levis-silbe zukommt; deshalb kann der geminierte fortis gewissermassen als eine combination des gewöhnlichen zweigipfligen fortis und des levis auf éiner silbe aufgefasst werden, und im worte *fan* (aus *fanen*) hat der geminierte fortis thatsächlich diesen ursprung. Diese einsilbigen wörter mit der acc. 2 und geminiertem fortis können aber fac. auch mit der acc. 1 und eingipfligem fortis accentuiert werden, und diese aussprache ist sogar die gewöhnliche, ebenso wie alle anderen einsilbigen wörter der rspr. nur die acc. 1 und eingipflichen fortis verwenden.

In mehreren dialekten spielt aber der geminierte fortis eine grosse rolle, indem er sich in nunmehr einsilbigen, früher aber zweisilbigen wörtern als ein ersatz der verloren gegangenen silbe (vgl. *fan* aus *fanen* in der rspr.) findet.

Im folgenden wird der ausdruck 'zweigipfliger fortis' von dem zweigipfligen incidierten fortis benutzt, da nur diese art des zweisilbigen fortis eine grössere verwendung in der rspr. hat.

28. Der eingipflige fortis und der zweigipflige fortis finden sich nicht nur in Stockholm, sondern auch z. b. in Södermanland, Westergötland, Wermland, Westerbotten (Burträsk).

29. B. In gewissen anderen gegenden werden folgende arten von fortis verwendet:

a. *eingipfliger abnehmender fortis.*
b. *eingipfliger ebener fortis.*

Der eingipflige abnehmende fortis ist am stärksten am anfang des vocals und nimmt nachher etwas ab (⟍). Er findet sich in allen wörtern mit der acc. 1, z. b. *kam* 'kamm', *fredag* 'freitag', *betýg* 'zeugnis' (andere beispiele oben 25,1).

Der eingipflige ebene fortis ist gleich stark während der ganzen dauer der silbe (—). Er findet sich in wörtern mit der acc. 2 unabhängig davon, ob die folgende silbe mit levis bez. starkem semifortis accentuiert wird oder nicht, z. b. *kamma* 'kämmen' mit levis auf der zweiten silbe, *uttal* 'aussprache' mit starkem semifortis auf der zweiten silbe; *kammade* 'kämmte' mit levis auf der dritten, *kammarlärd* 'stubengelehrter' mit starkem semifortis auf der dritten silbe. Das 'thal', welches sich nach der Stockholmer aussprache zwischen den beiden accentgipfeln z. b. in *kamma* findet, ist in der jetzt beschriebenen aussprache so zu sagen eben gemacht worden. Der unterschied zwischen dem eingipfligen abnehmenden fortis und dem eingipfligen ebenen fortis ist kleiner als der zwischen dem eingipfligen fortis und dem zweigipfligen (incidierten) fortis nach der Stockholmer aussprache.

Der eingipflige abnehmende fortis und der eingipflige ebene fortis werden in Südschweden (Schonen, Halland), in Uppland (Uppsala, Roslagen) und ohne zweifel noch in mehreren gegenden benutzt.

30. C. Nach M. Klintberg in Sv. landsm. VI nr 1 ist im gotländischen (in dem dialekt von Lau) der fortis der wörter mit der acc. 1 stärker als der fortis der wörter mit der acc. 2, und wenn dies richtig ist, unterscheidet also dieser dialekt a) *stärkeren fortis*, z. b. in *dag* 'tag', b) *schwächeren fortis*, z. b. in *dagar* 'tage'. Das gotländische steht in mehreren wesentlichen beziehungen der sprache des festlandes fern.

Der gotländische dialekt auf der insel Fårö verwendet nach Noreen in Sv. landsm. I, 360 f. zweigipfligen fortis 1) in wörtern mit der acc. 2, sei es dass sie zweisilbig (z. b. *batar* 'böte'), oder dass sie dreisilbig (z. b. *aigare* 'besitzer') sind, 2) in einsilbigen wörtern mit der acc. 1 und langem vocal, z. b. *bat* 'boot', *sar* 'wunde'. Dagegen ist der fortis eingipflig in anderen wörtern mit der acc. 1, z. b. *katt* 'katze' (mit kurzem vocal), *nagul* 'nagel' (zweisilbig).

31. II. *Semifortis* (exspiratorischer halbaccent).

Dieser nächst dem fortis stärkste exspiratorische accent der sprache ist immer eingipflig und ruht auf halblanglautigen silben.

Der semifortis hat zwei stärkegrade.

1. *Starker semifortis.* Er findet sich in der regel auf der wurzelsilbe des zweiten gliedes von composita mit der acc. 2 (bez. auf einer der wurzelsilben des zweiten gliedes solcher composita), und wir bezeichnen ihn durch ` über dem vocal, z. b. *ú²ttàl* 'aussprache', *ká²mmarlä̀rd* 'stubengelehrter'.

2. *Schwacher semifortis.* In der regel findet er sich auf der wurzelsilbe des zweiten gliedes von composita mit der acc. 1 (bez. auf einer der wurzelsilben des zweiten gliedes solcher composita), und wir bezeichnen ihn in dieser schrift in derselben weise wie den starken semifortis*, z. b. *strí¹ds-häst* 'streitross', *försä́¹kringsbòlag* 'versicherungsgesellschaft'.

32. III. *Infortis* (exspiratorischer nebenaccent).

Der infortis umfasst die schwächsten exspiratorischen accente der sprache; sie sind eingipflig und ruhen auf kurzlautigen silben. Der infortis hat drei stärkegrade.

1. *Levis.* Er kommt den formellen simplicia (34) mit der acc. 2 zu und ruht auf der silbe, welche auf die fortis-silbe folgt, bez. auf einer der silben, welche auf die fortis-silbe folgen; wir bezeichnen ihn durch ˈ über dem vocal, z. b. *ká²mmȧr* 'kämme', *grefví²nnȧ* 'gräfin', *ká²mmadė* 'kämmte', *förtá²ladė* 'verleumdete'. Der levis wird als ein notwendiges complement des fortis bei den simplicia mit der acc. 2 empfunden.

2. *Levior.* Er findet sich besonders auf der zweiten oder dritten silbe nach der fortis-silbe von formellen simplicia (34) mit der acc. 1, und wir bezeichnen ihn hier in derselben

---

* Wenn man den starken und den schwachen semifortis durch verschiedene bezeichnungen unterscheiden will, so kann der letztere durch verkleinerung des accent-zeichens ` veranschaulicht werden.

weise wie den levis*, z. b. *pó¹jkarnà* 'die buben', *betá¹ladè* 'zahlte'. Ausserdem kann der levior auch auf einer silbe ruhen, die der fortis-silbe vorangeht, z. b. *brỳggerí*¹ 'brauerei', *cèremoní*¹ 'ceremonie'.

Der nebenaccent levior verhält sich zu dem nebenaccent levis wie der halbaccent schwacher semifortis zu dem halbaccent starkem semifortis.

3. *Levissimus*, welcher der schwächste exspirationsdruck der sprache ist und unbezeichnet bleibt. Er findet sich z. b. auf der ersten silbe von *grefví²nnà* 'gräfin', auf der zweiten von *ká¹mmen* 'der kamm', *ká²mmadè* 'kämmte', auf der dritten und vierten von *kó²nungarnà* 'die könige'.

33. Statt der ausdrücke 'der fortis der wörter mit der acc. 1' und 'der fortis der wörter mit der acc. 2' kann man die verkürzten ausdrücke *der fortis 1* und *der fortis 2* benutzen. Die paenultima von *ká¹mmen* hat also den fortis 1, während der fortis 2 auf der paenultima von *ká²mma* 'kämmen' sowie auf der antepaenultima von *ká²mmade* ruht. In übereinstimmung hiermit ist es oft zweckmässig, eine verkürzte bezeichnung zu verwenden, und zwar in der weise, dass das fortis-zeichen ausgelassen wird, während eine eins bez. eine zwei nach dem vocale der fortis-silbe den fortis 1 bez. den fortis 2 bezeichnet, z. b. *ka¹mmen* (statt der ausführlicheren bezeichnung *ká¹mmen*), *ka²mmà* (st. *ká²mmà*).

34. Wörter, die nur éinen fortis aber keinen semifortis haben, nennen wir *formelle simplicia*, z. b. *skénet* 'der schein', *besé* 'besehen' (vgl. z. t. 8). Wenn ein wort sowohl fortis als auch semifortis verwendet, wird es dagegen ein *formelles compositum* genannt, z. b. *jórdbrùk* 'ackerbau', *várnàgel* 'warnendes beispiel', *tácksàm* 'dankbar' (vgl. z. t. 8). Auch wörter mit zwei fortis-accenten (294 ff.) sind natürlich als formelle composita aufzufassen, z. b. *sténrík* 'steinreich'.

Vgl. betr. der exspir. acc. Kock: Akc. I, 24 ff.; II, 12, 26 ff., Sv. landsm. VI no. 2, besonders s. 22 ff., XIII no. 11

---

* Der levior kann durch ein verkleinertes levis-zeichen veranschaulicht werden, wenn man eine besondere bezeichnung für diesen accent wünscht.

s. 1 ff., Noreen in Svensk språklära 26 f. von Schwartz und ihm, Supplement till Nordisk Familjebok art. *accent*, Schagerström in Sv. landsm. II no. 4 s. 43, Olséni ib. VI no. 4 s. 77 ff., Klintberg ib. VI no. 1 s. 1 ff., Brate in Nystavaren III, 115 anm. 1; z. t. auch J. A. Aurén: Bidrag till svenska språkets akcentlära (1880), Svahn: Språkljud och quantitativ betoning i högsvenskan (1882) s. 110 ff., Lyttkens och Wulff: Aksentlära i Svensk språkets ljudlära och beteckningslära jämte en afhandling om aksent (1885), Svenska språkljud och akcenter (1898) s. 28 ff.

Die musicalische accentuierung der reichssprache.

35. Diese ist auch unter den gebildeten klassen in den verschiedenen gegenden des landes äusserst verschieden.

Im stockholmischen kommen folgende musicalischen accente zur verwendung.

36. I. *Acutus.* Dieser einfache accent ist der höchste musicalische ton der sprache, und er wird mit dem fortis 1, mit levis und mit dem starken semifortis verbunden —

mit dem fortis 1 z. b. auf *ka¹m* 'kamm' sowie auf der ersten silbe von *fre¹dag* 'freitag' (andere beispiele 25,1),

mit dem levis z. b. auf der ultima von *ka²mmar* 'kämme', *grefvi²nnorna* 'die gräfinnen' (andere beispiele 32,1),

mit dem starken semifortis z. b. auf der ultima von *u²ttàl* 'aussprache' und auf der paenultima von *nå²deansȍkan* 'gnadengesuch'.

37. II. *Medius*, ein einfacher accent, der éinen ton unter dem acutus liegt. Er wird mit dem eingipfligen fortis 2 verbunden und findet sich z. b. auf der ersten silbe von *ka²mmade* 'kämmte' und von *so²luppgå̀ng* 'sonnenaufgang' (andere beispiele 25,2).

38. III. *Gravis.* Dieser einfache accent liegt einen ton unter dem medius und wird mit levissimus und levior verbunden —

mit dem levissimus z. b. auf der ersten silbe von *bety¹g* 'zeugnis', auf der zweiten von *ka¹mmen* und *ka²mmade* (andere beispiele 32,3), mit dem levior z. b. auf der ersten silbe von *bryggeri*[1] 'brauerei' und auf der ultima von *hu¹sena* 'die häuser' (andere beispiele 32,2).

39. IV. *Compositus*, ein combinierter accent, der aus medius + gravis besteht. Er wird mit dem zweigipfligen (incidierten) fortis verbunden und findet sich z. b. auf der ersten silbe von *ka²mmȧ* 'kämmen', *ka²mmȧkare* 'kammacher', auf der zweiten silbe von *grefvi²nnȧ* 'gräfin' (andere beispiele 26). Wenn man die erste silbe von *kamma, kammakare* allein ausspricht, macht sie den eindruck des unbeendigten, weil man den nachfolgenden acutus erwartet.

40. Hieraus ergibt sich, dass die tonfolge eines zweisilblers (*ka²mmȧ*) und die eines dreisilblers (*ka²mmadė*) mit der acc. 2 dieselbe ist, obgleich die musicalischen accente anders vertheilt sind. Der medius und der gravis, welche auf der antepaenultima (mit eingipfligem fortis) bez. auf der paenultima (mit levissimus) von *kammade* ruhen, sind in *kamma* auf der paenultima (mit zweigipfligem fortis) vereinigt; deren zweiter accentgipfel entspricht dem levissimus der paenultima von *kammade*. Sowohl *kammade* als auch *kamma* haben auf der ultima den acutus und den levis.

41. Wenn die 27 erwähnten wenigen einsilbler *fan* 'teufel', *nå* 'nun' u. s. w. geminierten zweigipfligen fortis 2 bekommen, werden sie mit einem combinierten musicalischen accent ausgesprochen, der aus medius + gravis + acutus besteht. Während der combinierte musicalische accent der paenultima von *kamma* 'kämmen' unbeendigt zu sein scheint, ist dies bei diesem combinierten accent nicht der fall: er besteht nämlich aus der ganzen tonreihe, welche den zwei- und mehrsilblern mit der acc. 2 (*kamma*, *kammade* etc.) zukommt. Unter diesen umständen kann der compositus der paenultima von *kamma* etc. *unbeendigter compositus*, der von *fan* etc. *beendigter compositus* benannt werden, wenn man diesen accenten verschiedene namen zu geben braucht. Im folgenden verstehe ich unter *compositus* den u n b e e n d i g t e n compositus, wenn nicht ausdrücklich das gegenteil gesagt wird.

42. Wenn auch vielleicht, besonders bei den composita, abweichungen vorkommen, werden also im stockholmischen

die musicalischen accente, wenigstens in der regel, auf folgende weise mit den exspiratorischen verbunden.

I. *Fortis.* Der fortis 1 (= der eingipflige fortis der wörter mit der acc. 1) wird mit dem acutus verbunden, z. b. *ka^{1}m* 'kamm', *förta^{1}la** 'verleumden'.

Der eingipflige fortis 2 (= der eingipflige fortis der wörter mit der acc. 2) wird mit dem medius verbunden, z. b. *ka^{2}mmadè* 'kämmte', *förta^{2}ladè** 'verleumdete'.

Der zweigipflige fortis 2 wird mit dem compositus verbunden, z. b. *ka^{2}mmà* 'kämmen', *ka^{2}mmạ̀kare* 'kammacher'.

II. *Semifortis.* Der starke semifortis wird mit dem acutus verbunden, z. b. *u^{2}ttàl* 'aussprache', *so^{2}luppgå'ng* 'sonnenaufgang'.

Der schwache semifortis wird mit dem gravis verbunden, z. b. *fre'dàg* 'freitag'.

III. *Infortis.* Der levis wird mit dem acutus verbunden, z. b. *ka^{2}mmà* 'kämmen', *ka^{2}mmadè* 'kämmte'.

Der levior wird mit dem gravis verbunden, z. b. *hu^{1}senà* 'die häuser', *brÿggeri^1* 'brauerei'.

Der levissimus wird mit dem gravis verbunden, z. b. auf der ersten silbe von *bety^{1}g* 'zeugnis', auf der zweiten von *ka'mmen* 'der kamm', *brÿggeri* 'brauerei', *ka^{2}mmadè*.

43. Wenn ein wort mit zwei oder mehr silben mit levissimus oder levior schliesst, welchen eine acutus-silbe (mit fortis 1, z. b. *föru^{1}nderligaste* 'der wunderlichste', oder mit starkem semifortis, z. b. *u^{2}ngkarlsuppàsserska* 'aufwärterin eines junggesellen') vorangeht, so dürfte die senkung von dem acutus bis zu dem gravis der ultima gern stufenweise vor sich gehen.

44. Wenn die exspiratorische accentuierung eines wortes angegeben wird, ist also dadurch auch dessen musicalische accentuierung bekannt.

45. Vgl. betr. der musicalischen acc. Noreen in Svensk språklära von Schwartz und ihm 31 f., Nordisk familjebok, Supplement I sp. 29 f., Herman Uddén bei Kock: Akc. I,

* *Förtala* kann fac. mit der acc. 1 oder mit der acc. 2 ausgesprochen werden.

34 ff.; II, 44 ff., Storm: Tonefaldet i de skandinaviske sprog 7 f., Sweet: Handbook of phonetics 155, Sounds and forms of spoken swedish 39 ff. und die 34 angeführten werke.

Mitteilungen über die accentuierung gewisser mundarten.

46. Der Dalbyer dialekt (im nördlichen Wermland) verwendet gravis, medius (eine kleine terz über dem gravis) und acutus (eine quint über dem gravis). Wörter von dem typus *bocken* 'der bock' (mit der acc. 1) haben auf der fortis-silbe den medius (und eingipfligen fortis), auf der folgenden silbe den gravis. Wörter mit der acc. 2 verwenden teils eingipfligen fortis, und zwar wenn der endvocal der rspr. erhalten bleibt (z. b. *häste* = rspr. *hästar* 'pferde', *åkenes* = rspr. *åkande*(*s*) 'fahrend'), teils zweigipfligen geminierten fortis, und zwar wenn der endvocal der rspr. verloren gegangen ist (z. b. *bit* = rspr. *bita* 'beissen'). In jenem falle trägt die fortis-silbe den medius, die folgende(n) silbe(n) den acutus. In diesem falle (z. b. *bit*) hat die fortis-silbe medius + acutus, d. h. die tonfolge, welche vor dem vocalverluste auf zwei silben (*bita*) verteilt war. Noreen Sv. landsm. I, 164 ff., 184 f.

47. Im wermländischen Fryksdals-dialekt finden sich die accente gravis, tiefer medius (die terz im verhältnis zum gravis), hoher medius (die übermässige quart im verhältnis zum gravis), acutus (die quint im verhältnis zum gravis). Die fortis-silbe der wörter mit der acc. 1 bekommt den gravis, z. b. *jet* 'ziege', *jétter* 'ziegen', *frúkkosten* 'das frühstück', während der tiefe medius auf der zweiten (z. b. der ultima von *jetter*), der acutus auf der dritten silbe (z. b. der ultima von *frukkosten*) ruht. Wenn der fortis auf der antepaenultima der wörter mit der acc. 2 ruht, bekommt sie den acutus, die paenultima aber den gravis und die ultima den tiefen medius. Haben die wörter mit der acc. 2 den fortis auf der paenultima (z. b. *gammel* = rspr. *gammal* 'alt'), ist die tonreihe dieselbe, der acutus und der gravis sind aber auf der paenultima vereinigt, während die ultima den tiefen medius bekommt. Wenn ein endvocal der rspr. im dialekte verloren gegangen ist, bekommt die vorangehende silbe mit nur einem musicalischen ton nebst diesem auch den musicalischen ton

der verloren gegangenen silbe. So findet sich z. b. auf der ultima von *begrip* 'begreifen', *góssān* 'die knaben', *hun* 'der hund' gravis + tiefer medius, accente, welche früher auf der paenultima bez. der ultima von *begrípa*, *góssarna*, *húnden* ruhten. Bei dem verluste des *a* der ultima von *góssa(r)na* und bei der zurückwerfung des accentes auf die paenultima ist der vocal dieser silbe verlängert worden (*góssān*). Es verdient auch bemerkt zu werden, dass gravis + tiefer medius bei einsilblern wie *hun* 'der hund', durch den einfluss der grossen menge von wörtern mit dieser accentuierung, meistenteils gegen acutus + gravis vertauscht worden ist. Noreen: Fryksdalsmålets ljudlära 4 ff., 40 ff.

48. Im gotländischen dialekte kommen gravis, medius (eine sekunde über dem gravis) und acutus (eine terz über dem gravis) zur verwendung. Die fortis-silbe der wörter mit der acc. 1 (z. b. *sar* 'wunde', *baten* 'das boot') haben acutus + gravis*, die folgende(n) silbe(n) den gravis. Auf der fortis-silbe der wörter mit der acc. 2 (z. b. *bátar* 'böte', *áigare* 'besitzer') ruht medius + acutus, auf der folgenden silbe bez. den folgenden silben der gravis. Einsilbler mit der acc. 1 und langem vocal haben (wenigstens im dialekt von Fårö) zweigipfligen fortis, z. b. *bat* 'boot', *sar* 'wunde'. Wenn das endungs-*e* der zweisilbler mit der acc. 2 verloren geht, wird dessen accent mit dem der vorhergehenden silbe vereinigt, z. b. *bred* 'brett' mit medius + acutus + gravis (aus *bréde* mit medius + acutus auf der paenultima und gravis auf der ultima). Noreen in Sv. landsm. I, 297 f., 360 f., Klintberg ib. VI no. 1.

49. In dem uppländischen dialekte (Skuttunge) liegt die paenultima der zweisilbler mit der acc. 1 vier töne über der ultima, z. b. *varsel* 'vorzeichen', *foten* 'der fuss', während die paenultima der zweisilbler mit der acc. 2 éinen ton unter der ultima liegt, z. b. *båtar* 'böte', *alla* 'alle'. K. P. Leffler in Sv. landsm. XVIII no. 2.

50. Die bis jetzt erwähnten dialekte haben in fortissilben nicht mehr das quantitätsverhältnis der alten sprache kurzer vocal + kurzer consonant. Dies ist aber z. t. der

---

* Wenn ein stimmloser consonant (oder gewisse stimmhafte consonanten) auf einen kurzen vocal folgt, bekommt die silbe nur den acutus.

fall mit dem Elfdals-dialekt (in Dalekarlien), über dessen exspiratorische und musicalische accente ein paar notizen mitgeteilt werden mögen. Bei den einsilblern ist auch hier das alte quantitäts-verhältnis kurzer vocal + kurzer consonant verloren gegangen, indem immer ein laut (vocal oder consonant) verlängert worden ist. Es ist aber bemerkenswert, dass die einsilbler, welche also immer irgend einen langen laut und ebenso wie in der rspr. die acc. 1 haben, einen zweigipfligen fortis verwenden, z. b. *ais* 'eis'. Bei den zweisilblern dagegen besteht noch immer das quantitätsverhältnis der alten sprache kurzer vocal + kurzer consonant, z. b. *lĭvå* 'leben' (isl. *lĭfa*, aschw. *lĭwa*). Die zwei- und mehrsilbigen wörter verwenden die acc. 2, sei es, dass sie kurzsilbig (z. b. *lĭvå*), oder langsilbig (z. b. *brinna* 'brennen') sind, aber die acc. 2 der beiden wörtergruppen ist zweierlei art. Während die musicalischen accente des dialektes gravis, medius (eine sekunde über dem gravis) und acutus (eine terz über dem gravis) sind, haben die langsilbigen wörter mit der acc. 2 (z. b. *brinna*) auf der paenultima den mit medius + gravis verbundenen zweigipfligen fortis, auf der ultima den mit acutus verbundenen levissimus. Auf der paenultima der kurzsilbigen wörter mit der acc. 2 (z. b. *lĭvă*) ruht dagegen der mit medius verbundene eingipflige fortis, auf der ultima dieser wörter ein mit gravis verbundener s e h r s t a r k e r levis. Noreen bei Kock: Akc. II, 402, 439.

51. Obgleich sich, wie aus dem obigen hervorgeht, grosse verschiedenheiten zwischen den beiden acc.-systemen (der acc. 1 und der acc. 2) in den verschiedenen gegenden finden, ist es doch für den allergrössten teil des schwedischen sprachgebietes charakteristisch, dass die beiden acc.-systeme zur verwendung kommen. Doch wird in ein paar kleineren gegenden von Schweden, und zwar in Mora und Orsa (in Dalekarlien) und, wie angegeben wird, auch in Öfver-Kalix (im amte Norrbotten), ausserdem in mehreren gegenden des ostschwedischen sprachgebietes (im osten von der Ostsee und dem Bottnischen Busen) nur éin acc.-system verwendet.

52. Zwar kommen in den meisten schwedisch-finnländischen dialekten zwei acc.-systeme vor, nämlich in Öster-

botten (doch, nach den existierenden angaben, nicht in allen kirchspielen), wenigstens in gewissen dialekten Ålands (z. b. in dem Brändö-dialekt, aber nicht in dem dialekt von Kökar), in gewissen teilen des eigentlichen Finnland und in dem westlichen Nyland (dem westlichen gau von Raseborg), aber im mittleren und östlichen Nyland findet sich nur éin acc.-system.

Nur éin acc.-system wird auch von den gebildeten klassen Finnlands bei der aussprache des schwedischen verwendet. Nach dieser schwedisch-finnländischen aussprache haben z. b. *buren* (best. form von *bur* 'käfig') und *buren* (part. pass. von *bära* 'tragen'; vgl. 13), dieselbe accentuierung. Auf der paenultima ruht ein mit einer schnellen und starken musicalischen steigung verbundener eingipfliger fortis, während die ultima den levissimus (oder vielleicht eher den levior) hat und etwa eine septime unter dem ende der paenultima liegt.

53. Auch die schwedischen dialekte südlich vom Finnischen Busen verwenden nur éin acc.-system, d. h. die schwedischen dialekte in Estland und auf den an der estländischen küste gelegenen kleinen inseln, auf Dagö und auf der in dem Rigaischen Busen gelegenen Runö. Nach den angaben H. Vendells liegt in dem Runöer dialekt die fortissilbe musicalisch bedeutend höher als die infortis-silben, während der unterschied in dem schwedisch-estländischen dialekt kleiner ist.

54. Siehe Freudenthal: Svenska allmogemålet i Nyland 8 (in Bidrag till kännedom af Finlands natur och folk, 15. heft), Upplysningar om Rågö- och Wichterpalmålet i Estland 155 (ib., 24. heft), Über den Närpesdialekt 57, Vöråmålet 42, Vendell in Sv. landsm. II no. 3 s. 29, Laut- und formenlehre der schwedischen mundarten . . . in Ormsö und Nukkö 67 f., Pedersöre-Purmo-målet 10, Ordlista öfver det svenska allmogemålet in Finnby kapell 6, Ordaksenten i Raseborgs härads svenska folkmål (Finska Vet.-Soc. Öfversigt XXXIX), A. Karsten in Sv. landsm. XII no. 3 s. 12, Pipping: Om Hensens fonautograf som ett medel för språkvetenskapen 28 ff., Thurman in Sv. landsm. XV no. 4 s. 14, Noreen in Nordisk familjebok Supplement art. 'accent', Inledning till modersmålets

prosodi 16, Widmark: Vesterbottens landskapsmål 9, Kock: Akc. I, 48 ff.

Die beiden accentuierungs-systeme des norwegischen.

55. Der wortschatz des norwegischen und des dänischen ist, im grossen und ganzen, nach derselben norm wie der wortschatz des schw. auf die beiden acc.-systeme (die acc. 1 und die acc. 2) verteilt, und zwar in der weise, dass die acc. 1 von den einsilblern und den wörtern, welche in der alten sprache (im isl.) einsilbig waren, benutzt wird, die acc. 2 aber von den wörtern, welche in der alten sprache (im isl.) zwei- oder mehrsilbig waren.

Der art nach stimmen die beiden acc.-systeme des norw., besonders nach der aussprache in Christiania und im Ostlande überhaupt, wesentlich mit denen des schw. überein, während die art der beiden acc.-systeme im dän. ganz verschieden ist.

56. Im norw. ebenso wie im schw. werden mehrere wörter nur durch die acc. unterschieden, z. b. *bunden* (best. form von *bund* 'boden') : *bunden* (part. pass. von *binde* 'binden'), *kokken* (best. form von *kok* 'koch') : *kokken* (best. form von *kokke* 'köchin'), *læser* 'liest' : *læser* 'leser'; jene haben die acc. 1, diese die acc. 2.

57. Die Christianiaer aussprache ist die folgende. Ein starker exspiratorischer accent ruht auf der wurzelsilbe der wörter mit der acc. 1, z. b. *ja* 'ja', *solen* 'die sonne', *bögene* (*bökene*) 'die bücher'. Ist das wort einsilbig (z. b. *ja*), steigt die stimme gleichmässig um eine terz oder eine quart, wodurch aber ein einheitlicher musicalischer eindruck erreicht wird. In zwei- und mehrsilbigen wörtern ist diese musicalische steigung auf die verschiedenen silben verteilt, und zwar so, dass die ultima von *solen* um eine terz oder quart über dem anfang der paenultima liegt, die paenultima von *bögene* (*bökene*) um eine terz und die ultima um eine quart über dem anfang der antepaenultima. Dreisilbige composita mit der acc. 1 wie *a'nkòmme* 'ankommen' haben den fortis auf der ersten, den semifortis auf der zweiten silbe, aber dieselbe musicalische acc. wie *bögene* (*bökene*). Auch in längeren

compòsita (wie z. b. *u¹nderofficèr* 'unteroffizier') macht der unterschied zwischen der ersten und der letzten silbe eine quart aus, und die mittleren silben steigen stufenweise.

58. Zweisilbler mit der acc. 2, z. b. *måne* 'mond', haben den fortis auf der paenultima, den levis auf der ultima. Der levis ist jedoch schwächer in der norw. rspr. als der entsprechende accent des schw.; in gewissen norw. dialekten aber hat dieser accent dieselbe stärke wie im schw. Die paenultima von z. b. *måne* fängt mit einem mittleren tone (eine terz über dem tiefsten tone der sprache = dem anfangstone von *ja¹*) an; dann sinkt die stimme ungefähr eine terz, um auf der ultima plötzlich um eine quart zu steigen. Die anfangs- und schlusstöne der paenultima von *måne* sind in den dreisilblern mit der acc. 2 z. b. *pigene* (*pikene*) 'die mädchen' auf die antepaenultima und paenultima verteilt, während die ultima levis und denselben hohen ton wie die ultima von *måne* hat. Auch in viersilbigen wörtern mit der acc. 2 wie *menneskene* 'die menschen' sind die anfangs- und schlusstöne der paenultima von *måne* auf die zwei ersten silben verteilt; die dritte liegt einen ton über der zweiten, und die ultima bekommt denselben hohen ton wie die ultima von *måne*. Composita mit der acc. 2 und mit dem semifortis auf dem zweiten compositionsgliede (*vå²rdàg* 'frühlingstag', *klo²kkerbestìlling* 'küsteramt' u. s. w.) haben dieselbe musicalische accentuierung wie die simplicia mit der acc. 2, und die ultima bekommt den höchsten musicalischen ton.

59. Im westnorw. (z. b. in Bergen) sind die acc. 1 und die acc. 2 in musicalischer beziehung von den beiden acc.-systemen des ostnorw. ganz verschieden; siehe die beschreibung J. Storms in Engl. philologie² I, 247. Nach A. B. Larsen (in Universitets- og skoleannaler 1890 s. 274) ist der unterschied zwischen der acc. 1 und der acc. 2 gering in dem amte von Lister und Mandal (in dem südlichsten Norwegen), und der fortis 1 wird dort durch einen schwachen stoss (glottal catch) charakterisiert; vgl. unten 62 den stoss im dän. (siehe auch J. Storm in Norvegia I, 49). Auch in dem nördlichsten Norwegen (Finnmarken) ist der unterschied der beiden acc.-systeme nur geringfügig.

Zweigipfliger fortis kommt in den dialekten nördlich vom Dovrefjeld bei den wörtern mit der acc. 2 vor, welche in der rspr. noch zweisilbig sind (*skrive* 'schreiben' etc.), in den dialekten aber den endvocal verloren haben (*skriv* etc.). Bei dem verlust des endvocales ist — ebenso wie es in mehreren schw. dialekten der fall ist — dessen exspiratorischer accent als ein zweiter exspirationsgipfel auf die vorhergehende silbe zurückgeworfen worden. Auch der musicalische accent der verloren gegangenen ultima scheint auf die paenultima zurückgeworfen worden zu sein.

60. Im neuisländischen und im färöischen, sprachen, welche in einer früheren periode dem norw. sprachgebiete angehörten, findet sich nur éin acc.-system. Der fortis ist eingipflig, und die fortis-silbe liegt in der regel musicalisch etwas höher als die exspiratorisch rel. unaccentuierten silben. Dies dürfte mit der acc. im westlichen Norwegen in causalverbindung gebracht werden können, von wo aus Island und die Färöer wesentlich besiedelt wurden. Den beiden westnorw. acc.-systemen (der acc. 1 und der acc. 2 z. b. in *so¹len* 'die sonne' und *må²nen* 'der mond') ist es nämlich gemeinsam, dass der höchste ton der mit fortis accentuierten paenultima höher ist als der ton der ultima. Aus einer solchen oder aus einer damit verwandten acc. hat sich die acc. des neuisl. und des färöischen entwickeln können.

Wir verwenden dieselbe acc.-bezeichnung für das norw. wie für das schw.

61. Vgl. betreffs der norw., neuisl. und färöischen acc. J. Storm: Om tonefaldet (tonelaget) i de skandinaviske sprog, Norvegia I, 37 ff., Engl. philologie I², 235 f., 245 ff., Brekke: Bidrag til dansk-norskens lydlære 56 ff.

Die beiden accentuierungs-systeme des dänischen.

62. Auch das dän. hat mehrere wörter, welche im übrigen homonym sind, aber durch die verschiedene accentuierung unterschieden werden, z. b. *kom* 'kam' (praet.) : *kom* 'komm' (imperat.), *pinte* 'gepeinigte' (pl. des part. pass. zu *pine*) : *pinte* 'peinigte' (praet.), *læser* 'liest' (praet. sg. zu *læse*) : *læser* 'leser' (subst.), *huset* 'das haus' : *huset* 'gehaust' (part. zu *huse*). Das für die beiden acc.-systeme der dän. rspr. eigent-

lich charakteristische ist, dass die fortis-silbe der wörter mit der acc. 1 (z. b. praet. *kom*) den stoss (the glottal catch) hat, die fortis-silbe der wörter mit der acc. 2 (z. b. imperat. *kom*) diesen nicht hat.* Der stoss besteht bekanntlich darin, dass die stimmbänder plötzlich zusammenklappen, um sich in dem folgenden moment wieder zu öffnen; ihre stimmbildung wird dadurch einen moment unterbrochen. Der stoss macht den eindruck eines ganz kleinen schluckens oder hustens.** So wohl vocale als consonanten können mit stoss ausgesprochen werden.

Auch ein anderer, wenn auch nur äusserst geringfügiger unterschied in exspiratorischer beziehung findet sich wahrscheinlich zwischen den zweisilblern mit der acc. 1 (z. b. *huset*, best. form zu *hus* 'haus') und denen mit der acc. 2 (z. b. *huset*, part. zu *huse* 'hausen'). Die ultima der letzteren ist nach meiner beobachtung etwas weniger reduciert als die ultima der ersteren. Der unterschied ist jedoch so unbedeutend, dass man ihn nicht in der weise charakterisieren darf, dass die ultima von *hu²set* eine andere art von nebenaccent als die ultima von *hu¹set* hätte (vgl. gewissermassen schon Rydqvist: Svenska språkets lagar IV, 217). Hier hat man aber einen, wenn auch sehr schwachen, reflex der älteren accentuierung, welche sich im schw. und norw. wiederfindet, in dem diese sprachen den levis auf der ultima der zweisilbler mit der acc. 2, den levissimus aber auf der ultima der zweisilbler mit der acc. 1 verwenden.

63. In der dän. rspr. findet sich der stoss nur auf silben mit langem vocal oder mit kurzem vocal + langem stimm-

---

* Die verschiedenen acc.-arten des dän. sind zuerst von dem für seine zeit ausgezeichneten grammatiker Jens Höysgaard (1698—1773) in mehreren (1743, 1747 und 1769 erschienenen) schriften erörtert worden; vgl. Grundtvig in Beretning om forhandlingerne på det første nordiske filologmøde (1879) s. 98 f.

** Wörter, die in der dän. rspr. sowie im schw. und im norw. die acc. 2 haben, bekommen im westjütländischen einen stoss, wenn *k*, *t*, *p* oder ein consonant + *k*, *t*, *p* auf den wurzelvocal folgt, z. b. *stappet* (dän rspr. *stoppet* 'gestopft'; P. K. Thorsen: Nörrejysk lydlære s. 77). Dieser stoss steht nicht in verbindung mit der acc., sondern ist wahrscheinlich als eine modification der aussprache der verschlusslaute aufzufassen.

haftem consonanten. Obgleich die entsprechenden schw. und norw. wörter die acc. 1 haben, kommt also der stoss nicht zur verwendung

1) in silben mit kurzem vocal + stimmlosem consonanten, sei es, dass der stimmlose consonant ein momentaner oder ein continuierlicher laut ist, z. b. *rap* 'schnell', *ligger* 'liegt', *drikker* 'trinkt'; *hest* 'pferd'. Da der *r*-laut in der lautverbindung kurzer vocal + *r* + stimmloser consonant stimmlos ist (z. b. *skarp* 'scharf', *værs* 'vers'), verwendet die rspr. auch in wörtern dieser art keinen stoss.

2) in einsilblern, welche in der alten sprache (= im isl.) die lautverbindung kurzer vocal + kurzer consonant hatten, z. b. *blad* 'blatt', *slag* 'schlag'. Für die entstehung des stosses war es nämlich eine notwendige bedingung, dass die silbe einen langen stimmhaften laut enthielt.

64. Dialektisch (auf Jütland und Fünen) wird der stoss auch nicht in den wörtern mit kurzem vocal + *l*, *m*, *n*, *ng* oder *j* + stimmlosem consonanten verwendet, z. b. *mælk* 'milch', *skrömt* 'verstellung', *höns* 'hühner', *yngst* 'jüngst', *gejst* 'geist'. Dies war schon in der sprache des jütländers Höysgaard (um 1750) der fall. Die ursache für diese accentuierung ist die, dass die betr. laute (*l*, *m*, *n*, *ng*, *j*) in dieser stellung stimmlos sind oder wenigstens stimmlos gewesen sind (vgl. Grundtvig s. 131, Verner in AfdA. VII, 9, Bruun: Bogstavlydenes længde s. 15, 19, Kock in Ark. III, 44 f., K. P. Thorsen: Nörrejysk lydlære s. 77, Jespersen in Dania IV, 226, M. Kristensen im Ark. nf. XI, 45 f.).

Doch ist in der sprache Höysgaards der stoss durch den systemzwang bei gewissen einsilbigen wörtergruppen des betr. typus erhalten worden, und zwar im genit., z. b. *mands* 'mannes' (vgl. *mand* mit stoss); im neutr. der adj., z. b. *galt* 'verkehrt' (vgl. masc. *gal* mit stoss); im part. pass., z. b. *dömt* 'geurteilt' (vgl. *kört* 'gefahren', *fört* 'geführt' etc., so wie das ält. part. *dömd* mit stoss); in den praet., z. b. *galt* 'galt' zu *gælde* (vgl. *smald* 'klatschte' mit stoss zu *smælde*); in den imperat., z. b. *hjælp* 'hilf' (vgl. imperat. *smæld* etc. mit stoss). S. Kock in Ark. III, 45 ff. (über die aussprache des jetzigen jütländischen in dieser beziehung s. M. Kristensen im Ark. nf. XI, 51 f.).

65. Es fragt sich aber: haben wörter mit der acc. 1 und wörter mit der acc. 2 dieselbe oder verschiedene musicalische accentuierung? Und weiter — was wesentlich auf eins hinausläuft — haben diejenigen wörter (z. b. *ligger* 'liegt', *drikker* 'trinkt'), welche im dän. keinen stoss haben, im schw. und norw. aber die acc. 1 verwenden (*li'gger*, *dri'cker*), im dän. dieselbe accentuierung wie z. b. die infin. *ligge* 'liegen', *drikke* 'trinken', welche (gleich wie die schw. *ligga, dricka*) die acc. 2 verwenden?

Diese frage ist von verschiedenen phonetikern in verschiedener weise beantwortet worden. Vgl. Vilh. Thomsen in TfF. 3. R. V, 194, anm., K. Verner in AfdA. VII, 6 ff., Jespersen bei Paul Passy: Etudes sur les changements phonétiques et leurs caractères généraux s. 113, in Dania IV, 232, Articulations of speech sounds 44 ff., Fonetik 608, J. Storm: Tonefaldet 8 f., in Gött. gel. anz. 1881, s. 895 f., Norvegia I, 51, Phonetische Studien V, 205.

Die sache dürfte die sein, dass nach der Kopenhagener aussprache sich zwischen der acc. 1 und der acc. 2 kein constanter oder ein nur minimaler unterschied in musicalischer beziehung findet, während in gewissen anderen gegenden z. b. auf Jütland (in Århus) ein bestimmter unterschied existiert.

66. Verner fasst a. a. o. den unterschied zwischen der acc. 1 und der acc. 2 nach seiner jütländischen aussprache in folgender weise auf. Wörter mit der acc. 2 (z. b. *fare* 'fahren') haben auf der fortis-silbe (paenultima) ein durch vier töne sinkendes portament, während die exspiratorisch rel. unaccentuierte ultima auch den tiefen endton der paenultima bekommt. 'Eine hiervon vollständig verschiedene figuration zeigt der dän. wortaccent nr 1. Beim articulieren des wortes *maler* 'mahlt' setzt die stimme auf der mit exspiratorischem drucke versehenen ersten silbe in tiefem tone an — nach meiner beobachtung mindestens einen ton unter der schlusssilbe des accentes nr 2 —, sie bleibt eine weile auf derselben stufe stehen, um sich gegen den schluss des langen *a* durch ein jähes portament ungefähr eine quinte hinaufzuschwingen; auf der höchsten stufe klappen die stimmbänder plötzlich zusammen, alle stimmbildung hört während der dadurch entstehenden ganz kleinen pause auf; nach einem momente öffnen sich die stimmbänder wieder, und die schlusssilbe *ler* folgt nach auf derselben tiefen stufe wie die anfangssilbe.' In solchen wörtern wie *drikke* : *drikker* mit kurzem wurzelvocal + stimmlosem consonanten können die musicalischen verhältnisse nicht in ihrer ausgeprägten form hervortreten. Nach Verner liegt aber z. b. in *drikke* die erste silbe ungefähr eine quart höher als die zweite (während das fallende portament durch die stimmlosen consonanten in der mitte durchbrochen wird); in *drikker* 'wird die erste silbe auf tiefer tonstufe ausgesprochen, auf dem mittellaut paussiert die stimme, da die tonlosigkeit das auflaufende portament und den glottisverschluss nicht zum ausdruck kommen lässt, und die schlusssilbe folgt nach auf derselben tiefen tonstufe wie die erste silbe'.

67. Nach dieser aussprache haben also wörter wie *drikker*, *ligger* etc. die acc. 1, obgleich sie keinen stoss bekommen. Nach einer aussprache dagegen, wo der stoss bez. der nicht-stoss das für die beiden accentuierungen allein charakteristische ist, haben sie die acc. 2. Nun geben die dänischen grammatiker nur darüber auskunft, welche wörter der dän. rspr. den stoss verwenden und welche nicht, nie darüber, welche wörter ohne stoss etwa — der musicalischen accentuierung nach — mit den wörtern mit stoss übereinstimmen. Unter diesen umständen müssen bei der folgenden vergleichung des dän. mit dem schw. bez. norw. dänische wörter wie *drikker*, *ligger*, *tal* etc. ausgeschlossen werden.

68. Das dän. kann den stoss nicht nur auf der fortissilbe, sondern auch auf der semifortis-silbe verwenden, z. b. auf der ultima von *små'börn* 'kinderchen', *vìntræ* 'weinstock'. Ich bezeichne den stoss durch einen punkt nach dem betreffenden laut, z. b. *vìntræ·*.

69. Der stoss kommt aber nicht in dem ganzen dän. sprachgebiete vor. Die südlichsten teile desselben haben ihn nicht, nämlich die insel Bornholm (deren dialekt dem schonischen nahe steht), die südlichsten teile Seelands und Fünens, die südlich von diesen grösseren inseln gelegenen kleineren inseln wie Möen, Falster, Låland, Langeland, sowie grosse teile des dänisch sprechenden Schleswig nebst Alsen. Auch

in gewissen anderen gegenden findet sich kein stoss, z. b. in Store Magleby (Amager) und in den fischerdörfern des nordöstlichen Seelands (S. Lyngsby: Bidrag til en sönderjysk sproglære 38 f., K. P. Thorsen in Kort udsigt over det phil.-hist. samfunds virksomhed 1882—84 s. 57, Dahlerup: Det danske sprogs historie 149 f., V. Bennike und M. Kristensen in Ark. nf. XI, 45).

Gewisse von diesen dialekten verwenden nur éin acc.-system, z. b. der dialekt von Bornholm (Kock: Akc. I, 51). Dies ist aber nicht bei allen der fall. So finden sich in dem dialekte von Ostschleswig (Sundeved) und von Alsen zwei acc.-systeme, die ausschliesslich durch die musicalischen distinktionen charakterisiert werden: die acc. 1 wird als musicalisch tiefer und einen ebeneren ton ausmachend beschrieben; die acc. 2 als musicalisch höher und durch einen schnellen sprung aufwärts charakterisiert, worauf ein langsameres sinkendes portament folgt; eine silbe mit der acc. 1 liegt eine sekunde oder terz tiefer als eine silbe mit der acc. 2 (N. Andersen und Forchhammer in Dania IV, 65 f.).

70. In gewissen dialekten haben wörter mit einem langen consonanten einen ziemlich ausgeprägten zweigipfligen fortis als ersatz für den verlust eines älteren endvocales; so ist z. b. im jütländischen ält. *skove* (< *skoghe*) 'wälder' zu *skoww* mit zweigipfligem fortis geworden (M. Kristensen in Ark. nf. XI, 48).

Die acc.-systeme bei relativer accentlosigkeit.

71. Wenn ein wort im satze rel. unaccentuiert wird (d. h. dass der fortis zu infortis oder wenigstens zu semifortis wird), wird in den nord. sprachen das acc.-system desselben oft dadurch beeinflusst. Bei rel. accentlosigkeit bekommen im schw. wörter mit der acc. 1 und wörter mit der acc. 2 dieselbe accentuierung; so wohl der levis als auch der zweigipflige accent, der in gewissen gegenden der fortis-silbe bei der acc. 2 zukommt, geht nämlich dabei verloren. Die accentuierung eines relativ unaccentuierten wortes steht der acc. 1 näher als der acc. 2. So haben z. b. *öfver* und *mellan* dieselbe accentuierung in den ausdrücken *ŏfvèr bérgen* 'über

den bergen' und *mĕllăn bérgen* 'zwischen den bergen', obgleich *öfver*, wenn es mit fortis ausgesprochen wird, die acc. 1, *mellan* mit fortis aber die acc. 2 verwendet (z. b. *i*^{2}*cke ö*^{1}*fver ŭtăn me*^{2}*llan be*^{1}*rgen* 'nicht über sondern zwischen den bergen'). Das verhältnis ist wesentlich dasselbe im norw.

72. In dem dän. dialekte von Ostschleswig (Sundeved) und Alsen begegnet eine ähnliche erscheinung. So haben z. b. *min* (< *mine*) 'meine', *tyn* (< *tynne*) 'tonne' die acc. 2, wenn sie den fortis bekommen; in den ausdrücken *mĭn hós* 'meine strümpfe', *en tўn rå'w* 'eine tonne roggen' (wo sie rel. unaccentuiert sind) bekommen sie aber die acc. 1 (N. Andersen in Dania IV, 174); s. 69 betreffs der musicalischen acc. dieses dialektes.

Die übereinstimmung zwischen dem schw., dem norw. und diesem dän. dialekte zeigt, dass dieser thatbestand rel. alt ist.

73. In dieser beziehung nimmt aber die dän. rspr. einen anderen und zwar einen jüngeren standpunkt ein. Da in dieser ein langer (stimmhafter) laut eine notwendige bedingung für den stoss ist (welcher sich normal in wörtern mit der acc. 1 findet), muss der stoss verloren gehen, wenn ein wort bei rel. accentlosigkeit quantitativ verkürzt wird, d. h. dass wörter mit stoss (= der acc. 1) bei rel. accentlosigkeit keinen stoss bekommen; für die wörter mit der acc. 2 ist es aber charakteristisch keinen stoss zu haben. So bekommen z. b. *min* 'mein', *faldt* 'fiel' den stoss, wenn sie fortis haben, aber keinen stoss in den verbindungen *mĭn hát* 'mein hut', *han făldt néd* 'er fiel herab'.

II. Abschnitt.

Die jetzige accentuierung der simplicia und ihre erklärung.

74. Wir wollen hier solche formelle simplicia (34) behandeln, welche von dem sprachgefühl als simplicia aufgefasst werden. Die formellen simplicia aber, welche von dem jetzigen sprachgefühl als composita empfunden werden (und welche in der that sprachgeschichtlich meistenteils auch composita sind) werden jedoch unten zusammen mit den composita erörtert werden. Die acc. der deutlichen lehnwörter wird nicht besprochen werden, wenn sie nicht sprachgeschichtlich von besonderem interesse ist. Über deren acc. siehe Akc. II, 454 ff.

Der platz des fortis.

75. Der fortis ruht auf der ersten silbe der einheimischen und der ganz naturalisierten lehnwörter, z. b. *huset* 'das haus', *böckerna* 'die bücher', *krögerska* 'schenkwirtin' (mnd. *krogersche*). Die hauptregel ist dieselbe für das norw. und das dän., z. b. *huset*, norw. *bökene* dän. *bögerne* 'die bücher'.

Ausnahmen.

76. A. Einige wörter mit ausländischen, jetzt aber ganz naturalisierten ableitungen haben die ausländische acc. betreffs des platzes des fortis bewahrt.

77. 1. Die substantive auf *-eri* haben den fortis auf der ultima dieser endung, z. b. *kätteri* 'ketzerei' (mnd. *ketterie*), *skafferi* 'speisekammer' (mnd. *schafferie*). Die endung ist romanischen ursprungs. In gewissen dialekten ist der fortis, (als fortis 2), in übereinstimmung mit der gewöhnlichen schw. acc., auf die antepaenultima versetzt worden, z. b. *baderi* 'badehaus' (Bohuslän), *abberi* 'spass' (Småland), und diese acc.

kam schon im 17. jh. vor, z. b. *skiffteri* (bei Stiernhielm; Akc. II, 313). Aus ä. nschw. *la²pperi*, *na²rreri* sind nschw. *la²ppri* 'lappalie', *na²rri* 'scherz' entstanden. Das aschw. jetzt verloren gegangene *tøfrī* 'zauberei' (mnd. *toverie*) — und auch *fōghatī* 'vogtei' mhd. *vogetie* — hatte fortis auf der ultima.

Auch die dän. wörter auf *-eri* tragen fortis auf der ultima dieser endung, z. b. *kjætteri* 'ketzerei'. Dies ist meistenteils auch im norw. der fall, wenn sie deutschen ursprungs sind, z. b. *maleri* 'gemälde' (nhd. *malerei*), obgleich der fortis nunmehr auch auf der antepaenultima solcher wörter ruhen kann. Diese acc. (mit fortis auf der ersten silbe) findet sich bei denjenigen wörtern, welche die endung *-eri* erst im norw. bekommen haben, z. b. *svineri* 'schweinerei' (A. Western bei Poestion: Lehrbuch der norw. sprache 52).

78. 2. Die verben auf *-era* haben fortis auf der paenultima dieser endung, z. b. *spatsera* 'spazieren' (mnd. *spasseren*), *halfvera* 'halbieren' (mnd. *halveren*). Diese endung ist ursprünglich romanisch (mlat. ital. *-ēre*). Die ableitungen solcher wörter (*halfvering* 'halbierung' etc.) verwenden dieselbe acc.

In den norw. und dän. wörtern auf *-ere* ruht der fortis auf derselben silbe, z. b. *spasere*.

79. 3. Die substantive auf *-essa*, *-inna* tragen fortis auf der paenultima dieser endungen, z. b. *prinsessa* (ä. nhd. *prinzesse*), *grefvinna* 'gräfin' (mnd. *grevinne*). Diese acc. ist mit den ausländischen endungen eingeführt worden. Die romanische endung *-essa* hat im nhd. *prinzéss* noch immer den fortis. Im mnd. accentuierte man *vrundín* etc. (W. Seelmann in Korrespondenzblatt des vereins f. niederd. sprachforschung IV, 19), und im nniederl. wird noch *gravín* etc. accentuiert. Ob diese acc. aus wörtern wie *lezerés*, *dienarés* etc. mit der rom. endung *-és* übertragen worden ist, lasse ich dahingestellt sein. In gewissen dialekten (im westl. Nyland in Finnland) wird *värdìnna* 'wirtin' etc. accentuiert. Vgl. Tamm: Tyska ändelser i svenskan 30.

In den entsprechenden norw. und dän. wörtern hat der fortis denselben platz wie im schw.: *prinsesse*, *grevinde* etc.

80. B. Der fortis ruht nicht auf der ersten silbe einiger wenigen ursprünglichen composita, welche jetzt von dem

sprachgefühl als simplicia aufgefasst werden. Sie erhalten noch den in der älteren sprache sehr gewöhnlichen platz des fortis auf dem zweiten compositions-gliede (394 ff.). Analogisch haben auch einige simplicia diese ältere acc. der composita angenommen.

81. 1. *Lekamen* 'leib' (aschw. *līkamber*, isl. *līkhamr*; aber norw. dän. *légeme*), *skavank* 'fehler' (auch norw. dän. *skavánk* < *skaf-vank*; vgl. *skafva* 'schaben' und *vank* 'wank'), *bolin* eine art tau (pl. *boliner*, besonders in dem ausdrucke *på lösa boliner* 'leichtsinnig'; aus *bō(gh)-līna* pl. *-or*, aschw. *bōgher* 'bug') mit fortis auf der zweiten silbe sind urspr. composita. Hierher ist z. t. auch zu rechnen *manét* 'qualle', ä. nschw. *manät*, *marnät*, aus *mar* 'meer' und *nät* 'nessel' zusammengesetzt (vgl. engl. *seanettle* d. *meernessel*). *Manät* hat durch anschluss an die lehnwörter *planét*, *komét* etc. die form *manét* bekommen und nachher ebenso wie die angeführten lehnwörter diese acc. beibehalten. *Hvarest* 'wo' (aschw. *hwaris(t)*), *därest* 'wenn' (ä. nschw. *therest* 'da, wenn'), welche juxtapositionen aus *hwar* 'wo', *þær* 'da' und der relativen partikel *es* + *at* sind, haben fortis fac. auf der ersten oder auf der zweiten silbe.

82. 2. Einige dreisilbige adjektive auf *-lig*. Die auf *-entlig* haben fortis auf der zweiten silbe: *egentlig*, 'eigentlich' (mnd. *egentlik*), *fientlig* 'feindlich' (mnd. *vientlik*), *offentlig* 'öffentlich', *ordentlig* 'ordentlich', *väsentlig* 'wesentlich' (mnd. *wesentlik*). In *evinnerlig* 'ewig' (aschw. *ǣwinnelīker*, isl. *æfinligr*, vgl. got *aiweins*; Kock in Sv. landsm. XV no. 8 s. 7 ff.) ruht der fortis auf der zweiten, in *månatlig* 'monatlich', *hertiglig* 'herzoglich', *konungslig* 'königlich' fac. auf der ersten oder zweiten silbe. Die hier besprochenen adjective haben die acc. mit fortis auf der zweiten silbe durch den einfluss der grossen menge composita auf *-(e)lig* mit dieser acc. in der etwas älteren sprache (*bokstáflig* 'buchstäblich' etc. 268) bekommen. Dass die acc. *ǣwínnelīker* schon im aschw. eingetreten war, geht aus dem jü. aschw. *ewinnelīker* mit der entwickelung *æ* > *e* hervor und wird durch die aussprache *ewínnelig* in dem gesangbuch von 1536 noch weiter belegt. Die accentversetzung ist besonders durch den einfluss des

gleichbedeutenden, mit *ǣ* 'immer' zusammengesetzten aschw. *ǣvǣrþelīker* hervorgerufen worden. Zur einführung bez. befestigung der neuen acc. von *fiéntlig*, *konúngslig* hat der umstand beigetragen, dass *fiende* 'feind', *konung* 'könig' in der älteren sprache fortis fac. auf der zweiten silbe hatten (219, 220, 399, 473,7)*.

Im norw. und dän. haben *egentlig*, *offentlig*, *ordentlig*, *væsentlig*, *månedlig* fortis auf der ersten, *evindelig* und *hertugelig* auf der zweiten silbe. Man accentuiert im norw. *fiendtlig*, im dän. aber *fjéndtlig* (ebenso wie *fjénde*).

83. Wenn die oben angeführten wörter mit fortis auf einer anderen silbe als der ersten flexionsendungen bekommen, erhalten sie jedoch fortis auf der schon angegebenen silbe, z. b. *kätterier* 'ketzereien', *kätterierna* 'die ketzereien'.

Betreffs der regeln für den platz des fortis vgl. Akc. I, 59, 72 ff., II, 405 ff.

Die verwendung der beiden accentuierungs-systeme (der acc. 1 und der acc. 2).

84. Ich will zuerst die verwendung der beiden acc.-systeme bei wörtern mit fortis auf der ersten silbe, also bei den wörtern, welche den normalen platz des fortis haben, erörtern. Darnach sollen die beiden acc.-systeme bei wörtern mit fortis auf einer anderen silbe als der ersten besprochen werden; wie wir schon erfahren haben, ist dieser platz des fortis weniger normal.

Die beiden accentuierungs-systeme (die acc. 1 und die acc. 2) bei wörtern mit fortis auf der ersten silbe.

Die acc. 1 bei solchen wörtern.

85. Um die übersichtlichkeit zu erleichtern gebe ich zunächst ein (der übersichtlichkeit halber) z. t. modifiziertes schema über die verwendung der acc. 1 bei diesen wörtern. Folgende haben diese acc.

* Die deutschen lehen *egentlig* (mnd. *egentlik*) etc. hatten vielleicht dialektisch auch im ält. deutschen fortis auf der zweiten silbe (obgleich, so viel ich weiss, eine solche acc. nicht belegt worden ist). Wenn dem so ist, haben die deutschen lehen bei der einführung in Schweden den platz des fortis beibehalten.

I. Wörter, welche im nschw. einsilbig sind oder in der alten sprache (im isl.) einsilbig waren.

1. So wohl jetzt als in der alten sprache (im isl.) einsilbige, z. b. *horn* 'horn' isl. *horn*.
2. Jetzt einsilbige, in der alten sprache (im isl.) aber zweisilbige, z. b. *far* 'vater' (neben *fader* isl. *faþir*).
3. Jetzt zweisilbige, in der alten sprache (im isl.) aber einsilbige.
   a. Jetzt zweisilbige durch die entwickelung eines svarabhakti-vocales α) vor *-l*, *-n*, *-r*, z. b. *gafvel* 'giebel' isl. *gafl*, *botten* 'boden' isl. *botn*, *seger* 'sieg' isl. *sigr* — nom. sg. m. *slusker* 'unsauberer mensch' — *goder* 'guter' isl. *gōþr* — pl. *böcker* 'bücher' isl. *bøkr* — comparat. *bätter* 'besser' isl. *betr* — pres. sg. *ligger* 'liegt' isl. *liggr* – β) vor *-s*: gen. *Nils*(*es*).
   b. Jetzt durch die hinzufügung eines anderen (enclitischen) wortes zwei- oder mehrsilbige: formen mit dem postpositiven artikel, z. b. *huset* 'das haus' isl. *hūsit* < *hūs et* — *hvarest* 'wo' < *hwar es at* etc.
   c. Jetzt durch analogischen einfluss oder contamination zweisilbige: *gifves* 'wird gegeben' isl. *gefsk* — *efterst* 'hinterst' isl. *epztr* — (*under* 'unter') — *döttrar* 'töchter' isl. *døtr*.

II. Jetzt zweisilbige, in urnord. zeit aber dreisilbige wörter, wo der vocal der zweiten silbe in gemeinnord. zeit syncopiert wurde: *större* 'grösser' isl. *størri* urnord. **stōriʀa* — *minste* 'kleinste' isl. *minnzti* urnord. **minnista* — part. *dömde* 'verurteilte' isl. *dømdir* urnord. **dōmiðai* etc.

III. Mehrere im satze oft oder meistenteils rel. unaccentuierte wörter, z. b. pron. poss. *eder* 'euer' aschw. *iþar* isl. *yþarr*.

IV. Mehrere wörter, denen ein rel. unaccentuiertes wort unmittelbar vorangeht, z. b. (*den*) *samme* 'derselbe' isl. *sami*.

V. Dialektisch wörter mit dem wurzelvokal im hiatus: *troende* 'meinend' isl. *trūandi* — *tiene* 'zehnte' isl. *tīundi*.

VI. Einige ursprüngliche composita, welche jetzt als simplicia aufgefasst werden, z. b. *tusen* '1000'.

VII. Eine menge ursprünglicher lehnwörter auf *-el*, *-en*, *-er* (*handel* 'handel', *fröken* 'fräulein', *säker* 'sicher'), *-isk* (*hednisk* 'heidnisch'), *-ert* (*puffert* 'puffer'), *-est* (*ångest* 'angst'), *-ika* (*krönika* 'chronik'), (dialektisch) *-erska* (*strykerska* 'plätterin') und *-else* (*rörelse* 'bewegung'); sowie viele einzelne lehen.

VIII. Dialektisch zweisilbige imperative sowie die vocative zweisilbiger frauennamen auf *-a* (*prata*! 'schwatze', *Anna*!).

86. I. Die einsilbigen wörter verwenden die acc. 1. Sie waren mit sehr wenigen ausnahmen auch in der alten sprache (isl.) einsilbig und urno. (vgl. Verner in AfdA. VII, 12) teils zweisilbig mit kurzer ultima, teils — seltner — einsilbig, z. b.

horn 'horn' (isl. *horn*, urno. *horna*), *sten* 'stein' (acc. isl. *stęin*, urno. *staina*), *son* 'sohn' (acc. isl. *son*; vgl. urno. *sunu*).

praet. sg. *var* 'war' (isl. *var*, *vas*, urno. *was*), pron. *du* 'du' (isl. *þū*, urno. **þū*).

87. Wenn isl. aschw. zweisilbler mit der acc. 2 im nschw. ausnahmsweise einsilbig geworden sind, haben sie die acc. 1 bekommer, z. b. *far* 'vater (neben *fa²der*, aschw. isl. *faþir*), *mor* 'mutter' (neben *mo²der*, aschw. isl. *mōþir*), *bror* 'bruder' (neben *bro²der*, aschw. isl. *brōþir*), *nån* 'jemand' (vulgäre nebenform zu *nå²gon*, aschw. *nākon* isl. *nakkvarr*), *kung* 'könig' (neben *ko²nung*, aschw. *kununger konunger* isl. *konungr*), *bisp* 'bischof' (neben *bi²skop*, aschw. *biskoper*, *bisp*, isl. *biskup*), die in der konversationssprache gebräuchlichen praet. *la* 'legte' (neben *la²de*, aschw. *la(gh)þe*, isl. *lagþi*), *sa* 'sagte' (neben *sa²de*, aschw. *sa(gh)þe*, isl. *sagþi*).

Ausnahme. Das subst. *fan* 'teufel' (< ä. nschw. *fanen*; vgl. dän. *fanden*, ein ndd. oder fries. lehen: nfries. *fannen* 'teufel', part. praes. von afries. *fandia* 'besuchen', as. *fandōn* 'versuchen' Kock in TfF. nr. VII, 301 ff.) und die 27 angeführten partikeln *nå* 'nun' etc. haben fac. die acc. 1 oder die acc. 2.

88. Auch im norw. und dän. wird von den einsilblern die acc. 1 verwendet, z. b. *horn* 'horn', *sten* 'stein'.

89. Im norw. haben jedoch einige wörter, die erst in später zeit einsilbig geworden sind, die acc. 2, wie z. b. *la* 'legte' (< *lagde*), *sa* 'sagte' (< *sagde*), *non* 'jemand' (< *nogen*); selten und nur vulgär *far* 'vater' (< *fader*), *mor* 'mutter' (< *moder*), *bror* 'bruder' (< *broder*). Betreffs der acc. solcher wörter im schw. und dän. s. 87, 90,4.

90. Im dän. findet sich in folgenden fällen kein stoss.

1. Bei wörtern mit kurzem vocal + stimmlosem consonanten, z. b. *kat* 'katze', *skarp* 'scharf' (63,1). Über die jütländische und höysgaardsche acc. der wörter von dem typus *mælk* 'milch', gen. *mands* 'mannes' etc. s. 64.

2. Bei wörtern, die in der alten sprache die lautverbindung kurzer vocal + kurzer consonant hatten, z. b. *tal* 'rede' (isl. *tal*), *bær* 'beere' (isl. *ber*). Vgl. 63,2.

Doch haben solche wörter den stoss, wenn auf den kurzen vocal ein *m* folgt, z. b. *tam·* 'zahm' (isl. *tamr*), *lam·* 'lahm' (isl. *lamr*). Ein nach kurzem vocal auslautendes *m* war nämlich schon vor der entstehung des stosses verlängert worden (256). Der stoss findet sich auch bei vielen anderen wörtern mit der alten lautverbindung kurzer vocal + kurzer consonant, wenn der vocal im ndän. lang geworden ist, z. b. *å·g* 'joch' (isl. *ok*), *ski·b* 'schiff' (isl. *skip*). Analogisch haben mehrere wörter mit kurzem vocal im ndän. den stoss von den wörtern bekommen, wo er lautgesetzlich eingetreten ist, z. b. *kön* 'geschlecht' (isl. *kyn*), *lön* 'ahorn' nach *lön* 'lohn' (isl. *laun*) etc. Vgl. Boberg im Ark. N. F. VIII, 322 f., 356 ff.

3. Bei manchen wörtern, die im satze meistenteils rel. unaccentuiert sind, z. b. *du* 'du', *vi* 'wir', *I* 'ihr', *de* 'sie', *nu* 'nun', *da* 'als', *så* 'so', *ja* 'ja', *som* 'wie, als', *dem* acc. 'sie', *han* 'er', *hun* fem. 'sie', pron. *man* 'man'. Die aussprache ohne stoss war lautgesetzlich, wenn die wörter rel. unaccentuiert waren (73), und diese aussprache ist die gebräuchliche geworden, auch wenn sie den fortis bekommen. Betreffs *så*, *ja* vgl. auch mom. 5. Auch *hid* 'hierher', *did* 'dorthin' (adän. *hīt*, *þīt*) haben keinen stoss, was wahrscheinlich daraus zu erklären ist, dass sie in gewissen verbindungen rel. unaccentuiert sind (*dĭdhén* etc.). *Hid*, *did* waren zwar in der älteren sprache zweisilbig und sind vielleicht am ehesten aus **hī-at*,

**þī-at* (d. h. loc. **hī*, *þī* + die praep. *at*; vgl. aber auch isl. *hi(n)gat*, *þi(n)gat*) entstanden; da aber **hī*, *þī* einsilbig und **hī-at*, **þī-at* rel. junge juxtapositionen sind, müssen **hī-at*, **þī-at* lautgesetzlich die acc. 1 gehabt haben (312). Man kann also die nicht-verwendung des stosses in *hid*, *did* nicht aus der früheren zweisilbigkeit erklären, wenn man nicht annehmen will, dass **hī-at*, **þī-at* die lautgesetzliche acc. 1 gegen die acc. 2 infolge des einflusses der vielen zweisilbler mit dieser acc. vertauscht haben.

4. Bei einigen noch in rel. später zeit zweisilbigen wörtern: *far* (neben *fader*), *mor* (neben *moder*), *bror* (neben *broder*), *la* (neben *lagde*), *sa* (neben *sagde*; vgl. die entsprechenden norw. wörter 89), *klær* 'kleider' (neben *klæder*), *ham* 'ihm' (< *hanum*), *gid* 'möchte doch'! (< *giwet*, d. h. [*Gud*] *giwe't* '[Gott] gebe es' oder 'gebe dass'), *kun* 'nur' (< *ekun* < *ikkun* < *ikke uden*), *Per* (neben *Peder*), *Povl* (adän. *Pawel*), *Lars* (adän. *Lawris*), *Niels* (adän. *Nigels*). S. betreffs der acc. solcher wörter im schw. und norw. 87, 89.

5. Bei einigen partikeln mit überlangem vocal, z. b. *nåh* 'nun', *jah* 'ja', *joh* 'doch', *så* 'so'? (Mikkelsen: Dansk sproglære s. 74). Diese acc. ist mit der acc. 2 der schw. wörter *nå*, *ja* etc. (27, 41) zusammenzustellen; ebenso wie die acc. 2 der dän. mehrsilbler früher mit der acc. 2 der schw. mehrsilbler identisch war (136), so ist ohne zweifel auch die acc. dieser wörter *nåh* etc. früher mit der schw. acc. 2 in *nå* etc. identisch gewesen.

91. Ausserdem haben mehrere dän. wörter, die lautgesetzlich stoss haben sollten, diesen durch den einfluss der wörter mit kurzem vocal + kurzem consonanten in der alten sprache (welche den stoss nicht haben 90,2) verloren. Weil z. b. *tal* 'rede' (isl. *tal*), *öl* 'bier' (isl. *ǫl*), *kul* 'kohle' (isl. *kol*) etc. lautgesetzlich keinen stoss haben, ist der stoss in z. b. *gul* 'gold' (*guld* geschrieben, isl. *gull*), *gol* 'fussboden' (*gulv* geschrieben, isl. *golf*), *söl* 'silber' (*sölv* geschrieben, isl. *silfr*) analogisch verloren gegangen. Vgl. Boberg im Ark. nf. VIII, 358 f.

92. II. Die acc. 1 findet sich in schw. wörtern, die in der alten sprache einsilbig waren, welche

aber in der jüngeren sprache durch die entwickelung eines svarabhakti-vocales zweisilbig geworden sind.

93. 1. Die wörter auf *-el*, *-en*, *-er*, welche in der alten sprache (isl.) einsilbig waren, haben die acc. 1, z. b.

nagel 'nagel' (aschw. *naghl*, isl. *nagl*), *hassel* 'hasel' (aschw. isl. *hasl*). Hierher gehören auch die wörter auf *-sel*, z. b. *känsel* 'gefühl' (isl. neutr. pl. *kensl*). Von den zahlreichen wörtern auf *-el* (isl. *-ill*) mit der acc. 2 (141) haben *tistel* 'temo' (isl. *þīsl*) und *vagel* 'hühnerstange' (isl. *vagl*) fac. die acc. 2 bekommen; sie sind aber besonders durch *tistel* 'carduus' (aschw. *þistil*, isl. *þistill*) und aschw. *vaghle* 'hühnerstange' mit der acc. 2 beeinflusst worden.

botten 'boden' (aschw. isl. *botn*), *socken* 'kirchspiel' (aschw. isl. *sōkn*).

seger 'sieg' (aschw. *sigher* isl. *sigr*), *öster* 'osten' (aschw. *øster* isl. *austr*). Die neben der lautgesetzlichen acc. 1 auch verwendete acc. 2 in dat. acc. pl. *eder* 'euch' (von *I* 'ihr'; aschw. *iþer* isl. *yþr*) erklärt sich durch den einfluss des pron. poss. *eder* 'euer' (ä. nschw. *edar* aschw. *iþar* isl. *yþ(v)arr*) und des gen. pl. aschw. *iþar* (isl. *yþ(v)ar*) mit der acc. 2. (Jetzt hat das pron. poss. *eder* sowohl die acc. 1 als die acc. 2, bei Weste aber nur die acc. 2).

Auch das norw. und das dän. verwenden die acc. 1 in den wörtern auf *-el*, *-en*, *-er*, welche in der alten sprache einsilbig waren. So hat das norw. die acc. 1 z. b. in *aksel* 'schulter' (isl. *ǫxl*), *våben* 'waffe' (isl. *vāpn*), *finger* 'finger' (isl. *fingr*); das dän. z. b. in *pinsel* 'pein' (isl. *pīnsl*), *våben*, *bolster* 'kissen' (isl. *bōlstr*). Es findet sich kein stoss in den wörtern des typus *hassel* 'hasel', *försel* 'transport' (63,1).

94. Der hier besprochenen wörtergruppe mit der acc. 1 gehören auch die zweisilbigen flexions-formen auf *-er* an, welche in der alten sprache (im isl.) einsilbig waren.

95. a. Der nom. sg. der subst., z. b. *slusker* 'unsauberer mensch' (neben *slusk*), *slarfver* 'nachlässiger kerl' (neben *slarf*). Diese alte nom.-endung (= *-r* im isl. *ulfr* 'wolf' etc.) findet sich noch in wörtern mit herabsetzender bedeutung (während die alte nom.-form sonst durch die acc.-form verdrängt worden ist); die ursache dafür ist, dass diese wörter wegen ihrer

bedeutung sehr oft im nom. (voc.) verwendet wurden: *din slarfver*! 'du nachlässiger kerl'! etc. Nunmehr kann die form auf *-er* auch in den obliquen casus dieser wörter benutzt werden, und *-er* ist also gewissermassen radikal geworden.

Die acc. ist dieselbe in den norw. dialekten, wo die alte nom.-endung *-r* zu *-e[r]* geworden ist, z. b. *fiske* 'fisch' (< *fisker*, isl. *fiskr*). Aasen: Gramm. s. 50.

96. b. Der nom. sg. masc. der adjektive, z. b. *goder* 'guter' (isl. *gōþr*). Diese form, welche nur in der niedrigeren umgangssprache vorkommt, kann jetzt auch als fem. und als obl. casus des masc. und des fem. benutzt werden.

In norw. dialekten findet sich dieselbe acc., z. b. *flate* 'flacher' (< *flater* isl. *flatr*). Aasen ib.

97. c. Der pl. vieler subst., z. b. *böcker* 'bücher' (aschw. *bøker* isl. *bøkr*), *fötter* 'füsse' (aschw. *føter* isl. *føtr*), *bönder* 'bauern' (aschw. *bønder* isl. *bøndr*).

Im gegensatz zu diesen haben zweisilbige pl. auf *-er* lautgesetzlich die acc. 2, wenn diese endung dem aschw. isl. *-ir* entspricht, z. b. *tider* 'zeiten' (aschw. isl. *tīþir*), *ätter* 'geschlechter' (aschw. isl. *ǣttir*), *röster* 'stimmen' (aschw. *røstir* isl. *raustir*).

Bisweilen sind wörter analogisch aus der einen in die andere dieser pl.-gruppen übertragen worden. So hat pl. *vrister* 'riste' (isl. *ristr*) die acc. 2 bekommen. Öfter ist (fac.) die acc. 1 statt der acc. 2 angenommen worden, z. b. *länder* 'lenden' (aschw. *lændir* isl. *lendir*), *färder* 'fahrten' (aschw. *færþir* isl. *ferþir*). Dies mag befremden, da in der alten sprache die pl. des typus *bøkr* viel seltner als die pl. des typus *lendir* waren; es erklärt sich aber daraus, dass das schw. eine masse lehnwörter mit dem pl. *-er* (z. b. *länder* zu sg. *land*, vgl. nhd. *land* pl. *länder*; *muskler* zu *muskel* 'muskel', *larfver* zu *larf* 'larve') bekommen hat, welche wegen des ausländischen ursprungs die acc. 1 haben (vgl. 133—136). Unter diesen umständen wurde z. b. der pl. *lä²nder* (zu *länd* 'lende') nicht nur von den pl. *bö¹cker* (< *bøkr*) etc. sondern auch von den pl. *lä¹nder* (zu *land*) etc. beeinflusst, und man bekam deshalb die acc. *lä¹nder* 'lenden'. Ausführlicher Akc. I, 89 ff.

Auch das norw. und das dän. haben die acc. 1 in früher einsilbigen pl. auf *-er*, z. b. *böger* 'bücher', *födder* 'füsse'. Es findet sich kein stoss in dän. pl. des typus *nætter* (63,1). Die acc. 2 ist nunmehr analogisch von den dän. pl. *geder* (aber noch Höysgaard *ge¹der*, zu *ged* 'ziege'; isl. *geitr*), *böder* (wozu der sg. *böde* 'strafgeld' neugebildet worden ist; isl. sg. *bōt* pl. *bøtr*), *glöder* (zu sg. *glöd* 'glühende kohle'; isl. sg. *glōþ* pl. *gløþr*) angenommen worden. Vgl. Brekke s. 61, Grundtvig s. 115, Mikkelsen s. 78 f.

98. d. Der adverbielle in der vulgären sprache vorkommende comparativ, z. b. *bätter* 'besser' (aschw. *bæter* isl. *betr*), *länger* 'länger' (aschw. *længer* isl. *lengr*). Auch in der höheren sprache findet sich der alte adverbielle comparativ *heller* (aschw. *hælder*, isl. *heldr*) in dem ausdrucke *icke heller* 'auch nicht'.

In übereinstimmung hiermit haben das norw. und das dän. die acc. 1 in *længer*, *heller*; s. betr. des dän. Grundtvig ib.

99. e. Der praes. sg. der starken sowie der schwachen verben des isl. typus *gleþia* : praes. *gleþr* (: praet. *gladda*), z. b. *ligger* 'liegt' (aschw. *ligger* isl. *liggr*), *lägger* 'legt' (aschw. *lægger* isl. *leggr*), *sätter* 'setzt' (aschw. *sæter* isl. *setr*).

In gewissen dialekten haben mehrere praesens-formen, welche lautgesetzlich die acc. 1 haben sollten, die acc. 2 bekommen, und zwar durch den einfluss solcher urspr. zweisilbigen praesens-formen wie *dömmer* 'urteilt' (isl. *dømir*), *glömmer* 'vergisst' (isl. *gleymir*), welche früher die acc. 2 hatten. Hierdurch erklärt sich auch, dass nach Weste (1807) praes. *varder* 'wird' (aschw. *varþer* isl. *verþr*) fac. die acc. 2 hatte. Vgl. Kock: Akc. I, 93 ff., Beckman in Ark. nf. VII, 233 anm. 4.

Umgekehrt haben in der nschw. rspr. die zweisilbigen praes.-formen mit urspr. acc. 2 durch den einfluss der urspr. einsilbigen formen die acc. 1 bekommen, z. b. *söker* 'sucht' (isl. *søkir*), *drömmer* 'träumt' (isl. *dreymir*). Aus äusserungen von Sven Hof geht hervor, dass praesens-formen wie *söker* noch um die mitte des 18. jhs wenigstens in seiner heimat (Westergötland) die acc. 2 hatten, und noch Weste (1807) konnte sowohl *ha²fver* 'hat' (isl. *hefir*) als *ha¹fver* (isl. *hefr*) accentuieren. Im schonischen dialekt (Skytts härad) findet sich noch immer fac. die acc. 2 in praesens-formen wie *söker* (*söjer*) etc. Kock: Akc. I, 93 f., Beckman im Ark. N. F. VII, 233.

Das norw. verwendet ebenso wie das schw. die acc. 1 in den praesens-formen der starken sowie der schwachen verben des typus *gleþia*, z. b. *ligger*, *sætter*, *lægger* (Brekke 61). Wenigstens in norw. dialekten haben aber die isl. praesensformen auf *-ir* noch immer die acc. 2 bewahrt, z. b. *bøter* 'verbessert' (isl. *bǿtir*; Aasen s. 51).

Die praes.-formen der starken verben haben auch im dän. die acc. 1, z. b. *sidder* 'sitzt', *bider* 'beisst' (isl. *bítr*); doch mit mehreren analogisch zu erklärenden ausnahmen, z. b. *drager* 'trägt' (isl. *dregr*), *kvæder* 'singt' (isl. *kveþr*), *skælver* 'bebt' (isl. *skelfr*) mit der acc. 2; auch *bærer* 'trägt' (aber *bæ'r* isl. *berr*), *skærer* 'schneidet' (aber *skæ'r* isl. *skerr*), *sværger* 'schwört' (aber *svæ'r* isl. *sverr*) verwenden die acc. 2. Gewisse verben derselben oder wesentlich derselben flexion wie isl. *gleþia* haben im dän. die acc. 1 erhalten, z. b. *dvæler* 'verweilt' (isl. *dvelr*), *sælger* 'verkauft' (isl. *selr*), *kvæler* 'erwürgt' (isl. *kvelr*), während andere die acc. 2 angenommen haben, z. b. *vælger* 'wählt' (isl. *velr*), *dölger* 'verbirgt' (isl. *dylr*). Umgekehrt haben einige praes.-formen auf *-er* (isl. *-ir*) mit langem vocal + *l*, *n*, *s* die acc. 2 analogisch gegen die acc. 1 vertauscht, z. b. *mæler* 'spricht' (isl. *mǽlir*), *löser* 'löst' (isl. *leysir*). Ausführlicher bei Grundtvig 115 f. (und Mikkelsen 74 f.), Kock: Akc. I, 95 f. Es findet sich nach 63,1 kein stoss in den praes.-formen des typus *drikker* 'trinkt', *ligger* 'liegt'.

100. Die nur in der kirchlichen sprache verwendete 2. pers. pl. imperat. auf *-er* (z. b. *tager och äter* 'nehmet und esset', *frukter* 'fürchtet'), welche nach E. Lidén aus der älteren endung *-ið* + pron. pers. *īʀ* 'Ihr' enstanden ist (*takið-(i)ʀ* > *takiʀ* > *tager*) und also lautgesetzlich die acc. 2 haben sollte, hat durch den einfluss des praes. sg. auf *-er* (*tager* 'nimmt', *äter* 'isst' etc.) sehr oft die acc. 1 angenommen. Dies ist bei den verben, deren praes. sg. auf *-er* auslautet (*taga*, *äta* etc.) immer der fall; wenn der praes. sg. auf *-ar* ausgeht und die acc. 2 hat (*fruktar* 'fürchtet', *älskar* 'liebt' etc.),

hat die 2. pers. pl. imperat. nur fac. die acc. 1 bekommen (*frukter*, *älsker* etc.). Noch vor 70 jahren hatten aber auch die imperat. des typus *tager och äter* die acc. 2, und in dem schonischen dialekt wenden die imperat. noch immer diese acc. an (diejenigen des typus *älsker* ausschliesslich, die übrigen fac.). Akc. I, 63 f., 98 f.; II, 408.

In der dän. rspr. haben die imperat. auf *-er* dieselbe acc. wie die entsprechenden praes. ind. sg. auf *-er*, z. b. *falder* 'fällt', 'fallet' mit der acc. 1, aber *kalder* 'ruft', 'rufet' mit der acc. 2 (Hommel in TfF. VIII, 23, Mikkelsen s. 74); auch hier hat also die analogie eine grosse rolle gespielt. Der dialekt in Sundeved (Schleswig) und auf Alsen verwendet aber im imperat. noch immer die acc. 2, auch wenn das praes. sg. die acc. 1 hat, z. b. *ko^{2}me* 'kommet' (aber praes. ind. *ko^{1}me* 'kommt', N. Andersen in Dania IV, 71).

101. 2. Die jetzt nur in der vulgären sprache gebräuchlichen zweisilbigen gen. auf *-ses*, welche aus älteren gen. auf *-s* entstanden sind, haben die acc. 1. Sie sind teils zu einsilbigen personennamen auf *-s*, z. b. gen. *Nilses* (neben *Nils*, nom. *Nils*), *Larses* (neben *Lars*, nom. *Lars*), teils zu einsilbigen personennamen mit anderem auslaut, z. b. gen. *Karlses* (neben *Karls*, nom. *Karl*) gebildet. Neben dem gen. *hans* zu *han* 'er' kommt in der vulgären sprache auch *ha^{1}nses* vor. Der in der biblischen sprache verwendete gen. *huses* 'hauses' (zu *hus*) hat die acc. 2 wohl von dem noch immer gebräuchlichen dat. sg. *hu^{2}se* (in dem ausdrucke *gå man ur huse* 'samt und sonders ausziehen') bekommen. Der typus *Nilses* (zu nom. *Nils*) etc. mit zwei *s*-lauten ist dadurch entstanden, dass man sich bemühte den nom. *Nils* + genit. *s* auszusprechen; dieser gen. *Nils's* bekam dann den parasitvocal *e* (*Nilses*). Nach *Nilses*, *Larses* etc. hat man nachher z. b. *Karlses* (st. *Karls* zu nom. *Karl*) neugeschaffen. Möglicherweise hat bei der entstehung des gen. auf *-ses* auch deutscher einfluss z. t. eine rolle gespielt; vgl. den mnd. gen. *huses* etc.

Das norw. accentuiert *La^{1}rses*, *Ni^{1}lses*, etc. Auch das dän. hat die acc. 1 in gen. wie *Jenses* (zu *Jens*), *huses* 'hauses' (zu *hus*) etc., und dies war schon zur zeit Höysgaards der fall. S. Höysgaard § 121, Mikkelsen s. 79.

Arrig 'reizbar' (ält. *arg*), *karrig* 'geizig' (ält. *karg*), *tælle* 'talg' (ält. *tælig*, *tælg*) sowie die vulgären *spore* 'sperling' (st. *sporv*, *spurv*), *kore* 'korb' (st. *kurv*), *töre* 'torf' (st. *törv*) haben die acc. 1 beibehalten, auch nachdem sie durch phonetische entwickelung zweisilbig geworden sind (Jespersen in Dania IV, 221); doch können wenigstens *arrig*, *karrig* als zweisilbler aus dem mnd. (vgl. mnd. *ar(i)ch*, *kar(i)ch*) eingeführt worden sein, was auch die acc. 1 erklären würde (vgl. 133).

102. III. Die acc. 1 wird von wörtern benutzt, welche in der alten sprache (im isl. oder früher) einsilbig waren, später aber durch die hinzufügung eines anderen (enclitischen) wortes mehrsilbig geworden sind.

103. 1. Wörter, die in der alten sprache (im isl.) einsilbig waren, haben die acc. 1, wenn sie den postpositiven artikel bekommen, z. b. *huset* 'das haus' (< *hūs et*), *bönen* 'die bitte' (< *bǿn en*), *husen* 'die häuser' (< *hūs en*), *böckerna* 'die bücher' (aus *bǿkrena[r]* < *bǿkʀenaʀ*), das durch anschluss an den unbestimmten pl. *bö¹cker* umgebildet wurde). Die nunmehr bloss in der kirchlichen sprache vorkommenden bestimmten formen folgen derselben regel, z. b. gen. sg. *ma¹nsens* 'des mannes' (< *mans ens*), dat. sg. *sy¹ndene* 'der sünde' (< *synd enni*), acc. sg. *sy¹ndena* 'die sünde' (< *synd ena*), dat. sg. *å¹rena* 'dem jahre' (< *ār[i] enu*). Vgl. betreffs der bestimmten dat.-formen ausführlicher Kock: Fsv. ljudl. II, 248 f. Gen. sg. des typus *syndenes* 'der sünde' (< *syndenne* < *synd-inna[r]* < *sy²ndar-innar*, wo die flexionsendung *-ar* verloren gegangen ist) hat die acc. 1 von dat. sg. *sy¹ndene*, acc. sg. *sy¹ndena* bekommen. Wenn im nschw. die bestimmten pl. der neutra *hu¹sen*, *ba¹rnen* 'die kinder' (isl. *hūsin*, *bǫrnin*) etc. nach den masc. und fem. pl. *ka²rlarna* 'die männer', *tu²ngorna* 'die zungen' etc. zu *hu¹sena*, *ba¹rnena* etc. umgebildet werden, bewahren sie jedoch die acc. 1.

Das norw. und das dän. verwenden die acc. 1 in übereinstimmung mit dem schw., z. b. norw. *huset*, *bönnen* 'die bitte', *bökene* 'die bücher', dän. *huset*, *bönnen*, *tærene* (*tæerne* 'die zehen', isl. pl. *tǣr*). Ebenso wie die acc. 1 bei der umbildung von *ba¹rnen* zu *ba¹rnena* im schw. erhalten wurde, sind im dän. die älteren bestimmten pl. *bö^{1}rnen* etc. durch den einfluss der alten masc. und fem. *sk^{2}ovene* 'die wälder', *tu^{2}ngerne* 'die zungen' etc. zu *bö^{1}rnene* etc. geworden. Die bestimmte form des typus *fi^{1}sken* (zu *fisk* 'fisch') hat keinen stoss nach 63,1. Es ist bemerkenswert, dass der stoss sich in der bestimmten form solcher 63,2 erwähnten einsilbler findet, die in der unbestimmten form keinen stoss haben, z. b. *blad* 'blatt', *slag* 'schlag' ohne, aber *bladet*, *slaget*, pl. *bladene*, *slagene* etc. mit stoss. Der stoss tritt in den zwei- und mehrsilbigen formen hervor, weil deren wurzelvocal (in offener silbe) vor dem auftreten des stosses verlängert worden war, z. b. adän. *blăth* 'blatt', aber *blăthet* > *blāthet* > *blā·thet*. S. betreffs der quantitäts-regel Boberg im Ark. nf. VIII, 315 ff. (vgl. auch 256).

104. 2. Einige wenige andere juxtapositionen, welche aus einem einsilbler und einem oder mehreren später hinzugefügten wörtern bestehen, bekommen, wenigstens fac., die acc. 1. *Hvarest* 'wo' (< *hwar es at* 81), *därest* 'wenn' (< *þær es at* 81) haben die acc. 1 neben der gebräuchlicheren (analogisch eingeführten) acc. 2; *hoppsan* 'hopsa' (< *'hopp' sa(de ha)n* "hopp' sagte er'), *hejsan* 'hei' (< *'hej' sa(de ha)n*), und die vulgären *härna*, *därna* (in den verbindungen *den härna*, *denne härna* 'dieser' und *den därna* 'jener'; isl. *hērna* < *hēr na* < [got.] *nūh*, *þarna* < *þar* + *na*) bekommen die acc. 1. Vgl. dass die acc. 1 sehr oft in composita vorkommt, die urspr. juxtapositionen mit einsilbigem erstem juxtapositionsglied sind (312).

105. IV. Die acc. 1 ist in gewissen wörtern bewahrt geblieben, die in der alten sprache einsilbig waren aber durch analogischen einfluss zweisilbig geworden sind.

106. 1. Das praes. sg. pass. der starken sowie der schwachen verben mit derselben flexion wie isl. *gleþia* lauten sowohl auf *-s* (*gifs* 'wird gegeben', isl. *gefsk*; *kräfs* 'wird gefordert', isl. *krefsk* etc.) als auch auf *-es* (*gifves*, *kräfves*) aus. *Gifs*, *kräfs* etc. haben die lautgesetzliche acc. 1, während in *gifves kräfves* etc. sowohl die acc. 1 als die acc. 2 benutzt wird. Die alten *gifs*, *kräfs* etc. sind nach *dö^{2}mmes* 'wird

geurteilt' (isl. *dømisk*), *kö¹pes* 'wird gekauft' (isl. *kaupisk*) etc. zu *gifves*, *kräfves* etc. umgebildet worden, haben aber doch die alte acc. 1 fac. bewahrt, während sie fac. die acc. 2 von *dö²mmes* etc. annahmen. Umgekehrt ist die acc. 1 von *gifves* (*gifs*), *kräfves* (*kräfs*) etc. fac. auf *dömmes*, *köpes* etc., welche in der alten sprache zweisilbig waren, übertragen worden.

Bei der umbildung des einsilbigen praes. sg. pass. *finns* (isl. *finnzk*) zu *findes* 'es findet sich' etc. ebenso wie bei der umbildung des einsilbigen praet. sg. pass. *fandts fanns* (isl. *fannzk*) zu *fandtes* 'es fand sich' etc. haben im dän. die neuen zweisilbigen formen *findes*, *fandtes* etc. die acc. 2 von der grossen menge zweisilbiger passivformen auf *-es* mit dieser acc. (pl. *findes* etc.) angenommen.

107. 2. Zweisilbige superlative auf *-erst* haben fac. die acc. 1 oder die acc. 2. Mehrere von ihnen fanden sich im aschw. und hatten dort die endung *-arster*: *efterst* 'hinterst' aschw. *æptarster*, *innerst* 'innerst' aschw. *innarster*, *nederst* 'unterst' aschw. *niþarster*, *ytterst* 'äusserst' aschw. *ȳtarster* (auch *ūtarster*, *ȳtirster*), *öfverst* 'oberst' aschw. *yuarster*, *øwærster*. Dass die acc. 1 rel. alt ist, geht aus der entwickelung *innarster* > *innærster* > *innerst* etc. hervor (159), sowie daraus, dass (Brekke s. 62, Mikkelsen s. 79) auch das norw. und das dän. die acc. 1 in den superl. auf *-erst* anwenden: *inderst*, *yderst*, *överst*, *underst* u. s. w. Wie der *i*-umlaut in *æptarster*, *ȳtarster*, *ywarster* lehrt, sind diese superl. nicht lautgesetzlich entwickelt worden. Der umlaut rührt aus den superl. aschw. *æfster* st. **æftster* isl. *epztr*, (isl.) *ȳztr*, *øfstr* her. Diese superl. ebenso wie die einsilbigen isl. *innztr*, *neztr*, alle mit regelmässiger acc. 1, sind nach den superl. adverbia (isl.) *innarst*, *neþarst*, *ūtarst*, *ofarst**), **aptarst* (thatsächlich *aptast*) mit der acc. 2 zu *innarster*, *niþarster*, *ȳtarster*, *ywarster*, *æptarster* umgebildet worden. Die superl.

* Die entsprechenden compar. *ofar* etc. haben das suffix *-ar* (nicht *-ōʀ*), und durch die anfügung neuer comparationsendungen an diese comparative auf *-ar* sind sowohl die comparative *ofarr* (< *ofar-ʀ*) etc. als die superlat. *ofarst* etc. gebildet worden. Vgl. de Saussure in Mélanges Renier 383 ff.

auf *-arster* behielten aber die acc. 1 von *epztr* etc. bei. Die endung *-arst(er)* findet sich auch in den aschw. *fræmarster fræmærster* 'vorderst', *sunnarster synnerster* 'südlichst', *norþarster nørdherster* 'nördlichst', **østarst østerst* 'östlichst', *væstarster væstærster* 'westlichst', *sīþarster* 'letzt' adv. *sīþarst.* Ohne zweifel sind auch diese wenigstens fac. mit der acc. 1 ausgesprochen worden, welche urspr. den entsprechenden einsilblern zukam: aschw. *fræmster* isl. *fremstr*, *synnstr*, *nørztr* (und aschw. **sīþster* [vgl. ä. nschw. norw. *sidst* 'der letzte'], wenn nämlich **sīþster* in der alten sprache nicht nur 'der kleinste' sondern auch 'der letzte' bedeuten konnte, Kock in Antiqvarisk Tidskrift XVI, no. 3 s. 12); die acc. 1 blieb bei der umbildung zu *fræmarster*, **synnarster synnerster*, **nørþarster nørdherster*, *sīþarster sīdhærst* erhalten. Von diesen sowie von den oben erwähnten *innarster* — *æptarster* haben **østarst østerst* 'östlichst' (vgl. isl. *austastr*) die acc. 1 bekommen können.

Zur einführung der acc. 1 in sämtlichen oben besprochenen superl. hat auch der umstand mitgewirkt, dass die acc. 1 in der bestimmten form des superl. regelmässig benutzt wurde, wenn ein rel. unaccentuiertes wort dieser vorausging: *þǣn i¹nnarste* 'der innerste' *þǣt i¹nnarsta* 'das innerste' etc. (122). Dagegen hat die acc. der entsprechenden comparat. *indre*, *ȳtre* etc. nicht wesentlich hierzu beigetragen, weil diese in der alten sprache wenigstens in der regel die acc. 2 hatten (112), wenn diese auch vielleicht früh fac. gegen die acc. 1 vertauscht werden konnte.

Nach *ö¹fver* : *ö¹fverst* etc. hat man in der jüngeren sprache zu *u¹nder* ein *u¹nderst* 'unterst' neugeschaffen; ausserdem nach den angeführten mustern: *bakerst* 'hinterst', *borterst* 'entferntest', *hiterst* 'nächst', *midterst* 'mittelst' fac. mit der acc. 1. Aschw. *miþlaster* 'mittelst' ist zu *mellerst* (vgl. auch die praep. *mællir*, eine nebenform zu *mællom* 'zwischen') umgebildet worden. Aschw. *yparster* nschw. *ypperst* ist ein deutsches lehen (mnd. *upperst*), und dessen acc. 1 erklärt sich teils dadurch (133), teils durch den anschluss des wortes an die einheimischen superl. auf *-erst.* So ist auch die fac. acc. 1 des subst. *öfverste* (nhd. *oberst*) zu beurteilen.

Die flectierten formen der oben besprochenen superl. (*den innerste*, *det innersta* etc.) haben jetzt dieselbe acc. wie die unflectierten (*innerst* etc.).

108. 3. Die acc. 1 der praep. *öfver* 'über', *under* 'unter' kann in der hier besprochenen weise erklärt werden. Da auch das norw. und das dän. die acc. 1 in *over*, *under* verwenden, ist diese acc. sehr alt. In der altno. sprache wechselten isl. *of* aschw. run. **ub** : isl. *yfir* aschw. *ywir*, isl. *und* aschw. run. **unt** (*und* ausgesprochen), **ind, int** (*ynd* ausgesprochen) : isl. aschw. *undir*, isl. *ept* aschw. run. **aft, ift** (*æft* ausgesprochen) : isl. *eptir* aschw. *æptir* urspr. in der weise, dass die einsilbigen formen als praep. vor dem nomen, die zweisilbigen als adverbia sowie als praep. nach dem nomen benutzt wurden; vgl. besonders Sievers in Btr. V, 479 ff. Aschw. *owir* (neben *ywir*), dän. *over* hat *o* von *of*, isl. aschw. *undir* dän. *under* nach Sievers (vgl. aber auch Kock in Sv. landsm. XI no. 8 s. 30 anm. 3) *u* von *und* bekommen. In übereinstimmung hiermit ist die acc. 1 der praep. *of* (**ub**), *und* beibehalten worden, auch nachdem sie zweisilbig geworden sind, also in den formen *owir*, *undir*, und sie ist auch von den entsprechenden adv. angenommen worden. Da *efter* 'nach' nur in Schonen die acc. 1 anwendet (in der schw. rspr. und im norw. aber *e²fter*; das dän. *efter* bekommt keinen stoss nach 63,1), ist es zweifelhaft, ob sie von dem einsilbigen **aft**, *eft* herrührt. Die acc. in *efter* kann nach 120 erklärt werden. Dies ist übrigens auch mit der acc. 1 in *owir*, *undir* der fall.

109. 4. Im schonischen bekommen die pl. *döttrar* (sg. *dotter* 'tochter'), *systrar* (sg. *syster* 'schwester') die acc. 1, und dies ist auch mit dem im vulgären schon. verwendeten pl. *brödra* (pl. *brödhra* auch im ä. nschw., st. *brödhrar*; sg. *brod(h)er* 'bruder') der fall. Auch nachdem die aschw. pl. *døter* (isl. *døtr*), *syster* (isl. *systr*), *brøþer* (isl. *brøþr*) mit der acc. 1 durch den einfluss von *le²frar* (sg. *lefver* 'leber'), *ka²rlar* (sg. *karl* 'mann') etc. die endung *-ar* bekommen (d. h. zu *döttrar* etc. geworden sind), haben diese neuen formen die acc. 1 beibehalten. Vgl. dass die neuschöpfungen nschw. *barnena* ndän. *börnene* 'die kinder' etc. die alte acc. 1 bewahren (103).

110. Im dän. wird die acc. 1 auch in folgenden formen angewendet:

In zweisilbigen part. praet. pass. auf *-es*, z. b. (*de have*) *fulgtes* (*ad*) 'sie sind zusammen gegangen', (*de have*) *setes* (*en eneste gang*) 'sie haben sich ein einziges mal getroffen' (Mikkelsen s. 79). Die endung *-es* ist von anderen pass. verbalformen auf die einsilbigen formen (*fulgts*, *sets* etc.; vgl. schw. *följts*, *setts*) übertragen worden, welche jedoch die acc. 1 beibehalten haben.

Gewissermassen hierher gehörig sind auch folgende dän. subst. auf *-de*: *höjde* 'höhe' (aschw. *høgþ*, norw. *högd*, vgl. isl. *hǣþ*), *dröjde* 'schwere' (aschw. *drȳgþ*), *vidde* 'weite' (schw. *vidd*, isl. *vīdd*), *bredde* 'breite' (aschw. *brēd*, isl. *breidd*), *dybde* 'tiefe' (isl. *dȳpt*), *længde* 'länge' (aschw. *længd*, isl. *lengd*), *tyngde* 'schwere' (schw. *tyngd*, isl. *þyngd*), *hælvde* hälfte' (isl. *helfþ*, vgl. schw. *hälft*) (vgl. Grundtvig s. 114 B[4]). Die älteren einsilbigen formen mit lautgesetzlicher acc. 1 sind durch mnd. einfluss (mnd. *hogede* (*hochte*), *wid*(*d*)*e*, *brede*, *depede dupede dupte*, *lengde*, *helfte*) zweisilbig geworden, haben aber dabei die alte acc. 1 bewahrt, was ganz natürlich ist, da die mnd. acc. am nächsten mit der adän. acc. 1 übereinstimmte (136). Mehrere von diesen wörtern (z. b. *vidde*, *længde*) können jedoch ganz als mnd. lehen aufgefasst werden. Nach *hö¹j* 'hoch': *hö¹jde* etc. hat man zu *lav* 'niedrig' *la¹vde* neugeschaffen (vgl. auch isl. *lǣgþ*, mnd. *lēgede* 'niedrigkeit'). Auch *mængde* 'menge' hat die acc. 1 (vgl. schw. *mängd* sowie teils isl. *mergþ* : *margr*, teils isl. *mengi*, mnd. *mennichte*).

111. V. Die acc. 1 findet sich in gewissen (schon in der alten sprache [im isl.]) zweisilbigen früher aber dreisilbigen wörtern, deren zweiter vocal gemeinnord. syncopiert worden ist. Kock im Ark. nf. III, 354 ff.

112. 1. Adjectivische mit dem suffix *-iz-* gebildete comparative haben die acc. 1, z. b. *större* 'grösser' (isl. *stǿrri*, urno. **stǿriʀa*), *lägre* 'niedriger' (isl. *lǣgri*, urno. **lāgiʀa*), *längre* 'länger' (isl. *lengri*, urno. **langiʀa*), *bättre* 'besser' (isl. *betri*, urno. **batiʀa*). Nur dialektisch (bei Weste) konnten um 1800 solche compar. durch den einfluss der grossen menge zweisilbler mit der acc. 2 fac. diese acc. bekommen.

In ähnlicher weise ist im dän. die ältere acc. 1 mit der acc. 2 vertauscht worden, z. b. *större*. Da aber das norw. ebenso wie das schw. die acc. 1 (*bedre*, *större* etc.) verwendet (Brekke 62), ist diese acc. ohne zweifel urnordisch.

Die comparat. *flere*, *-a* 'mehr', *mera* 'mehr' mit der acc. 2 (neben der aus *större* etc. übertragenen acc. 1) sind von ganz besonderem interesse. Während die comparat. mit der acc. 1 in der schw. rspr. (*större* etc.) urnordisch dreisilbig waren (**stōriʀa* etc.), sind *flere* (isl. *fleiri*), *mera* (isl. *meira*) schon urnordisch zweisilbig gewesen (vgl. gr. *πλείων*, got. *maiza*), was die acc. 2 erklärt.

Im gegensatz zu den jetzt zweisilbigen comparat. mit dem suffix *-iz-* haben die mit dem suffix *-r-* (bez. *-ar-*, *-er-*) gebildeten comparat. in der schw. rspr. die acc. 2: *eftre* 'hintere' (isl. *eptri*, *aptri*), *högre* (*-ra*) 'recht' (isl. *hœgri*), *nedre* (*-ra*) 'untere' (isl. *neþri*, *niþri*), *norre* (*-ra*) ä. nschw. *nörra* 'nördlich' (isl. *nyrþri*, *nørþri*), *södre* (*-ra*) 'südlich' (isl. *syþri*), *vänstre* (*-ra*) 'link' (isl. *vinstri*), *öfre* (*-ra*) 'obere' (isl. *øfri*), *östre* (*-ra*) 'östlich' (isl. *eystri*). Dass auch *inre* 'innere' (isl. *innri*), *yttre* 'äussere' (isl. *ȳtri*) früher die acc. 2 hatten, geht aus den noch im ä. nschw. fortlebenden nebenformen mit *-a*: *indra*, *yttra* hervor (160). Wenigstens gewisse von diesen comparat. konnten schon in urno. zeit zweisilbig sein (vgl. got. *aftra* 'zurück' neben *aftaro* 'von hinten'), und solche bekommen lautgesetzlich die acc. 2; die in urno. zeit dreisilbigen haben wohl die acc. jener angenommen. Dies ist der fall auch mit nschw. *förre* (*-ra*) 'erstere' (isl. *fyrri*, urno. **furiʀa*), dessen bedeutung derselben begriffs-sphäre wie die von *eftre*, *öfre* etc. angehörte, und das ebenso wie diese keinen adjectivischen positiv hatte.

113. 2. Dialectisch bekommen flectierte formen der einsilbigen superl. die acc. 1, z. b. *minste*, *-a* 'der kleinste' (isl. *minnzti*, urno. got. *minnista*), *bäste*, *-a* 'der beste' (isl. *bezti bazti*, urno. got. *batista*), *störste*, *-a* 'der grösste' (isl. *stœrsti* urno. **stōrista*). Die rspr. hat in diesen wörtern die acc. 2.

Da die acc. 1 aber auch im dän. verwendet wird, z. b. *mindste*, *længste* 'der längste', *yngste* 'der jüngste' (Bruun: Bogstavlydenes længde 22, Mikkelsen 79), ist sie urno.

114. 3. Dialektisch (wenigstens in Östergötland und Schonen) haben flectierte formen der einsilbigen part. praet. die acc. 1, z. b. *dömda*, *-e* 'verurteilte' (isl. *dǿmdir*, urno. **dōmiðai*), *kända*, *-e* 'bekannte' (isl. *kendir*, urno. **kanniðai*), *hörda*, *-e* 'gehörte' (isl. *heyrþir*, urno. **hauʀiðai*).

Die acc. 1 wird auch im dän. verwendet, z. b. *dömte*, *kendte*, *kvalte* 'erwürgte' (Grundtvig 114 Mikkelsen 79), und sie ist also urno. gewesen.

115. 4. Einzelne wörter, die fac. die alte acc. 1 erhalten, fac. die acc. 2 analogisch (durch den einfluss der vielen zweisilbler mit dieser acc.) angenommen haben:

andre, *-a* 'zweite', aus *aþrir* (< **anþarai*) umgebildet (von *a¹ndre* hat *annan* 'ander' dialectisch die acc. 1 bekommen).

allra 'aller-', ein isolierter gen. pl. (isl. *allra*, urno. **alliʀō*).

genom 'durch' (auch norw. und dän. *gennem* hat die acc. 1) < *gegnum* < urno. **gaginum* (Kock in Btr. XVIII, 429); vgl. aber auch 120, 122.

kärring 'altes weib' (isl. *kerling*, urno. **karilingu*; vgl. das finn. lehen *karilas* 'mann').

Hierher gehören auch *fäderne* 'väterliche seite' (aschw. *fæþerne*, agutn. *feþrni*, isl. **feþrni* aber factisch *faþerni*) und *möderne* 'mütterliche seite' (aschw. *møþerne*, agutn. *mȳþrni*, isl. **mǿþrni* aber factisch *mōþerni*), wenn sie aus urno. **faðrinia*, **mōðrinia* entstanden sind. Aschw. *fæ¹þerne*, *mø¹þerne* können jedoch auch von aschw. *fæþrīne*, *møþrīne* mit der acc. 2 oder von aschw. *fæþærne*, *møþærne* mit der acc. 2 in der weise ausgegangen sein, dass diese formen durch anschluss an pl. *fæþer* 'väter', *møþer* 'mütter' mit der acc. 1 zu *fæ¹þerne*, *mø¹þerne* wurden. Über diese formen vgl. Kock: Fsv. lj. II, 297, 308 ff. — Von *fäderne*, *möderne* scheint *lefverne* 'leben' (aschw. *liwærne*, *liwirne*) dial. die acc. 1 (neben der gewöhnlichen acc. 2) bekommen zu haben.

116. Die in dem norw. Selbu-dialekt verwendete acc. 1 von *fire* 'vier' (Am. B. Larsen: Det kgl. norske vidsk. selsk. skr. 1881 s. 46) erklärt sich in übereinstimmung hiermit: urno. **feðurai* (Kock in Btr. XX, 125 ff., Ark. nf. X, 252 ff.; siehe betreffs *ð* Noreen: Svenska etymologier s. 39 ff.). So auch die acc. 1 der zweisilbigen formen von einigen dän. adj.

auf *-sk*: *fynske* 'von der insel Fünen', *synske* 'hellsehende', *fjendske* 'feindliche', *bondske* 'bäurische' u. a. Einige dieser wörter sind alt, andere junge neuschöpfungen. In jenen (z. b. *fynske* < urno. **fūniskai*) steht die acc. 1 in verbindung mit der syncopierung; diese haben ihre acc. durch anschluss an die alten wörter bekommen.

Wenn in Sundeved (Schleswig) die part. praet. der starken verben die acc. 1 bekommen, z. b. *bonen* 'gebunden', *grefen* 'gegriffen' (N. Andersen in Dania IV, 171), so ist diese acc. möglicherweise aus den syncopierten casus nom. pl. *bundnir*, *gripnir* etc. auf die unsyncopierten *bonen* (isl. *bundinn*) etc. übertragen worden; jene hatten lautgesetzlich die acc. 1, da sie urno. dreisilbig waren: **bundunai* etc.

117. Auch das isl. hat die acc. 1 in wörtern verwendet, die urno. dreisilbig waren, deren zweiter vocal aber syncopiert worden war. Die consonantenverlängerung der isl. comparat. *fœ̄ri* > *fœ̄rri*, *nȳri* > *nȳrri* (zu *fār* 'wenig', *nȳr* 'neu') etc. lehrt, dass die comparat. adjective mit dem snffix *-iz-* die acc. 1 hatten; vgl. schw. *fär¹re*, urno. dreisilbig **fawiʀa* etc. Dass im isl. der gen. dat. sg. fem. und der gen. pl. der adj. die acc. 1 verwendeten, geht auch aus der consonantenverlängerung hervor: *grārar* > *grārrar*, *grāri* > *grārri*, *grāra* > *grārra* (zu *grār* 'grau') etc. Die acc. der übrigen adj. (*blindrar*, *blindri*, *blindra* zu *blindr* 'blind' etc.) war natürlich dieselbe. Auch in diesen formen beruht die acc. 1 darauf, dass sie urno. dreisilbig waren: **grawiʀōʀ*, **grawiʀai*, **grawiʀō* etc.

In wörtern mit der acc. 1 ist vor langem consonanten sowie vor (gewissen) consonantenverbindungen *ei* zu *e* geworden, und in denselben stellungen wurden lange vocale verkürzt (z. b. **fleisk* > *flesk* 'speck', **mīnn* > *minn* 'mein' mit der acc. 1, aber *eista* 'hode' mit der acc. 2 und erhaltenem *ei*). Dies ist der fall gewesen auch in *helgi* 'heilige' (< **heilgi* < **hailaʒa*), nom. pl. m. *litlir* 'kleine' (< **lītilai*), *ymsir* (< **ūmissai*, zu *ȳmiss* 'wechselnd'), gen. sg. f. *minnar*, *þinnar*, *sinnar* (< **mīniʀōʀ* etc. zu *minn* 'mein', *þinn* 'dein', *sinn* 'sein'), dat. sg. f. *minni*, *þinni*, *sinni* (< **mīniʀai* etc.), gen. pl. *minna*, *þinna*, *sinna* (< **mīniʀō* etc.), gen. sg. f. *hennar*

(< *hāniʀōʀ*), dat. sg. f. *henni* (< *hāniʀai*) zu *hōn* 'sie', und solche wörter hatten also die acc. 1. Die betreffenden lautentwickelungen waren wenigstens z. t. gemeinnord. Kock in Ark. nf. III, 372 anm.; IV, 270 anm., vgl. auch 247.

118. Manche, ja wohl die meisten zweisilbler, die urno. dreisilbig waren, bekommen aber jetzt im schw. und dän. die acc. 2, z. b. praet. ind. schw. *dömde*, dän. *dömte* 'urteilte' (isl. *dømdi*, urno. **dōmiðē*). Dies beruht auf dem einfluss der überwältigenden masse zweisilbiger (und zwar schon in urno. zeit zweisilbiger) und mehrsilbiger wörter mit der acc. 2. Wenn z. b. das part. pass. *dömde*, *-a*, dän. *dömte* die alte acc. 1 beibehalten, das praet. ind. *dömde*, dän. *dömte* aber die acc. 2 angenommen hat, so sind die einsilbigen part.-formen (*dömd*, *dömt*) entscheidend gewesen: die acc. 1 blieb im pl. part. *dömde* etc., durch den einfluss des sg. part. *dömder* (isl. *dømdr*), *dömd*, *dömdt* mit dieser acc., erhalten; das praet. ind. *dömde*, das eine ganz andere verbalform war, konnte aber durch das part. sg. natürlich nicht in dieser weise beeinflusst werden.

119. Gemeinsam für die oben mom. 1—4 besprochenen sowie für die allermeisten einsilbigen wörter mit der acc. 1 (*sten* 'stein' < urno. *staina*, *horn* 'horn' < urno. *horna* etc.) ist, dass sie in gemeinnord. zeit den unmittelbar nach der fortissilbe folgenden vocal verloren haben. Man ist deshalb berechtigt die allgemeine regel aufzustellen, dass die acc. 1 sowohl der einsilbigen wie der mehrsilbigen wörter im causalzusammenhang damit steht, dass die wörter in urno. zeit nach der wurzelsilbe einen kurzen später verloren gegangenen vocal hatten. S. Kock im Ark. nf. III, 354 f.

120. VI. Die acc. 1 findet sich in mehreren wörtern, die im satze oft oder meistenteils rel. unaccentuiert sind.

Die ursache dafür ist die, dass die acc. eines rel. unaccentuierten wortes mehr mit der acc. 1 als mit der acc. 2 übereinstimmt (71). Die meisten hierhergehörigen wörter bekommen neben der acc. 1 fac. auch die acc. 2, welche von ihrer verwendung mit fortis herrührt: *både* 'sowohl' (die acc. 1

in Schonen, aschw. *bāþe* isl. *bǣþi*), pron. poss. *eder* 'euer' (aschw. *iþar* isl. *yþarr*), *faster* 'tante' (vaters schwester; ä. nschw. *farsyster* aschw. *faþursystir*), *hvarken* 'weder' (aschw. *hwarkin* isl. *hvārki*), *moster* 'tante' (mutterschwester; ä. nschw. *morsyster* aschw. *mōþorsystir*), *syster* 'schwester' (die acc. 1 z. b. in Schonen und in Norrland [im westerbotnischen dialekt], aschw. isl. *systir*). *Eller* 'oder' (aschw. *ællar* [und *æller*], isl. *ellar*) hat nur die acc. 1 (dän. *eller* aber die acc. 2). Die acc. 1 von *efter* 'nach' (die acc. 1 nur in Süd-Schweden), *under* 'unter', *öfver* 'über' kann sowohl nach dieser regel als nach 108 erklärt werden. Der pl. *stycken* (zu *stycke* 'stück') ist für die hier besprochene frage besonders beleuchtend. Im allgemeinen hat er die acc. 2: *sty²cken* 'stücke, zeichnungen' etc. In verbindungen wie *två stycken* 'zwei, zwei individuen', *tre stycken* 'drei, drei individuen', *ett par stycken* 'ein paar' etc. bekommt das wort aber die acc. 1, was daher kommt, dass es in ähnlicher verwendung oft rel. unaccentuiert ist, z. b. *två' stўckĕn brö'd* 'zwei brote'. *Faster* (< *farsyster*), *moster* (< *morsyster*), *syster* sind rel. unaccentuiert unmittelbar vor namen, oft im vocativ, sowie wenn sie statt der pron. pers. *du* 'du' und *Ni* 'Sie' verwendet werden (527,1, 2; in diesen stellungen dürften die verkürzten formen *faster*, *moster* auch zuerst entstanden sein, sofern die abnormen verkürzungen nicht daher rühren, dass diese wörter ganz besonders der kinderstube angehören). Zur einführung der acc. 1 in *syster* (aschw. isl. *systir*) hat auch der pl. aschw. *sy¹ster*, isl. *systr* beigetragen (vgl. jedoch auch Kock in Ark. nf. IV, 384).

Der umstand, dass ein wort oft rel. unaccentuiert ist, hat bisweilen zur erhaltung der acc. 1 beigetragen, wenn auch die einführung dieser acc. anders zu erklären ist. Dies ist der fall z. b. bei *desto* 'desto' (133,7), *genom* 'durch' (115), *hundra* 'hundert' (307, 309), *hvilken* 'welcher', *sicken* 'welcher', *tocken* 'solcher', *hocken* 'welcher' (310), eventuell bei *efter*, *under*, *öfver* (108), möglicherweise auch bei *hvarken* (wenn die acc. 1 dadurch entstanden, dass es urspr. eine juxtaposition *hwārt-gi* ist; vgl. 312).

Die rel. accentlosigkeit hat die acc. 1 auch in mehreren (urspr. zusammengesetzten, jetzt aber als simplicia aufgefassten) personennamen hervorgerufen oder conserviert, z. b. *Gunnar*, *Ingvar*, *Olof* (aber nur *O²la*, aschw. *Olawer*, isl. *Ōlāfr*), *Arvid* (aschw. *Arnviþer*), *Sigrid* (isl. *Sigrīþr*). Vornamen werden oft rel. unaccentuiert teils unmittelbar vor anderen namen (*Ŏlŏf Pérsson* etc.), teils im vocativ (*god dág*, *Ŏlŏf* etc.; vgl. 527; Kock Akc. II, 130 nebst anm., im Ark. nf. VIII, 260 ff., IX, 189 ff., 314). Wenigstens die meisten dieser namen können aber auch die acc. 2 bekommen.

121. Im adän. stimmte (vor der entwickelung des stosses 136) die aussprache eines rel. unaccentuierten wortes mehr mit der acc. 1 als mit der acc. 2 überein, ebenso wie dies noch immer im dialekt von Ost-Schleswig (Sundeved), im schw. und im norw. der fall ist (71—3). Zu jener zeit nahmen auch im dän. gewisse wörter, die oft rel. unaccentuiert waren, die acc. 1 an. Nachdem sie auf diese weise die acc. 1 bekommen, entwickelte sich der stoss nachher in ihnen gleichwie in anderen wörtern mit der acc. 1, obgleich er natürlich nur dann zur verwendung kam, wenn die wörter im satze mit fortis accentuiert wurden (73). Auf diese weise kann die acc. 1 der conjunktion *medens* 'während' (s. aber auch 123) und der praep. *under* 'unter', *over* 'über' (s. aber auch 108) erklärt werden; vgl. dass die acc. 1 gewisser dän. composita (*farbror* 'onkel' etc. 322) denselben ursprung hat. Die acc. 1 ist vielleicht auf *ellers* 'sonst' von *eller* 'oder', das im schw. noch die acc. 1 anwendet, im dän. aber jetzt die acc. 2 bekommen hat, übertragen worden.

Also haben im altdän. einige wörter die acc. 1 wegen der rel. accentlossigkeit bekommen können, während umgekehrt die rel. accentlossigkeit mehrmals im neudän. die acc. 2 veranlasst hat. Dies beruht darauf, dass die naturen der acc. 1 und der acc. 2 im dän. vollständig verändert worden sind.

122. VII. Die acc. 1 findet sich oft in wörtern, denen ein rel. unaccentuiertes wort unmittelbar vorangeht.

Adj. und adv. mit der acc. 2 bekommen statt dieser oft die acc. 1 unmittelbar nach dem rel. unaccentuierten *för* 'zu', *allt för* 'all zu', z. b. *lu²stig* 'komisch', aber *han är då* *fŏr lu^{1}stig* 'er ist doch zu komisch'; *gä^{2}rna* 'gern' aber *allt fŏr gä^{1}rna* 'all zu gern'. Wenn zwei mit *och* 'und' verbundene wörter auf dieses *för*, *allt för* folgen, kann auch das zweite wort (durch den einfluss des ersten) die acc. 1 bekommen, z. b. *han är då fŏr lu^{1}stig och to^{1}kig* 'er ist doch zu komisch und zu drollig'. Im ä. nschw. wurde bisweilen dieses *för* mit dem folgenden worte zusammengeschrieben (z. b. *förmykin* 'zu viel'), und man konnte also die verbindung als ein compositum auffassen. Obgleich *morgon* 'morgen' die acc. 2 hat, bekommt es in den verbindungen *gŏd morgon* 'guten morgen', *ĭ morgon* 'morgen' oft die acc. 1. So erklärt sich auch die acc. 1 von *tĭll salu* 'feil' (*salu* ist gen. sg. zu aschw. *sala* 'verkauf') sowie die fac. benutzte acc. 1 von *dĕn samme* 'derselbe' (isl. *sami*), *tĭll samman* 'zusammen' (isl. *saman*), *ŏm sider* 'endlich' (isl. *um sīþir*), *tĭll baka* 'zurück' (gen. sg. des subst. aschw. *baker* 'rücken'; vgl. ä. nschw. *til baka(r)s*, *til bakes*, dial. *til bakar*), *dĕn ene* 'der eine' (die acc. 1 ist nur dial.). Auch die dialektischen ausdrücke *här ŏm si^{1}stens* 'vor einigen tagen' und *för a^{1}llen de^{1}l* 'um alles in der welt' (*állen* < *allan*, acc. sg. m. zu aschw. *alder* 'all') haben die acc. 1. Diese acc. kann von *samme*, *samman* beibehalten werden, auch wenn *den*, *till* nicht vorangehen, und in übereinstimmung hiermit ist die (fac. benutzte) acc. 1 in *undan* 'fort' (isl. *undan*), *egen* 'eigen', pl. *egna* (*egen*, *egna* haben nur in Schonen die acc. 1; isl. *eiginn*) zu erklären. Sie wurde urspr. nur in ausdrücken wie *gå̆ u^{1}ndan* 'fortgehen', *mĭn e^{1}gen* 'mein eigener' etc. benutzt. Die acc. 1 von (*ĭ*) *genom* 'durch' kann nach dieser regel erklärt werden; vgl. aber auch 115, 120.

Im aschw. muss die bestimmte form des masc. auf *-aste* sowie die best. form des fem. und neutr. auf *-asta* der superlat. fac. die acc. 1 gehabt haben, z. b. *þæ̆n kæ^{1}raste*, *þĕ kæ^{1}rasta*, *þæ̆t kæ^{1}rasta* 'der die das liebste'; diese acc. ist dadurch hervorgerufen worden, dass der bestimmten form des superl. sehr oft *þæn*, *þe*, *þæt* oder andere rel. unaccentuierte wörter vorangingen. Neben der auf diese weise entstandenen acc. 1 behielt jedoch die bestimmte form des superl. (*þæ̆n kæ^{2}raste* etc.) durch den einfluss des unbestimmten superl. (*kæ^{2}rast*, *kæ^{2}raster* etc.) fac. auch die alte acc. 2 bei. Aus aschw. *þæn kæ¹rastė*, *þe þæt kæ¹rastȧ* entstand jü. aschw. und ä. nschw. masc. *kæriste käreste*, fem. neutr. *kærista*, *käresta*, während aus aschw. *þæn kæ²ràste*, *þe þæt kæ²ràsta* sich jü. aschw. ä. nschw. masc. fem. neutr. *käraste* entwickelte (Kock in Sv. landsm. XV no. 5 s. 2 ff. und vgl. unten 159, 169, 178). Zur erhaltung der acc. 1 in *den störste*, *det största* 'der das grösste' (110), *den innerste*, *det innersta* 'der das innerste' (107) wirkte das vorangehende rel. unaccentuierte pron. mit.

123. Auch im dän. bekommen wörter bisweilen die acc. 1, wenn ihnen ein rel. unaccentuiertes wort unmittelbar vorangeht. Dies ist der fall bei adj. und adv. nach dem verstärkenden *for* (*for méget* 'zu viel' etc.) sowie bei *den sámme* 'derselbe', *hinánden* 'einander', *fŏr nýlig* 'neulich', *ălt múligt* 'alles mögliche', *strĕngt tâget* 'streng genommen', *mĭn* (*vŏr*) *fár* 'mein (unser) vater', *mĭn* (*vŏr*) *mór* 'meine (unsere) mutter'. Während *meget*, *samme*, *anden*, *nylig*, *mulig*, *taget*, *far*, *mor* sonst keinen stoss bekommen, haben sie fac. stoss in den erwähnten verbindungen. Ebenso findet sich stoss in *allerkǽreste* 'der, die allerliebste', *höjstǽrede* 'hochgeehrter', *la*(*de*)-*vǽr*[*e*] 'bleiben lassen', aber nicht in *kæreste*, *ærede*, *være* (Jespersen in Dania IV, 230). In übereinstimmung hiermit kann der stoss in *igénnem* 'durch', *imédens* 'während' erklärt werden, und von diesen juxtapositionen kann er auf *gennem*, *medens* übertragen worden sein; s. aber auch 115, 121.

Wenn die superl. auf *-est* < *-aster* im dialekt von Sundeved (Schleswig) die acc. 1 bekommen, z. b. *lichest* 'ähnlichst' (N. Andersen in Dania IV, 170), so ist sie aus der bestimmten form *þæ̆n li¹kaste* etc. auf die unbestimmte (*likaster* etc.) übertragen worden; zur befestigung der acc. 1 in *lichest* etc. hat aber auch mitgewirkt, dass die alten einsilbigen superl. *lengstr*, *minnztr* etc. mit alter acc. 1 in diesem dialekt zu zweisilblern auf *-est* (*längest*, *minnest* etc.) aber mit erhaltung der acc. 1 umgebildet worden sind. Kock in Sv. landsm. XV no. 5 s. 18.

Wenn *for*, *alt for* unmittelbar vor adj. und adv. mit der acc. 2 gesetzt werden, bekommen diese (wenigstens oft) auch im norw. die acc. 1, z. b. *fŏr sto¹re* (:*sto²re* 'grosse').

124. Die acc. 1 der hier besprochenen schw., norw. und dän. wörter, welche auf ein rel. unaccentuiertes wort folgen (*fŏr lu^{1}stig* etc.) ist mit der acc. 1 der composita mit fortis 1 auf dem zweiten compositionsglied (*förta^{1}la* 'verleumden', *rannsa^{1}ka* 'untersuchen' etc.) zusammen zu bringen. Vgl. Akc. I, 62, 103.

125. VIII. Die acc. 1 findet sich dial. in wörtern mit dem wurzel-vocal im hiatus.

126. 1. Dies ist (in Westmanland und Westerbotten) der fall bei part. auf *-ende*, z. b. *flyende* 'fliehend', *seende* 'sehend'. Dial. bekommen auch *fiende* 'feind' (aschw. *fīande*, part. zu [isl.] *fiā* 'hassen'), *hyende* 'kissen' die acc. 1. Diese acc. muss schon von den part. *flȳande* etc. sowie von *fīande* in der aschw. rspr. benutzt worden sein, da sie eine bedingung für die entwickelung aschw. *flȳande* > nschw. *flyende* etc. ist (161).

127. Mehrere der entsprechenden dän. part. haben (wenigstens fac.) die acc. 1, aber nach den dänischen grammatikern herrscht ziemlich grosses schwanken bei deren acc. *Leende* 'lachend', *seende* 'sehend', *syende* 'nähend', *gloende* 'starr blickend' haben stoss; *troende* 'gläubig', *döende* 'sterbend' haben fac. stoss; *gående* 'gehend', *slående* 'schlagend', *stående* 'stehend', *gloende* 'glühend', *klöende* 'kratzend', *diende* 'saugend', *boende* 'wohnend', *skuende* 'schauend', *truende* 'drohend', *spyende* 'speiend' haben keinen stoss (Mikkelsen 79; vgl. auch Broberg in Blandinger I, 299 [nach ihm findet sich der stoss auch in *sående* 'säend'] und M. Kristensen im Ark. nf. XI, 64). Nicht nur *skuende* (vgl. aschw. *skuþa*, aschw. isl. *skoþa*), *truende* (vgl. isl. *þrūga*) sondern auch *gående, slående, stående* (ält. *gānde*, *slānde*, *stānde*) hatten in einer früheren sprachperiode einen consonanten nach dem vocal. Urspr. kam die acc. 1 nur den part. auf *-andi* mit hiatus zu, z. b. *sēandi*, *glōandi*, und zu dieser zeit dürften im adän. *leende* (vgl. isl. *hlǣia*, aber aschw. *lēa* neben *lēia*), *döende* (vgl. isl. *deyia* aber aschw. *dø̄(i)a*), *syende* (vgl. isl. **sȳia*) schon keinen consonanten nach dem vocal gehabt haben.

Auch im dialekt von Solör in Norwegen haben die part. praes. der verba pura die acc. 1, z. b. *tru^{1}n*, *tru^{1}nes* (< isl. *trūandi*). Am B. Larsen: Solø. Dialekt 37.

128. Im aschw. und anorw. hat man einmal dieselbe acc. wie im dän. gehabt, z. b. *sē^{1}ande* aber *gā^{2}nde.* Jenes wurde im schw. zu *se^{1}ende*, während *gānde* etc. die endung *-ende* und die acc. 1 (*gå^{1}ende*) von *se^{1}ende* etc. bekam.

129. 2. Der dialekt von Süd-Schonen (Skytts härad) 'verwendet die acc. 1 bei den ordinalzahlen *tiene* 'zehnte', *niene* neunte', *sjuene* 'siebente'. Auch in Halland und Westergötland heisst es *den sju^{1}nde* 'siebente', im dialekt von Westerbotten *sju^{1}ent* (vgl. ä. nschw. *sjuende*). Hiermit stimmt überein, dass der Selbu-dialekt in Norwegen die acc. 1 in *tijje* 'zehn', *nijje* 'neun', *sjöge* 'sieben' (Am. B. Larsen in Trondhjems kgl. norske vid.-selsk. skr. 1881, s. 46) verwendet gleichwie das dän. in *tiende* 'zehnte', *niende* 'neunte', *syvende* 'siebente' (Mikkelsen s. 80). Hieraus darf geschlossen werden, dass *tīu, nīu, tīundi, nīundi* in der alten sprache die acc. 1 hatten. Etwas unsicher dürfte es sein, ob die acc. 1 in *sjunde, sjuene* sehr alt ist und aus der gemeinnord. zeit herrührt, wo man **séunde* (< **seƀunda*, vgl. got. *sibun*) oder **siúunde* (< **seuƀunda*, durch brechung aus **seƀunda* entstanden), hatte, oder ob sie verhältnismässig jung ist und sich in der älteren (im ä. nschw. verwendeten) analogisch entstandenen hiatus-form *sjuende* entwickelt hat. Nach *fiū^{1}rir* '4', (116), *fæm* (*fimm*) '5', *sex* '6', **séun* oder **siúu(n)* (< **séuƀu(n)*), *nīu, tīu* hat analogisch auch *ātta* 'acht' (< [got.] *ahtau*) die acc. 1 bekommen. Dass *ātta* diese acc. in der alten sprache hatte, geht aus folgenden thatsachen hervor. Der Selbu-dialekt (in Norwegen) hat *åtte* mit der acc. 1. In Süd-Schweden wird der ausdruck *åtte dar* 'acht tage, eine woche' angewendet; die entwickelung *åtta* > *åtte* lehrt, dass die ultima früher levissimus und also die paenultima den fortis 1 hatte (158 ff.). In den wörtern mit der verbindung langer vocal + *tt* + vocal bleibt *tt*, nur wenn der lange vocal die acc. 1 hat (Noreen in Ggph. I^2 § 186,a); in *ātta* > *åtta* ist aber das *tt* noch erhalten.

Mehrere composita (juxtapositionen) der nord. sprachen verwenden die acc. 1, weil das erste juxtapositionsglied ein zweisilbler mit hiatus und der acc. 1 war, z. b. schw. *trä^1-gård* 'garten' < *trē^{1}a garþer* (*trē^{1}a* gen. pl. zu *trǣ* 'baum'), dän. *ko¹stald* 'kuhstall' < *kō¹a stallr* (*kō¹a* gen. pl. zu *kō* 'kuh'; 316).

130. Unter diesen umständen ist man zu der schlussfolgerung berechtigt, dass in der alten nord. sprache die acc. 1 lautgesetzlich bei hiatus entstand (oder mit anderen worten, dass ein vocal mit fortis im hiatus lautgesetzlich den fortis 1 bekam). Wahrscheinlich steht diese entwickelung der acc. 1 in causalverbindung damit, dass der erste vocal im hiatus (wenigstens z. t.) verkürzt wurde.

Schon in der alten sprache war jedoch ohne zweifel die lautgesetzliche acc. 1 der wörter mit hiatus, durch den einfluss der überwältigenden menge zweisilbler mit der acc. 2, sehr oft gegen diese acc. analogisch vertauscht worden. Wir besitzen noch ein mittel zu entscheiden, welche wörter mit der lautverbindung *ī*, *ē* + *a*, *o*, *u* die acc. 1 beibehalten, und welche die acc. 2 analogisch angenommen hatten. In jenen ist die sog. quantitäts-versetzung nicht eingetreten (isl. *nī'u*, *sī'a* 'sieb' etc.), während sie in diesen durchgeführt worden ist, z. b. isl. *sē'a* > *siā'* 'sehen' (219).

131. Im dän. haben auch folgende wörter mit hiatus die acc. 1 (= den stoss). Ich lasse aber dahingestellt sein, wie alt die acc. 1 in diesen wörtern ist; wenigstens in einigen dürfte sie verhältnismässig jung sein.

a. Zweisilbige pl. auf *-er*, z. b. *söer* 'seen', *byer* 'städte' (*skeer*, pl. zu *ske* 'löffel', hat die acc. 2, was bei *fröer*, pl. zu *frö* 'frosch' fac. der fall ist; die ursache ist die, dass die wörter früher *sked* (vgl. isl. *skeiþ* pl. *skeiþir*), *fröd* hiessen). Grundtvig 114 B², Mikkelsen 78, M. Kristensen im Ark. nf. XI, 64.

b. Zweisilbige subst. auf *-er*, zu vocalisch auslautenden verben gehörig: *frier* 'freier' (vgl. *fri* 'freien, werben'), *seer* 'seher' (vgl. *se* 'sehen'), *syer* 'näher' (vgl. *sy* 'nähen'). Die acc. 1 in *frier* (mnd. *vrier*), *seer* (nhd. *seher*) kann doch darauf beruhen, dass sie lehnwörter sind. Vgl. Broberg in Blandinger I, 299, Mikkelsen s. 80.

4. Mehrere zweisilbige subst. auf *-en*, welche aus einsilbigen verben abgeleitet sind. Nach Mikkelsen s. 80 haben *flåen* 'schinden', *spåen* 'wahrsagen', *leen* 'lachen', *seen* 'sehen', *gloen* 'anstarren', *syen* 'nähen' meistenteils die acc. 1, während *göen*

'bellen' schwankt und *gåen* 'gehen', *slåen* 'schlagen', *ståen* 'stehen' in der regel die acc. 2 bekommen. Vgl. auch Broberg in Blandinger I, 299, Jessen: Dansk grammatik 69. Das aus *strö* 'streuen' abgeleitete *ströelse* 'streu' hat gewöhnlich die acc. 1, das aus *vi(e)* 'weihen' abgeleitete *vielse* 'trauung' aber meistenteils die acc. 2; s. Jessen ib., Grundtvig 115 B[4]. (Die acc. 1 wird aber auch von subst. auf *-ning* verwendet, welche von vocalisch auslautenden verben abgeleitet sind, z. b. *roning* 'rudern' (zu *ro* 'rudern'), *såning* 'säen' (zu *så* 'sähen'); vgl. die citierten stellen). In übereinstimmung hiermit kann auch die acc. 1 in dem adj. *moden* 'reif', ält. *moen*, erklärt werden.

Vgl. über die acc. bei hiatus Kock Akc. II, 396, 397 f., 149 f. Ark. nf. X, 213 ff., III, 367 f. anm.

132. IX. Die acc. 1 findet sich in einigen wenigen ursprünglichen composita, welche jetzt von dem sprachbewusstsein ganz als simplicia aufgefasst werden.

Usel 'elend', *tusen* 'tausend' haben die acc. 1 (die flectierten formen *usla, uslare, uslast* fac. die acc. 1 und die acc. 2). Die acc. 1 (neben der analogisch angenommenen acc. 2) findet sich in *tusende* 'tausend(ste)' (cardinal- und ordinal-zahl), *tusan* 'der teufel' (*å tusan* 'potz tausend'), *hundra* 'hundert', *hundrade* 'hundert(ste)' (cardinal- und ordinal-zahl), *hvilken* 'welcher', *sicken* 'welcher', *hocken* 'welcher', *tocken* 'solcher' (auch in den flectierten formen dieser wörter: *hvilka, tockna* etc.). Dialektisch wird die acc. 1 auch von *sjutton* '17', *aderton* '18', *nitton* '19 (sowie von den entsprechenden ordinalzahlen *sjuttonde* etc.), *åska* 'donner', *tjugo* '20' benutzt.

Im norw. haben die alten composita *ussel* 'elend', *tusend* '1000', *hvilken*, im dän. *tusend*, *vadmel* 'fries', *fælles* 'gemeinschaftlich' die acc. 1.

S. unten 307, 309, 310, 316, 317, 333 über die ursachen für die acc. 1 bei diesen wörtern.

133. X. Die acc. 1 findet sich in einer menge lehnwörter oder nach ihnen neugeschaffener wörter, welche jetzt von dem sprachgefühl als ganz einheimisch aufgefasst werden. Diese acc. kommt teils

vielen wörtern mit gewissen urspr. deutschen ableitungsendungen, teils vielen einzelnen wörtern zu.

1. Viele zweisilbler auf *-el*, *-en*, *-er* bekommen die acc. 1, z. b. *handel* (mnd. *handel*), *sabel* (nhd. *sabel*); *fröken* 'fräulein' (mnd. *froken*), *orden* (nhd. *orden*); *svåger* (mnd. *swager*), *säker* 'sicher' (mnd. *seker*). So viel als möglich die ausländische acc. beibehaltend, wurden sie an die einheimischen urspr. einsilbigen wörter auf *-(e)l*, *-(e)n*, *-(e)r* (93,1) angeschlossen. Doch haben mehrere lehnwörter auf *-el* die acc. 2 von den einheimischen (oder schon längst als einheimisch aufgefassten) wörtern auf *-el* mit der acc. 2 bekommen, z. b. *flöjel* 'wetterfahne' (ndd. *flögel*), *bengel* (ndd. *bengel*; vgl. dessen gegensatz *e*^{2}*ngel* 'engel'). Nur wenige lehnwörter auf *-en* haben die acc. 2 angenommen, weil die einheimischen wörter mit dieser endung und dieser acc. fast alle adjektive, die meisten lehnwörter auf *-en* aber nicht adjektive waren; doch z. b. *äfven* 'auch' (mnd. *even*) mit der acc. 2. Weil das schwedische nur wenige wörter auf *-er* mit der acc. 2 hatte, haben fast alle lehnwörter auf *-er* die acc. 1; doch *da*^{2}*ler* (ndd. *daler*), *fa*^{2}*dder* (neben *fa*^{1}*dder*, mnd. *vadder*; die acc. 2 ist von *fa*^{2}*der* übertragen worden).

Ebenso wie das schw. verwenden das norw. und das dän. die acc. 1 in zweisilbigen lehnwörtern mit diesen endungen, z. b. norw. *adel* (mnd. *adel*), *simpel* 'einfach' (mnd. *simpel*), *orden*, *bækken* (mnd. *becken*), *fatter* (nhd. *vater*), *jammer* — dän. *handel*, *fröken*, *orden*, *svåger*. Vgl. Brekke s. 61 f., Grundtvig s. 116 B^{6}. Es findet sich nach 63,1 kein stoss in den lehnwörtern von dem typus *fakkel* (mnd. *fackel*).

2. Zweisilbige adjektive auf *-isk* (d. *-isch*) bekommen gewöhnlich die acc. 1 (bisweilen fac. die acc. 2), z. b. *hednisk* (nhd. *heidnisch*), *höfvisk* 'höfisch' (mnd. *hovesch*), *jordisk*, schw. neuschöpfung (vgl. *irdisch*).

Solche wörter haben auch im norw. und im dän. die acc. 1, z. b. *dyrisk* (vgl. nhd. *tierisch*), *slavisk* 'sklavisch' (aber *jo*^{2}*rdisk* 'irdisch', *no*^{2}*rdisk* 'nordisch'). Vgl. betr. des dän. Mikkelsen s. 74, 80.

3. Zweisilbige subst. auf *-ert* verwenden die acc. 1, z. b. *puffert* 'puffer' (ndd. *puffert*), *stardert* 'stander' (md. *standert*).

Dies ist auch im norw. und im dän. der fall, z. b. norw. *kuffert* 'koffer', *hævert* 'heber' (ndd. *hever*); dän. *hævert*, *skonnert* 'schoner'. Brekke s. 63, Mikkelsen s. 80, Grundtvig s. 116 B[6].

4. Zweisilbige subst. auf *-est*: *ångest* 'angst' (acc. 1; aschw. *angist*, mnd. *angest*), (*till*) *fyllest* 'zur genüge' (fac. acc. 1 und acc. 2; jü. aschw. *fyllist*, *fyllest*, mnd. *vullest*, *vulleist*; urspr. compositum, vgl. mnd. nhd. *leisten*), *tingest* 'ding' (fac. acc. 1 und acc. 2; nnd. *dinges* 'ein kleines ding', urspr. gen. sg. zu mnd. *dink* 'ding'). Auch *hyllest* 'huld, treue' und *ynnest* 'gunst' haben die acc. 1. Es ist zweifelhaft, ob sie urspr. einheimisch oder lehnwörter sind. Vgl. mit aschw. *hyllist hyllest* teils isl. *hollosta*, teils mnd. *hulde* 'wohlwollen, huldigung', nhd. *huldigung leisten* (und mnd. *vulleist*); mit *ynnest* (aschw. auch *unst*) teils isl. *unnasta* 'geliebte', teils ahd. *unst*. Wenn sie einheimisch sind, ist die acc. von den lehnwörtern auf *-est* analogisch auf sie übertragen worden.

Das norw. verwendet die acc. 1 in *hyldest*, *yndest* (*angst*), das dän. in *hyldest*, *yndest*, *angest* (vgl. betr. des dän. Mikkelsen 80, Grundtvig 116, Broberg Blandinger I, 296).

5. Dreisilbige subst. auf *-ika* bekommen fac. die acc. 1 und die acc. 2, z. b. *krönika* 'chronik' (mnd. *kronike*), *rättika* (mhd. nhd. *rettich*). *Ättika* 'essig' hat in der rspr. analogisch die acc. 2 bekommen; nur dialektisch findet sich noch die acc. 1 (mnd. *etik*).

Auch das dän. hat die acc. 1 in lehnwörtern auf *-ike*, z. b. *ræddike* 'rettich', *nellike* 'nelke', doch mit ausnahme von *eddike* ebenso wie im schw. Bruun s. 20 f. (vgl. Grundtvig 116 B[6], Mikkelsen s. 74). In übereinstimmung hiermit erhalten im norw. *krönike*, *nellik*, *ræddik* die acc. 1, *edik* (*eddike*) aber die acc. 2.

6. Dialektisch (in Norrland) bekommen dreisilbler auf *-erska* (z. b. *strykerska* 'plätterin') und *-else* (z. b. *rörelse* 'bewegung') die acc. 1. Die endung *-erska* ist ein ndd. lehen; vgl. mnd. *krōgersche* schw. *krögerska* 'schenkwirtin', mnd. *mēstersche* aschw. *mæstirska* 'meisterin' etc. Auch die endung *-else* ist aus dem ndd. entlehnt oder hat wenigstens durch ndd. beeinflussung eine grössere verwendung im schw. be-

kommen; vgl. mnd. *backels* schw. *bakelse* 'kuchen', asächs. *dōpisli* aschw. *dø̄pilse* 'taufe' etc. (Kock: Kritiska anmärkningar om svensk aksentuering in Sv. landsm. VI no. 2 s. 39).

7. Viele einzelne lehnwörter bekommen die acc. 1 neben der in späterer zeit analogisch fac. angenommenen acc. 2, z. b. *bitti* 'früh' (nur dial. die acc. 1; mnd. *bī tīden*), *desto* 'desto' (aschw. mnd. *deste*), *fänrik* (nhd. *fähnrich*; auch norw. und dän. *fæ^{1}ndrik*), *gyllene* 'golden' (mnd. *guldīn*, nnd. *gülden*; auch dän. *gy^{1}lden*, norw. aber *gy^{2}lden*), *harnesk* (nur die acc. 1; mnd. *harnisch*), *känga* 'damenstiefel' (finnisch *kenkä*), *pojke* 'knabe' (finnisch *poika*). (Ausführlicher Akc. I, 102). Hierher gehören auch *djäfvulsk* 'teuflich' (eine nach mnd. *duvelsch* gebildete ableitung zu *djäfvul* 'teufel'), *konungsk* 'königlich' (eine nach mnd. *koningesch* gebildete ableitung zu *konung* 'könig'), welche fac. die acc. 1 oder die acc. 2 anwenden. S. über *ypperst*, *öfverste* 107.

134. Die flectierten formen der lehnwörter mit der acc. 1 bez. sowohl mit der acc. 1 als der acc. 2 bekommen dieselbe acc. wie die unflectierten. So haben z. b. pl. *puffertar* und die best. form des pl. *puffertarna* die acc. 1 ebenso wie *puffert*; *hedniska*, *krönikorna* fac. die acc. 1 oder die acc. 2 ebenso wie *hednisk*, *krönika*.

135. Eine ausnahme machen z. t. die flectierten formen der lehnwörter auf *-el*, *-en*, *-er* mit der acc. 1. Sie haben nämlich in der eigentlichen rspr. die acc. 2 der einheimischen wörter mit ähnlicher bildung angenommen. Nach *få^{1}gel* 'vogel' : pl. *få^{2}glar* (isl. *fogl* : pl. *foglar*), *bo^{1}tten* 'boden' : pl. *bo^{2}ttnar* (isl. *botn* : pl. *botnar*), *fjä^{1}der* 'feder' : pl. *fjädrar* (isl. *fioþr* : pl. *fiaþrar*) etc. haben z. b. die plur. der lehnwörter *sa^{1}bel* (pl. *sa^{2}blar*), *svå^{1}ger* (pl. *svå^{2}grar*), *frö^{1}ken* (pl. *frö^{2}knar*) die acc. 2 angenommen. Da die flectierten formen der schw. adj. *bred* 'breit' : best. form und pl. *bre^{2}da*, comp. *bre^{2}dare*, superl. *bre^{2}dast(e)*, *vi^{1}tter* 'schönwissenschaftlich' : *vi^{2}ttra*, *vi^{2}ttrare*, *vi^{2}ttrast(e)* etc. die acc. 2 verwenden, haben die entsprechenden formen der entlehnten adj. dieselbe acc. bekommen, z. b. *sä^{1}ker* : *sä^{2}kra*, *sä^{2}krare*, *sä^{2}krast(e)*; *si^{1}mpel* : *sim^{2}pla*, *si^{2}mplare*, *si^{2}mplast(e)*.

Dialektisch wird aber die ältere acc. 1 in den flectierten

formen mehrerer solchen wörter (welche die acc. 1 in unflectierter form haben) beibehalten. Dies ist in Schonen der fall mit dem pl. auf *-ar* der subst. auf *-el* sowie mehrerer auf *-er*, z. b. *sablar* (: sg. *sabel*), *kuttrar* (: sg. *kutter*, nhd. *kutter* engl. *cutter*); ausserdem dialektisch mit der best. form, dem pl., compar. und superl. der adj. auf *-el* sowie der meisten auf *-er*, z. b. *simpla*, *simplare*, *simplast(e)* (: *simpel*); *säkra*, *säkrare*, *säkrast(e)* (: *säker*). S. Kock Akc. I, 64 ff., II, 407. Über die acc. des pl. auf *-er* der lehnwörter s. 97.

Im norw. bekommen z. b. die subst. *æ*^{1}*sel* 'esel' : pl. *æ*^{1}*sler*, *frö*^{1}*ken* 'fräulein' : pl. *frö*^{1}*kener* auch im pl. die acc. 1, während die flectierten formen von adj. wie *si*^{1}*mpel* : *simple*, *ta*^{1}*pfer* 'tapfer' : *tappre* die acc. 2 haben (Brekke s. 62). Das dän. verwendet die acc. 1 in den pl. auf *-er* der lehnwörter mit der acc. 1 wie *mandel* 'mandel' : pl. *mandler*, *æsel* : pl. *æsler*, *væsen* 'wesen' : pl. *væs(e)ner*. Die dän. (auch einheimischen) adj. auf *-el*, *-en*, *-er* mit der acc. 1 haben in der best. form, in dem pl., compar. und superl. dieselbe acc., z. b. *ædel* 'edel' : *ædle*, *ædlere*, *ædlest*; *moden* 'reif' (isl. *mōinn*) : *modne*, *modnere*, *modnest*, *proper* 'propper' : *propre*, *proprere*, *proprest*; doch mit gewissen ausnahmen, z. b. *mager* 'mager' : *magre*, *magrere*, *magrest* (Mikkelsen s. 81).

136. Die ursache dafür, dass das schw. und das norw. in lehnwörtern die acc. 1 verwenden, ist die, dass die acc. derjenigen sprachen, aus welchen die wörter entlehnt sind, mehr der schw.-norw. acc. 1 als der schw.-norw. acc. 2 ähnlich ist. Im dän. ist die acc. 2 nunmehr der acc. der darleihenden sprachen (besonders das deutsche kommt hier mit in betracht) ähnlicher als die acc. 1 (jetzt mit stoss auf der fortis-silbe). Grade die thatsache, dass das dän. nichtsdestoweniger, in übereinstimmung mit dem schw. und dem norw., in verhältnismässig alten lehnwörtern die acc. 1 verwendet, lehrt aber, dass in älterer zeit (als man anfing solche wörter in grösserer ausdehnung zu entlehnen) die acc. 1 auch im dän. (ebenso wie im schw. und im norw.) der ausländischen accentuierung ähnlicher war als die damalige dän. acc. 2. Zu der zeit hatte das dän. keinen stoss bei der acc. 1, und seine accentuierung (sowohl die acc. 1 als die acc. 2) war der schw.-

norw. im wesentlichen ähnlich. Vgl. J. Storm: Tonefaldet i de skand. sprog 12 sowie unten 256.

137. XI. Dialektisch bekommen zweisilbige imperative sowie die vocative zweisilbiger frauennamen auf *-a* die acc. 1.

Dies ist in mehreren gegenden von Norrland mit den imperat., welche im aschw. kurze wurzelsilbe hatten, der fall, z. b. *ta¹la* 'sprich' (aber *ka²lla* 'rufe' mit langer wurzelsilbe im aschw.); in dem dialekt von Burträsk (in Westerbotten, Norrland) findet sich die acc. 1 auch bei solchen imperat., die im aschw. langsilbig waren, und wo der endvocal rel. spät im dialekt verloren gegangen ist, z. b. *öpen* 'öffne' (aschw. *øpna*, J. V. Lindgren in Sv. landsm. XII no. 1 s. 15 f.). In dem dialekt von Luggude härad (Schonen) haben die verben *håmma*, *håmma se* 'sich bewegen' (von pferden; *se* 'sich'), *schöbba*, *schöbba se* 'sich bewegen' (von rindern), *rygga*, *rygga se* 'rückwärts gehen' (von pferden) überhaupt (also nicht nur im imperat.) die acc. 1; diese acc. ist jedoch aus dem imperat., wo diese wörter am meisten vorkommen, auf die anderen formen übertragen worden (Olséni in Sv. landsm. VI no. 4 s. 80), was dadurch bestätigt wird, dass man auch in anderen gegenden von Schonen die acc. 1 in den imperat. *rygga*, *homma*, *schöbba* verwendet.

Der dialekt von Degerfors (in Norrland) verwendet die acc. 1 im vocativ der vornamen (z. b. *Anna*! *Mina*!) sowie einiger anderen wörter (z. b. *pappe*! 'vater'! *mamme*! 'mutter'! *poyke*! 'junge'!); in anderen stellungen haben diese wörter die acc. 2 (Åström in Sv. landsm. XIII no. 2 s. 22, VI no. 6 s. 10). Der dän. dialekt in Sundeved (Schleswig) verwendet im vocativ überhaupt die acc. 1, z. b. *Hans*! (nomen proprium), *slawde*! (dän. rspr. *slagter* 'fleischer'), obgleich diese wörter in anderen stellungen die acc. 2 bekommen (N. Andersen in Dania IV, 69).

138. Die acc. 1 in diesen formen beruht wenigstens z. t. darauf, dass der fortis 1 eingipflig, der fortis 2 aber zweigipflig ist (bez. gewesen ist). Eine mit eingipfligem fortis ausgesprochene silbe drückt mehr energie (kürze und kraft) aus als eine mit zweigipfligem fortis ausgesprochene silbe.

Der befehlende imperativ und der vocativ werden sehr oft bei energischer anrede verwendet. Zuerst war die acc. 1 bei dem imperat. und vocativ nur eine art gelegentlich verwendeter satz-accentuierung; sie ist aber später dialektisch allgemein durchgeführt worden und ist also in eine wortaccentuierung übergegangen. Dass man in mehreren gegenden von Norrland den imperat. *tala* etc. mit der acc. 1 (vgl. aschw. *tăla* mit kurzer wurzelsilbe), den imperat. *kalla* etc. mit der acc. 2 (vgl. aschw. *kalla* mit langer wurzelsilbe) ausspricht, erklärt sich daraus, dass im aschw. der fortis 2 bei wörtern mit kurzer wurzelsilbe eingipflig war (213), der fortis 2 bei wörtern mit langer wurzelsilbe aber zweigipflig. Bei der verlängerung der kurzen wurzelsilben gegen ende des mittelalters wurde der fortis 2 in den früher kurzsilbigen wörtern zweigipflig, während der fortis 1 zu dieser zeit überhaupt eingipflig war. Um in den imperat. *tala* etc. noch immer einen eingipfligen fortis beibehalten zu können, wurde deshalb die acc. 2 gegen die acc. 1 vertauscht. Die acc. 1 der vocat. kann möglicherweise auch darauf beruhen, dass der vocat. im satze oft rel. unaccentuiert ist (vgl. 527,1). Es ist vielleicht auch möglich (vgl. z. t. Åström in Sv. landsm. XIII no. 2 s. 22 anm. 1, Noreen in Nordisk tidskrift 1896 s. 395, Jespersen in Dania IV, 238), dass die tendenz der hauptsilbe beim rufen einen musicalisch hohen ton zu geben bei der einführung der acc. 1 in den imperat. und den vocat. eine rolle gespielt hat; vgl. gr. voc. *πάτερ* aber nom. *πατήρ*.

Die acc. 2 in wörtern mit fortis auf der ersten silbe.

139. Die acc. 2 wird im nschw. lautgesetzlich von den zwei- und mehrsilblern verwendet, welche schon urnordisch zwei- oder mehrsilbig waren und noch immer den in urnord. zeit auf die wurzelsilbe folgenden vocal beibehalten. Hierher gehören unbedingt die allermeisten zwei- und mehrsilbler des nschw. Ich will deshalb nur beispiele für verschiedene wortkategorien anführen.

140. Beispiele für nschw. zweisilbler mit der acc. 2, welche auch urnord. zweisilbig waren:

dat. sg. der masc. *a*-stämme, z. b. *gårde* 'hofe' (in dem

archaistischen ausdruck *gammal i gårde* eigentl. 'alt im hofe') isl. *garþi* urnord. **garðē*. Dat. sg. der neutr. *a*-stämme, z. b. *åt åre* 'übers jahr', isl. *āri*, urnord. *[*j*]*ārē*. Die acc. 2 findet sich auch in dem dän. (*gammel i*) *gårde* sowie in dem norw. und dän. *ad åre*.

nom. pl. der masc. *a*-stämme, z. b. *vindar* 'winde' isl. *vindar* urnord. **windōʀ*. Vgl. norw. dän. pl. *vinde* mit der acc. 2.

nom. pl. der fem. *ō*-stämme, z. b. *gjordar* 'gurte' isl. *giarþar* urnord. **gerðōʀ*. Das norw. und das dän. haben die acc. 2, z. b. *gjorde*.

nom. pl. der *i*-stämme, z. b. *gäster* 'gäste' (zu dem urspr. masc. *gäst*) isl. *gestir* urnord. **gastīʀ*; *tider* 'zeiten' (zu dem urspr. fem. *tid*) isl. *tīþir* urnord. **tīðīʀ*. Das norw. und das dän. haben die acc. 2, z. b. *tider*.

nom. sg. der masc. *n*-stämme, z. b. *timme* 'stunde' (jetzt sowohl als nom. als auch als obl. casus verwendet) isl. *tīmi* urnord. **tīma* (Kock in Skandinavisches Archiv I (1891) s. 1 ff., Btr. XXIII, 489, Bugge in Arkiv nf. IV, 18 f.). Norw. und dän. die acc. 2, z. b. *time*.

acc. sg. der masc. *n*-stämme, z. b. *timma* (jetzt so wohl als nom. als auch als obl. casus verwendet) isl. *tīma* urnord. **tīman*. Norw. und dän. die acc. 2, z. b. *time*.

nom. sg. der fem. *n*-stämme, z. b. *tunga* 'zunge' isl. *tunga* urnord. **tungō*. Norw. und dän. die acc. 2, z. b. *tunge*.

nom. acc. pl. der fem. *n*-stämme, z. b. *tungor* isl. *tungur* (mit analogischem -*r*) gemeinnord. **tungu* urnord. **tungōn*(*n*) (vgl. got. *tuggons*, Kock in Btr. XXIII, 523 f. anm.). Norw. und dän. die acc. 2, z. b. *tunger*.

nom. sg. der neutr. *n*-stämme, z. b. *öga* 'auge' isl. *auga* urnord. **auʒō*. Norw. und dän. die acc. 2, z. b. *öje*.

nom. sg. *fader* 'vater' isl. *faþir* urnord. **faðar*? (vgl. Heinzel in AfdA. XII, 48, Bugge in Arkiv nf. IV, 18 ff.). Norw. und dän. *fader* mit der acc. 2.

nom. pl. masc. der adjekt., z. b. *gode* 'gute' isl. *gōþir* urnord. **gōðai*. Norw. und dän. die acc. 2, z. b. *gode*.

2. sg. praes. ind. der isl. *a*-verba, z. b. *kallar* 'rufst' isl. *kallar* urnord. **kallōʀ*. Norw. und dän. die acc. 2, z. b. *kalder*.

2. sg. imperat. derselben verben, z. b. *kalla* 'rufe' isl. *kalla* urnord. **kallō*.

praes. infin. derselben verben, z. b. *kalla* 'rufen' isl. *kalla* urnord. **kallōn*. Norw. und dän. die acc. 2, z. b. *kalde*.

3. sg. praet. *måtte* 'mochte, möchte' isl. *mātti* urnord. **mahtē* (got. *mahta*), nschw. *ville* 'wollte' isl. *vildi* urnord. **wildē* (got. *wilda*); nschw. *visste* 'wusste', analogische umbildung des aschw. *visse* isl. *vissi* urnord. **wissē* (got. *wissa*). Norw. und dän. die acc. 2, z. b. in *vilde*.

3. pl. praes. ind. der starken verben, z. b. *bita* 'beissen' isl. *bīta* urnord. **bītanð* (*bītand*) (got. *beitand*); Kock in Arkiv nf. X, 232 ff. Norw. und dän. die acc. 2, z. b. *bide*.

3. sg. praes. conj. der starken verben, z. b. *bite* 'beisse' isl. *bīti* urnord. **bītai*.

141. Beispiele für nschw. zweisilbler, die urnord. dreisilbig waren, und wo der vocal der ultima verloren gegangen ist:

nom. sg. der masc. *a*-stämme, z. b. *himmel* 'himmel' aschw. *himil* isl. *himill* (meistenteils *himinn*) urnord. **himilaʀ*. Norw. und dän. die acc. 2, z. b. *himmel*.

nom. sg. masc. des. part. pass. der starken verben, z. b. *bunden* 'gebunden' isl. *bundinn* urnord. **bundanaʀ* (Kock in Btr. XXIII, 484 ff.). Norw. und dän. die acc. 2, z. b. *bunden*.

nom. sg. masc. des part. pass. der verben vom typus *kalla*, z. b. *kallad* 'gerufen' aschw. *kallaþer* isl. *kallaþr* urnord. **kallōðaʀ*. Norw. und dän. die acc. 2, z. b. *kaldet*.

nom. acc. sg. der neutr. *a*-stämme, z. b. *hufvud* 'haupt' isl. *hǫfuþ* urnord. **haƀuða*. Norw. und dän. die acc. 2, z. b. *hoved*.

dat. pl. der *a*-stämme, z. b. *lagom* 'gerade genug' (eigentl. dat. pl. zu *lag* 'gesetz') isl. *lǫgum* urnord. **lagomiʀ*.

nom. acc. pl. der neutr. *n*-stämme, z. b. *öron* 'ohren' aschw. *øron* (isl. *eyru*); vgl. got. *ausōna* (Kock in Btr. XV, 244 ff.). Norw. und dän. die acc. 2, z. b. *øren*.

acc. sg. masc. der starken adj., z. b. *godan* 'guten' (in dem archaistischen ausdruck *i godan ro* 'ruhig') isl. *gōþan* urnord. **gōðanō* (got. *gōdana*); so auch z. b. archaistisch *i högan loft* 'in der dachstube' (*högan* zu *hög* 'hoch'). Das dän. hat die acc. 2 z. b. in dem alterthümlichen ausdrucke *ved höjen mast* 'am hohen maste'.

142. Ein beispiel für nschw. zweisilbler, die in urnord. zeit viersilbig waren, und deren zweite silbe erhalten ist, ist nom. acc. sg. neutr. des part. pass. der starken verben, z. b. *bundet* 'gebunden' isl. *bundit*; vgl. got. *bundanata* (Kock in Btr. XXIII, 484 ff.). Norw. und dän. die acc. 2, z. b. *bundet.*

143. Beispiele für nschw. dreisilbler, welche auch urnord. dreisilbig waren:

nom. pl. der zweisilbigen masc. *a*-stämme, z. b. *konungar* 'könige' isl. *konungar* urnord. **kunungōʀ* (vgl. 473,7 über eine andere accentuierung der wörter auf *-ung*).

nom. sg. masc. der comparat., z. b. *fullare* 'vollere' isl. *fullari* urnord. **fullōʀa* (vgl. Kock in Skandinavisches Archiv I, 1 ff., Btr. XXIII, 489, Bugge in Ark. nf. IV, 18 f.). Norw. und dän. die acc. 2, z. b. *fuldere.*

nom. sg. masc. der bestimmten form der superl., z. b. *fullaste* 'vollste' isl. *fullasti* urnord. **fullōsta* (vgl. ib.). Norw. und dän. die acc. 2, z. b. *fuldeste.*

3. sg. praet. ind. der verben vom typus *kalla*, z. b. *kallade* 'rief' isl. *kallaþi* urnord. **kallōðē*. Norw. und dän. die acc. 2, z. b. *kaldede.*

nom. sg. masc. der part. praes., z. b. *bitande* 'beissend' isl. *bītandi* urnord. **bītanda* (vgl. Kock a. a. o., Bugge a. a. o.). Norw. und dän. die acc. 2, z. b. *bidende.*

144. Es ist 111—119 hervorgehoben worden, dass urnord. dreisilbler, in welchen ein kurzer vocal unmittelbar nach der wurzelsilbe in gemeinnord. zeit syncopiert wurde, lautgesetzlich die acc. 1 bekommen, dass aber durch analogischen einfluss der vielen zwei- und dreisilbler mit lautgesetzlicher acc. 2 diese acc. von mehreren wortkategorien angenommen worden ist, welche lautgesetzlich die acc. 1 haben sollten. Beispiele:

nom. pl. der masc. *a*-stämme vom typus *himmel* 'himmel' isl. *himill* : nschw. pl. *himlar* aschw. isl. *himlar* urnord. **himilōʀ*, Vgl. dass das norw. und das dän. die acc. 2 im pl. *himle* haben.

praet. der verben vom typus *dömma* 'urteilen' isl. *dœma* :

3 sg. praet. nschw. *dömde* isl. *dēmde* urnord. **dōmiðē*. Norw. und dän. die acc. 2 z. b. in praet. *dömte.*

die cardinalzahl *fyra* '4', acc. masc. aschw. *fiūra* isl. *fiōra* urnord. **feðura(nn)*. Norw. und dän. hat *fire* die acc. 2 (über die dialektisch im norw. erhaltene acc. 1 s. 116).

Die beiden accentuierungs-systeme (die acc. 1 und die acc. 2) bei wörtern mit fortis auf einer anderen silbe als der ersten.

145. Für diese wörter ist es charakteristisch, dass sie die acc. 1 haben (bez. fac. haben können) mit ausnahme der wörter auf *-essa*, *-inna* (*prinsessa* 'prinzessin', *grefvinna* 'gräfin' etc.); diese bekommen die acc. 2.

146. Special-regeln:

Nur die acc. 1 wird natürlich von wörtern mit fortis auf der ultima verwendet (ebenso wie die einsilbler *hus* 'haus' etc. nur die acc. 1 haben), z. b. *kätteri* 'ketzerei', *skavank* 'fehler'; auch immer *leka¹men* 'leib' und wohl auch immer *herti¹glig* 'herzoglich', *konu¹ngslig* 'königlich'.

Die verben auf *-era* nebst ihren ableitungen (z. b. *halfvera* 'halbieren', *halfvering* 'halbierung' 78) sowie die adj. auf *-entlig* (z. b. *egentlig* 'eigentlich', und auch *månatlig* 'monatlich' 82) verwenden gewöhnlich die acc. 1, bisweilen aber die acc. 2.

Die acc. 2 (nur dialektisch die acc. 1) wird von den wörtern auf *-essa*, *-inna* augewendet, z. b. *prinsessa*, *grefvinna* (79).

Wenn flexionsendungen an die erwähnten wörter treten, wird ihre acc. nicht verändert. So bekommt z. b. *kätteri'er* 'ketzereien' die acc. 1 gleich wie *kätteri'*; *halfve'rade* 'halbierte' fac. die acc. 1 und die acc. 2 gleichwie *halfve'ra.*

147. Die acc. 1 bei den wörtern auf *-era* (*halfvera* etc.) wird dadurch erklärt, dass sie lehnwörter sind. Diese acc. bei den wörtern auf *-entlig* (*egentlig* etc.) sowie bei *månatlig*, *hertiglig* (*konungslig*; vgl. doch auch 473,7) beruht darauf, dass sie analogisch die accentuierung angenommen haben, welche die composita vom typus *jämfö¹rlig* 'vergleichbar', *urspru¹nglig* 'ursprünglich' etc. früher hatten, d. h. den fortis 1 auf der zweiten silbe (vgl. 332 ff.). *Leka¹men* 'leib' (aschw. *lika¹mi-n* 'der leib' mit fest verwachsenem postpositivem artikel) ist ursprünglich selbst ein compositum mit solcher acc.

Die acc. 2 bei den lehnwörtern auf *-essa*, *-inna* (*prinsessa*, *grefvinna* etc.) beruht darauf, dass sie dieselbe acc. angenommen haben, welche sich bei den vielen einheimischen fem. zweisilblern auf *-a* fand (auch bei vielen benennungen für frauen), z. b. *kvinna* 'frau', sowie bei juxtapositionen wie (dem ortsnamen) *Landskro²na* (aus *La¹nds kro²na*) etc.

148. In übereinstimmung mit dem schw. haben das norw. und das dän. die acc. 1 in subst. auf *-eri* (z. b. *kjætteri*) und in verben auf *-ere* (z. b. *spasere* 'spazieren'), aber die acc. 2 in subst. auf *-inde* (z. b. *grevinde*). Auch in diesen sprachen haben also die lehen auf *-inde* die acc. der einheimischen wörter vom typus *kvinde* etc. angenommen. Das norw. verwendet die acc. 1 in *prinsesse* (während dies wort im dän. nach 63,1 keinen stoss haben kann).

---

149. Aus den obigen erörterungen über die acc. der simplicia ergibt sich, dass viele zwei- und mehrsilbler, welche urspr. die acc. 1 hatten (oft in rel. später zeit auf dem wege der analogie, sei es facultativ, sei es als die einzig mögliche acc.) die acc. 2 angenommmen haben. Dies beruht darauf, dass die überwältigende masse zwei- und mehrsilbler seit alter zeit lautgesetzlich die acc. 2 hat. Wenn ein wort facultativ die acc. 1 und die acc. 2 verwenden kann, ist also jene in der regel die ursprüngliche. Dies gilt so wohl von wörtern mit fortis auf der ersten silbe als von wörtern mit fortis auf einer anderen silbe.

150. Die acc. 2 hat überhaupt eine grössere verwendung in der sprache der hauptstadt und der gegenden um den Mälar als in der sprache Süd-Schwedens. Wenn oben betreffs eines wortes angegeben worden ist, dass es facultativ die acc. 1 und die acc. 2 anwendet, wird meistenteils jene ausschliesslich oder hauptsächlich in Süd-Schweden, diese ausschliesslich oder hauptsächlich in Stockholm und in den Mälargegenden benutzt.

Der platz der infortis-accente.

151. Für die silben, welche auf die fortis-silbe folgen, gelten folgende regeln.

152. A. Wörter mit der acc. 1 (fortis 1).

Wenn nur eine silbe auf die fortis-silbe folgt, bekommt sie levissimus, z. b. *hu^{1}set* 'das haus', *pu^{1}ffert* 'puffer', *kätteri^{1}er* 'ketzereien'.

Wenn zwei silben auf die fortis-silbe folgen, bekommt die paenultima den levissimus, die ultima den levior, z. b. *hu^{1}senȧ* 'die häuser', *pu^{1}ffertȧr* 'puffer' (pl.), *kätteri^{1}ernȧ* 'die ketzereien'.

Wenn drei silben auf die fortis-silbe folgen, bekommt die paenultima oder die ultima fac. den levior, während diejenigen silben, welche nicht den levior bekommen, den levissimus haben, z. b. *pu^{1}ffertȧrna* und *pu^{1}ffertarnȧ* 'die puffer', *väse^{1}ntligȧre* und *väse^{1}ntligarė* 'wesentlicher'.

153. B. Wörter mit der acc. 2 (fortis 2).

Wenn nur éine silbe auf die fortis-silbe folgt, bekommt sie den levis, z. b. *dra^{2}gȧ* 'ziehen', *ko^{2}nu̇ng* 'könig'; *grefvi^{2}nnȧ* 'gräfin'.

Wenn zwei silben auf die fortis-silbe folgen, bekommt die paenultima den levissimus, die ultima den levis, z. b. *dra^{2}garė* 'zugtier', *ko^{2}nungȧr* 'könige'; *grefvi^{2}nnornȧ* 'die gräfinnen'.

Wenn drei silben auf die fortis-silbe folgen, bekommt die paenultima oder die ultima fac. den levis, während diejenigen silben, welche keinen levis haben, den levissimus bekommen, z. b. *ko^{2}nungȧrna* und *ko^{2}nungarnȧ* 'die könige'; *väse^{2}ntligȧre* und *väse^{2}ntligarė* 'wesentlicher'.

Wenn vier silben auf die fortis-silbe folgen, bekommt fac. die antepaenultima, paenultima oder ultima den levis, z. b. *y^{2}pperlı̇gare*, *y^{2}pperligȧre* und *ypperligarė* 'ausgezeichneter', *i^{2}nnerlı̇gaste*, *i^{2}nnerligȧste* und *i^{2}nnerligastė* 'innigste'. Wenn der levis auf der antepaenultima (*y^{2}pperlı̇gare*) ruht, kann die ultima fac. levior oder levissimus bekommen; die zweite und die vierte silbe des wortes hat dann levissimus. Wenn der levis auf der ultima (*y^{2}pperligarė*) ruht, bekommt die antepaenultima fac. levior oder levissimus; die zweite und die vierte silbe des wortes hat auch dann levissimus. Wenn der levis auf der paenultima ruht, hat die zweite, dritte und fünfte silbe den levissimus.

154. Für silben, die der fortis-silbe vorangehen, gelten folgende regeln, sei es dass das wort die acc. 1, sei es dass es die acc. 2 hat.

Wenn nur éine silbe der fortis-silbe vorangeht, bekommt sie den levissimus, z. b. *leka¹men* 'leib', *grefvi²nna* 'gräfin'.

Wenn zwei silben der fortis-silbe vorangehen, bekommt die erste den levior, die zweite den levissimus, z. b. *brỳggeri¹* 'brauerei', *kèjsari²nnà* 'kaiserin'.

[In lehnwörtern, welche noch immer als solche empfunden werden, können noch mehr silben (so gar sechs) der fortis-silbe vorangehen. Die erste bekommt dann den levior; die folgenden können den levissimus haben, können aber auch fac. so accentuiert werden, dass jede zweite silbe den levior bekommt (die silbe unmittelbar vor der fortis-silbe jedoch nicht), z. b. *àstronomi¹*, *àccommòdation¹*, *dìsponìbilite¹t*, *ìndivìduàlise¹ring*, bez. *àccommodatio¹n* etc.]

Vgl. über die anwendung des levior auch 32,2.

155. Bei der regelung des platzes des levis und des levior haben sich zwei verschiedene bestrebungen geltend gemacht: teils eine tendenz jede zweite silbe (bez. mora) rel. stark zu accentuieren, teils eine tendenz die letzte bez. die erste silbe des wortes rel. stark zu accentuieren, wenn mehrere silben der fortis-silbe nachfolgen bez. vorangehen. Oft kann die accentuierung durch diese beiden tendenzen erklärt werden. Vgl. Kock: Akc. I 67—71, II 410, [Schwartz und] Noreen: Svensk språklära s. 28.

Jene tendenz hat sich geltend gemacht z. b. in *pu¹ffertàrna*, *väse¹ntligàre* mit levior auf der paenultima, in *ko²nungàrna* mit levis auf der paenultima, in *y²pperlìgarè* mit levis auf der antepaenultima und levior auf der ultima ebenso wie in demselben worte, wenn es fac. levior auf der antepaenultima und levis auf der ultima hat. Dieselbe tendenz kommt nach der Stockholmer aussprache zum vorschein z. b. in *ta²là* 'sprechen' mit levis auf der ultima und mit zweigipfligem fortis auf der paenultima. Da der schluss der paenultima von *ta^{2}lá* den zweiten exspirations-stoss des zweigipfligen fortis bekommt, kann sie nämlich gewissermassen als eine neue (neben-)silbe aufgefasst werden. Dagegen bekommt z. b. *ta^{2}ladė* 'sprach' mit eingipfligem fortis auf der ersten (25,$_2$) den levis auf der dritten (nicht auf der zweiten) silbe.

Die zweite oben erwähnte tendenz erscheint z. b. in *pu^{1}ffertarnȧ*, *väse^{1}ntligarė*; *ko^{2}nungarnȧ*, *y^{2}pperligarė* mit levior bez. levis auf der ultima sowie z. b. in *ȧstronomi^1* mit levior auf der ersten silbe.

156. Die folgende sprachgeschichtliche erörterung soll darthun, dass auf einer älteren stufe der sprache eine tendenz den levis nach dem ende des wortes hin zu ziehen durchgeführt wurde. Diese tendenz kann z. b. in der jetzigen aussprache *i^{2}nnerligȧste* und *i^{2}nnerligastė* neben der älteren aber facultativ noch verwendeten aussprache *i^{2}nnerlígaste* verspürt werden.

III. Abschnitt.

Die ältere accentuierung der simplicia.

157. Bei der darlegung der älteren acc. des schwed. will ich zuerst die acc. behandeln, die gegen ende des mittelalters zur anwendung kam. Dann werde ich zu der gemeinnord. acc. während des eigentlichen altertums übergehen, um schliesslich das verhältnis zwischen dieser und der nord. ursprache zu untersuchen.

Ehe wir zur frage nach der älteren acc. der sprache übergehen, ist es jedoch notwendig, den einfluss der acc. auf die lautverhältnisse der einfachen wörter in gewissen beziehungen zu untersuchen, um durch das so gewonnene resultat einen wegweiser für die bestimmung der älteren acc. zu erhalten.

Einwirkung der acc. auf die lautverhältnisse der schwed. rspr.

Einwirkung der acc. auf die endvocale.

158. Für die schw. rspr. charakteristisch ist der umstand, dass sie im wesentlichen die vollen endvocale *a* und *o* der alten sprache bewahrt hat, während diese im dän. in *e* (ə) übergegangen sind, z. b. ält. (isl.) *tunga* : schwed. *tunga* aber dän. *tunge* 'zunge'; ält. (isl.) plur. *tungor* (*tungur*) : schwed. *tungor* aber dän. *tunger* 'zungen'. Der für das schwed. charakteristische nebenaccent, (schwacher) levis, der im dän. fehlt, hat die vollen endvocale bewahrt, und so ist denn dieser accent im wesentlichen für die ganze gestaltung der sprache bestimmend gewesen; siehe Kock: Akc. I, 108 ff. (vgl. auch eine andeutung von J. H. Bredsdorff in Blandninger fra Sorøe,

1831, s. 85). Wir werden unten sehen, dass in der schw. rspr. auch der levior die vollen endvocale bewahrt hat.

Dass der levis diesen einfluss auf die vocalisation gehabt hat, geht aus folgenden wörtergruppen hervor, in welchen die wörter mit der acc. 2, also mit levis, die vollen endvocale bewahrt haben, während in den entsprechenden wörtern mit der acc. 1, also ohne levis, die vollen endvocale geschwächt worden sind.

159. Zweisilbige aschw. superlative vom typus *hwītast* 'weissest', *sannast* 'wahrst' etc. mit der acc. 2 und levis auf der ultima heissen auch im nschw. *hvitast*, *sannast* etc. Dagegen sind aschw. superlative vom typus *innarst(er)* 'innerst' mit der acc. 1 und levissimus auf der zweiten silbe (107) im jüngeren aschw. zu *innœrst*, im nschw. zu *innerst* geworden etc. Hierher gehören aschw. *œptarst(er)*, *niþarst(er)*, *ȳtarst(er)*, *ywarst(er)* > nschw. *efterst* 'hinterst', *nederst* 'unterst', *ytterst* 'äusserst', *öfverst* 'oberst'.

160. Zweisilbige aschw. comparative im neutrum vom typus *høghra* 'das rechte' etc. mit der acc. 2 und levis auf der ultima (112) haben im nschw. das *a* behalten in *högra*, *förra* etc. Aschw. comparative im neutrum von dem normalen typus *bœtra* 'besser', *størra* 'grösser' etc. mit der acc. 1 und levissimus auf der ultima (112) sind dagegen im nschw. zu *bättre*, *större* etc. geworden.

161. Wir werden unten sehen, dass in dreisilbigen wörtern mit der acc. 2 der schwache levis früher auf der paenultima (nicht wie jetzt auf der ultima) lag (176 ff.), z. b. part. praes. aschw. *kallande* 'rufend', *dømande* 'urteilend',* praet. *kallade* 'rief'. Das *a* der paenultima mit schwachem levis der älteren zeit ist noch immer vorhanden in nschw. *kallande*, *dömmande* etc. Dagegen ist die part.-endung *-ande* in verben mit vocalisch schliessender wurzel zu *-ende* geworden, weil das part. praes. in derartigen wörtern früher (und dialektisch noch immer; 126) die acc. 1 mit levissimus auf der paenultima hatte, z. b. aschw. *trōande* 'glaubend'

* Noch früher (in der eigentlich alten sprache) lag auf der paenultima der part. auf *-ande* sogar starker semifortis (354).

sēande 'sehend' > nschw. *troende*, *seende*. So ist auch aschw. *fīande* 'feind' > nschw. *fiende* mit der acc. 1 (neben der acc. 2) zu erklären. Im ält. nschw. (Olaus Petri) sind aschw. part. wie *bege¹rande* 'begehrend' mit fortis 1 auf der zweiten silbe und levissimus auf der dritten lautgesetzlich zu *bege¹rende* etc. geworden, während sie in der nschw. rspr. durch anschluss an *kallande* etc. *a* (*begärande* etc.) haben.

162. Aschw. *tusand* '1000' ist teils nschw. *tusan* ('der teufel'; verkürzt aus *tusan djäflar* '1000 teufel') mit der acc. 2 (neben der acc. 1), teils nschw. *tusen* '1000' mit der acc. 1 geworden.

163. Im gegensatz zu praet. *kallade* 'rief' etc. mit erhaltenem *a* in der paenultima und mit der acc. 2 sind im ält. nschw. (Olaus Petri) aschw. praet. wie *bege¹radhe* 'begehrte', *rege¹radhe* 'regierte' mit fortis 1 auf der antepaenultima und levissimus auf der paenultima zu *begerede*, *regerede* geworden; die nschw. rspr. hat dagegen durch anschluss an *kallade* etc. *a* in *regerade* etc.

164. Aschw. *gamal* 'alt' hat den *a*-laut der ultima im nschw. *gammal* mit der acc. 2 und levis bewahrt; aschw. *ūsal* 'elend' ist dagegen zu nschw. *usel* mit der acc. 1 und levissimus auf der ultima geworden.*

165. Aschw. *kamar* 'kammer', *hamar* 'hammer' etc. entsprechen nschw. *kammar*, *hammar* etc. mit der acc. 2 und *a* in der ultima, während aschw. *iþar* 'euer', *ællar* 'oder', *Petar* 'Peter' zu nschw. *eder*, *eller*, *Petter* mit der acc. 1 und *e* in der ultima geworden sind. Aschw. *tunga* 'zunge' besteht noch unverändert (nschw. *tunga*) mit der acc. 2 und *a* in der ultima, aber aschw. *poyka* 'junge' finden wir im nschw. *pojke* mit der acc. 1 und *e* in der ultima, aschw. *hærra* 'herr' im nschw. *herre* wieder (*hærra* hatte als lehnwort früher die acc. 1; noch heute *he¹rren* in bestimmter form). Aschw. *owan* 'oben', *siþan* 'später' etc. entsprechen die nschw. *ofvan*, *sedan* etc. mit der acc. 2 und *a* in der ultima, aber aschw. *siztans* 'vor einiger zeit' ist nschw. (*här om*)

* Isl. *vesāll*, *vesall* 'elend' entspricht dagegen ält. nschw. *väsal*, welches wahrscheinlich die acc. 2 hatte.

sistens mit der acc. 1 und *e* in der ultima (schon im spätaschw. *sistens*) geworden. In dem dialektischen *jo, för a*^{1}*llen del* 'ja natürlich, selbstverständlich' ist der alte acc. sg. masc. *a*^{1}*llan* zu *a*^{1}*llen* geworden. Das aschw. *tilbaka* 'zurück' hat durch analogiebildung *-s* bekommen, und ält. nschw. *tilbakas* ist zu ält. nschw. *tilba*^{1}*kes* geworden (vgl. nschw. *tillba*^{1}*ka* mit der acc. 1). Die wechselnde acc. 1 und acc. 2 in *annan* 'ander' (115) spiegelt sich wieder in aschw. *annæn* (dial.; < *annan*) und *annan*.

166. Das besprochene lautgesetz wird durch verschiedene composita gestützt. Aschw. *gamal* 'alt' lebt, wie schon erwähnt, noch fort in nschw. *gammal* mit der acc. 2 und levis auf der ultima. Dagegen ist *gammalmodig* 'altmodisch' mit fortis auf der ersten, levissimus (nicht levis) auf der zweiten und semifortis auf der dritten silbe im ält. nschw. zu *gammelmodig* geworden. Es heisst (*falla till*) *fota* '(zu) füssen (fallen)', *alla* 'alle' etc. mit der acc. 2 und levis auf der ultima, aber aschw. *fōta-siūka* 'fussleiden', *allahanda* 'allerhand' mit fortis auf der ersten, levissimus (nicht levis) auf der zweiten und semifortis auf der dritten silbe sind ält. nschw. *footesiuka*, *allehanda* geworden. Dieselbe entwickelung findet sich in zahlreichen anderen composita, z. b. aschw. *lø̄*^{2}*ghardàgher* > ält. nschw. *lögerdag* 'sonnabend', aschw. *ǣ*^{2}*ttalæ̀gger* > nschw. *ättelägg* 'nachkomme', aschw. *Gø̄*^{2}*talànd* > ält. nschw. *Götheland* 'Göthland'. Kock: Sv. landsm. XIII, no. 11 s. 12 ff.

167. Aschw. *nīo* '9', *tīo* '10', *nīonde* '9te', *tīonde* '10te' mit der acc. 2 und schwachem levis auf der zweiten silbe sind im nschw. unverändert geblieben. Als sie aber die acc. 1 und levissimus auf der zweiten silbe hatten, wurden sie zu nschw. *nie*, *tie*, ä. nschw. *niende*, *tiende* (nebenformen zu *nio*(*nde*), *tio*(*nde*)). Kock: Sv. språkhist. 104 f.

168. Die lautverhältnisse der composita bestätigen, dass *o* in silben mit levissimus zu *e* geworden, in silben mit levis dagegen stehen geblieben ist. So bleibt das aschw. *o* in obl. casus der femin. *n*-stämme erhalten; z. b. aschw. *ī værio* (von *væria* 'pflege') nschw. (*i någons*) *värjo*, aschw. *dēlo* (cas. obl. von *dēla* 'zwist') nschw. *i delo* mit levis auf der ultima. Dagegen findet man aschw. *værio-māl* im nschw. *vä*^{2}*rjemålsèd*

'reinigungseid' mit levissimus (nicht levis) auf der zweiten silbe wieder; aschw. *ōndzko-fulder, færiv-karl, smiþio-bælgher* etc. sind nschw. *ondskefull* 'bösartig', *färjekarl* 'fährmann', *smedjebälg* 'schmiedebalg, blasebalg' etc. mit fortis auf der ersten, levissimus (nicht levis) auf der zweiten und semifortis auf der dritten silbe geworden.

In ähnlicher weise hat der levis den *u*-laut in *af furu* (obl. casus zu *fura* 'föhre'), *huru* 'wie' etc. bewahrt, während *furutimmer* 'föhrenbauholz' mit levissimus auf der zweiten silbe sich zu *furetimmer* (neben *furutimmer*) entwickelt hat.

169. Dass auch der levior den endvocal *a* bewahrt hat, erhellt aus folgendem (Kock in Sv. landsm. XIII, no. 11, s. 6 ff.).

Der aschw. nom. sg. fem. und neutr. *þe, þæt innarsta* 'die, das innerste' ist im nschw. zu *den, det innersta* mit der acc. 1 und levissimus auf der paenultima sowie levior auf der ultima geworden. Ebenso verhält es sich mit aschw. *þe, þæt ywarsta* 'die, das oberste' > nschw. *den, det öfversta* etc. (vgl. 159). Dagegen hat das aschw. *þe, þæt hwītasta* 'die, das weisseste' etc. mit der acc. 2 und schwachem levis auf der paenultima, sowie levissimus auf der ultima nschw. *den, det hvitaste* etc. mit geschwächter ultima ergeben.

Aschw. femin. *i*- und *ō*-stämme haben im acc. sg. der best. form die endung *-ena*, und die meisten derartigen stämme sind — den artikel abgerechnet — einsilbig mit der acc. 1, z. b. *syndena* 'die sünde', *sǣdhena* 'die saat'. In der bibelsprache ist noch bis heute das *a* der ultima in *syndena* etc. mit levior auf der ultima erhalten geblieben.

Einsilbige neutra (aschw. *folk* 'volk' etc.) haben im jüng. aschw. im dat. sg. der best. form die endung *-ena*, z. b. *folkena* 'dem volke'. Noch heute werden in der bibelsprache solche formen mit der acc. 1 und levior auf der ultima gebraucht.

Die aschw. best. form pl. *bøtrena* 'die geldstrafe' (von *bōt*) etc. ist durch anschluss an die unbestimmte pluralform *bøter* etc. zu nschw. *böterna* etc. umgebildet worden (103). Ähnliche nschw. formen haben — und *bøtrena* hatte — die acc. 1 und levior auf der ultima.

170. Also bleibt *a*, *o* in silben mit schwachem levis oder levior erhalten, geht aber in silben mit levissimus in *e* über.

171. Auch bei der behandlung des *e*- (richtiger *ə*-) lautes in gewissen stellungen hat die acc. eine rolle gespielt, und zwar wurde in dem ält. nschw. folgendes lautgesetz zur anwendung gebracht: 'in levissimus-silben geht das *ə* zwischen *l*, *r*, *n* und folgendem *n* verloren', z. b. *sa¹len* 'der saal' > nschw. *saln*, *bu¹ren* 'der bauer' > nschw. *burn*, *mu¹nnen* 'der mund' nschw. *munn* (da das nschw. auch *salen* etc. hat, ist das *e* unter einwirkung von *boken* 'das buch' etc. wieder eingeführt worden). Dagegen bleibt das *ə* in genannter stellung in levis- (und levior-)silbe stehen, z. b. *bu²ren* 'getragen', *ga²len* 'verrückt', *bru²nnen* 'gebrannt' mit levis auf der ultima. S. Kock in Sv. landsm. XIII, no. 11, s. 29 f.

Einwirkung der acc. auf den ʀ-laut der endungen.

172. Die acc. ist auch für die behandlung des aschw. *ʀ*-lautes (der sich aus einem ursprünglicheren *z* entwickelt hat) bestimmend gewesen; Kock in TfF. NR. III, 251, Sv. landsm. XI, no. 8, s. 18 ff.

In der rspr. ist nämlich *r* urnord. *ʀ*, ält. *z* nach vocal in silben mit levissimus verloren gegangen, in silben mit schwachem levis oder levior erhalten geblieben.

173. Beispiele für erhaltenes *r* (*ʀ*) in silben mit schwachem levis: nom. pl. aschw. *ulwar*, nschw. *ulfvar* 'wölfe'; nom. pl. aschw. *giorþar* nschw. *gjordar* 'gurte'; nom. pl. aschw. *gæstir* nschw. *gäster* 'gäste'; nom. acc. pl. aschw. *tīþir* nschw. *tider* 'zeiten'; nom. pl. aschw. *synir* nschw. *söner* 'söhne'; nom. pl. aschw. nschw. *andar* 'geister'; nom. acc. pl. aschw. nschw. *tungor* 'zungen' — praes. sg. aschw. nschw. *kallar* 'ruft'; praes. sg. aschw. *brænnir* nschw. *bränner* 'brennt' (99). Dagegen ist *r* (*ʀ*) nach vocal in levissimus-silben verloren gegangen, z. b. in den im satzzusammenhange oft relativ unaccentuierten aschw. *vīr* : *vī* nschw. *vi* 'wir' etc. (532).

Ferner ist im aschw. *r* (*ʀ*) nach vocal in levissimus-silben verloren gegangen in den best. nom. pl. aschw. *ulwanir* 'die wölfe', *giorþanar* 'die gurte', *gæstenir* 'die gäste', *tīþenar* die zeiten', *syninir* 'die söhne', *andanir* 'die geister', *tungonar* 'die zungen'; aus **ulwaʀniʀ* etc. Alle hatten levissimus auf der paenultima und levis auf der ultima gleich wie die entsprechenden formen im nschw. *ulfva(r)na* etc. — Ferner in composita vom typus *sōknamæn* 'gemeindeleute' (*sōknæmæn*; < *sōknaʀmæn*) trotz gen. sg. *sōknar* (*sōknær*) etc. Composita wie *sōkna[r]mæn* hatten, gleichwie nschw. *socknemän*, fortis auf der ersten, levissimus (nicht schwachen levis) auf der zweiten, semifortis auf der dritten silbe; gen. *sōknar* trug dagegen levis auf der zweiten silbe.

174. Über den einfluss der acc. auf *k*, auslautendes *t* etc. s. 532, 536, 538, 541, 543 sowie 421—429.

Zur accentuierung im jüngeren altschwedischen.

175. Die nunmehr gewonnenen resultate bilden sehr wichtige mittel zur bestimmung der lage des levis in der älteren sprache. Da nämlich schwacher levis und levior die endvocale *a* und *o* bewahrt haben, diese aber in silben mit levissimus zu *e* geschwächt worden sind, so ist man zu folgendem schlusse berechtigt: wenn eine silbe mit schwachem levis im nschw. einen aus *a* oder *o* entwickelten *e*- (ə-)laut hat, so muss diese silbe in älterer zeit den levissimus gehabt haben (und nicht wie jetzt schwachen levis); der schwache levis muss also früher auf einer anderen silbe gelegen haben.

176. D r e i s i l b i g e w ö r t e r m i t f o r t i s 2 a u f d e r a n t e p a e n u l t i m a u n d s c h w a c h e m l e v i s a u f d e r u l t i m a i n d e r n s c h w. r s p r. h a t t e n i m a s c h w. s c h w a c h e n l e v i s a u f d e r p a e n u l t i m a. Dies geht aus folgenden umständen hervor; vgl. Kock: Akc. I, 122 ff. II, 399 f.; Fsv. lj. II, 270; Ark. nf. IV, 383; Sv. landsm. XI no. 8, s. 10 ff., s. 27.

177. Nom. sg. neutr. zweisilbiger aschw. comparative vom typus *høghra*, *fyrra* etc. behalten im nschw. den *a*-laut in *högra* 'rechte', *förra* 'erstere' etc. mit der acc. 2 (112) und schwachem levis auf der ultima. Dagegen entspricht dem neutrum des typus *sannara* 'wahrere', *hwītara* 'weissere' etc. im nschw. der typus *sannare*, *hvitare* etc. mit der acc. 2 und -*e* in der ultima (aus älterem -*a*). Bei der entwickelung *a* > *e* in *sannara* > *sannare* kann der schwache levis nicht wie jetzt auf der ultima gelegen haben; also muss er sich auf der paenultima (*sa²nnára* etc.) befunden haben.

178. Nom. sg. fem. und neutr. best. form zweisilbiger aschw. wörter vom typus *længsta* 'längste', *lǣgsta* 'niedrigste' etc. entspricht nschw. *längsta*, *lägsta* etc. mit der acc. 2 und schwachem levis auf der ultima in der rspr. (113). Dieselben formen dreisilbiger superlative mit der acc. 2 aschw. *sannasta* 'wahrste', *hwītasta* 'weisseste' etc. sind zu nschw. *sannaste*, *hvitaste* etc. geworden. Die entwickelung ist also gewesen: *sa²nnásta* > *sa²nnáste* (mit schwachem levis auf der paenultima) > nschw. *sa²nnastè* (mit schwachem levis auf der ultima). Das wird ferner noch dadurch bestätigt, dass diese formen dreisilbiger superlative vom typus aschw. *innarsta* 'innerste' etc. mit der acc. 1 noch heute *a* in der ultima haben (*innersta*), welche levior erhält und auch früher erhielt (169).

179. Nom. sg. fem. und neutr. best. form von zweisilbigen part. pass. mit der acc. 2 in der rspr. hat noch heute den *a*-laut der ultima, z. b. aschw. *draghna* 'gezogene', *dømda* 'verurteilte'. In denselben formen dreisilbiger part. pass. mit der acc. 2 ist dagegen der *a*-laut der ultima in *e* übergegangen, z. b. aschw. *ælskaþa* 'geliebte', *kallaþa* 'gerufene' > nschw. *älskade*, *kallade*. Die acc. ist *æ²lskáþa* etc. gewesen.

180. Im nom. pl. zweisilbiger masc. *n*-stämme mit der acc. 2 ist der *a*- und der *r*- (*ʀ*-)laut der ultima stehen geblieben, z. b. aschw. nschw. *andar* 'geister', *oxar* 'ochsen'. In derselben form dreisilbiger wörter mit der acc. 2 ist dagegen das *a* der ultima zu *e* geworden, und der auslautende *r*- (*ʀ*-)laut verloren gegangen, z. b. aschw. *dōmarar* 'richter', *røwarar* 'räuber' > nschw. *dommare*, *röfvare*. Die acc. ist *dō²márar* etc. gewesen.

181. Zweisilbige adjektivformen haben im ält. nschw. (wenigstens in gewissen schriften) den endvocal *a*, z. b. *skiöna* 'schöne', dreisilbige jedoch oft *-e*, z. b. *widrige* 'widrige'. Die acc. ist *wi²drìga* > *wi²drìge* gewesen.

182. Die zweisilbige 3. pl. praet. starker verben mit der acc. 2 hat den *o*-laut in der ultima beibehalten, z. b.

aschw. *gāwo* 'gaben', *drōgho* 'zogen' : nschw. *gåfvo*, *drogo*. Die entsprechende dreisilbige form der verben vom typus *kalla* hat das *-o* in *-e* übergehen lassen, z. b. aschw. *ælskaþo* 'liebten', *kallaþo* 'riefen' > nschw. *älskade, kallade.** Die ältere acc. war *æ²lskàþo* etc.

183. Die aschw. best. form des sg. vom typus *nykilin* 'der schlüssel', *hamarin* 'der hammer', *dōmarin* 'der richter', jüng. *nykelen*, *hamaren*, *dōmaren*, sind im nschw. zu *ny²ckeln*, *ha²mmarn*, *do²mmarn* geworden. Da ein *e* (ə) zwischen *r*, *l* und folgendem *n* durch den levis bewahrt wird (171), so muss der levis beim verluste des *e*- (ə-)lautes der ultima auf der zweiten silbe von *ny²kèlen* etc. geruht haben (gleichwie im nschw. *ny²ckèln* etc.). Die nschw. *nyckelen* etc. haben das *e* nach analogie von *boken* 'das buch' etc. wieder eingeführt. Kock in Sv. landsm. XIII. no. 11, s. 29 f.

184. In mundarten lebt noch immer die aschw. acc. mit levis auf der paenultima dreisilbiger wörter fort. Dies ist im östl. Schonen (z. b. *skrä²ddàre* 'schneider'), in Uppland (Skuttunge, z. b. *so²tàre* 'essenkehrer', *to²kùga* 'verrückte'; Roslagen), in verschiedenen gegenden Norrlands sowie des westlichen Nylands der fall. Nach der aussprache der gebildeten in Finnland, die jedoch heutzutage nur éin acc.-system haben, ruht auf der paenultima von *gossarne* 'die knaben' etc. ein nebenaccent.

185. Auch die jetzige musicalische acc. der (hauptstädtischen) rspr. bestätigt diese aschw. aussprache, wie man auch andererseits von der letzteren als ausgangspunkt auf die ältere musicalische acc. dreisilbiger wörter mit der acc. 2 schliessen kann.

In der (Stockholmer) rspr. haben jetzt wörter vom typus *dommar* auf der paenultima zweigipfligen fortis, vereint mit dem musicalischen accent compositus (= medius + gravis), auf der ultima schwachen levis, vereint mit acutus; *dommare* hat auf der antepaenultima eingipfligen fortis, vereint mit medius, auf der paenultima levissimus, vereint mit gravis,

---

* Dieselbe form von *brænna* 'brennen' etc. (aschw. *brændo* : nschw. *brände*) hat das *e* von der überwältigenden menge schwacher, wie *kalla* flektierter verben entlehnt.

auf der ultima schwachen levis, vereint mit acutus (19, 20, 40). Das zweisilbige *dommar* und das dreisilbige *dommare* haben also dieselben exspiratorischen und musicalischen accente, nur sind dieselben in verschiedener weise auf die silben verteilt. Auch die verteilung der accente muss in den beiden wörtern einmal dieselbe gewesen sein. Dies war der fall, wenn in älterer zeit die musicalischen und die exspiratorischen accente auf der paenultima und ultima von *dommare* überhaupt eine mora weiter zurück lagen, wie es mit dem schwachen levis statthatte. Dazumal ruhte auf der ersten silbe von *dōmare* wie *dōmar* zweigipfliger fortis [die zwei gipfel werden unten mit *a* und *b* bezeichnet], vereint mit dem musicalischen accent medius + gravis [unten mit *a* und *b* bezeichnet]; auf der zweiten silbe beider wörter lag schwacher levis, vereint mit acutus [schwacher levis und acutus werden unten mit *c* bezeichnet]. Als der schwache levis von der zweiten silbe auf die dritte silbe überging: *do*^{2}*mȧre* > *do*^{2}*marė*, wurden auch die anderen exspiratorischen und musicalischen accente auf der zweiten und dritten mora des wortes einen schritt weiter vorgerückt. Aus älterem *d*$\bar{o}^{ab}$*máre* wurde somit *dômârë*. D. h. der mit schwachem levis vereinte acutus ging mit jenem von der paenultima auf die ultima über; der zweite exspirationsstoss des zweigipfligen fortis der antepaenultima ging (als levissimus) nebst dem damit vereinten gravis auf die paenultima über, wodurch die antepaenultima nur éinen exspirationsstoss und den medius behielt.

Dies wird noch dadurch bestätigt, dass der gotländ. dialekt noch immer zweigipfligen fortis auf der antepaenultima dreisilbiger wörter mit der acc. 2 hat, z. b. *aigari* 'besitzer'. Vgl. auch die spätere entwickelung *pra*^{2}*tsàmma* > *pra*^{2}*t-sa(m)mȧ* 'gesprächige' etc. in der rspr. (362).

186. Gleichwie dialektisch der levis noch heute auf der paenultima stehen geblieben ist, ist dessen überführung auf die ultima in verschiedenen gegenden zu verschiedenen zeiten vor sich gegangen. Er ist wohl auch bei wörtern von verschiedenem baue zu verschiedener zeit eingetreten. Da der in Stockholm geborene Lasse Lucidor in der arsis oft die

ultima von wörtern wie *ypnade* 'öffnete', *kommandom* 'den kommenden' gebraucht, so muss diese accententwickelung im stockholmischen wenigstens schon in der zweiten hälfte des 17. jhs. durchgeführt gewesen sein (Kock: Sv. språkh. 58 f).

Aus Sven Hofs bezeichnung geht hervor (Beckman im Ark. nf. VII, 227), dass in seiner sprache, d. h. im westgötischen von c. 1750, der levis in wörtern mit éinem consonanten nach dem vocal der paenultima auf die ultima übergegangen war, z. b. *aflade* 'zeugte' (praet. zu *afla*). Über seine acc. der partic. auf *-ande*, wie z. b. *lefvande* 'lebend' etc. siehe 354. Dass in zweisilbigen wörtern der levis dialektisch schon im mittelalter auf die ultima übergegangen ist, ist nicht nachgewiesen; vgl. jedoch Bure: Rytm. stud. 24, 31 ff.

187. Eine ausnahme von der regel, dass dreisilbige wörter mit der acc. 2 im aschw. auf der paenultima levis hatten, bilden die artikulierten substantivformen vom typus *siǣlanar* 'die seelen', d. h. zweisilbige substantivformen mit der acc. 2 (*siǣlaʀ*), an welche eine zweisilbige form des artikels mit kurzem *n*-laut (*-enaʀ*) gefügt worden ist.

Die ursprünglichen nom. pl. **siǣlaʀ-(e)naʀ*, **tunguʀ-(e)naʀ*, **dōmaʀ-(e)niʀ*, **andaʀ-(e)niʀ* etc. sind im ältesten aschw. zu *siǣlanar*, *tungonar* 'die zungen', *dōmanir* 'die urteile', *andanir* 'die geister' etc. geworden; es ist also *r* (*ʀ*) in der paenultima verloren gegangen, in der ultima dagegen stehen geblieben. Dies zeigt, dass die paenultima den levissimus hatte, die ultima den levis trug (172, 173). Während der reformationsperiode bleiben *siälanar*, *tungonar* etc. mit *a* in der ultima noch immer erhalten, obwohl z. b. nom. pl. *do²mårar* 'richter' zu *do²måre* geworden ist (180); auch hieraus geht hervor, dass *siǣlanar*, *tungonar* auf der ultima zu einer zeit levis hatten, wo in *dōmarar* der schwache levis auf der paenultima lag.

Die acc. des aschw. *tungonar* etc. mit dem levis auf der ultima kommt daher, dass der artikel (*enaʀ* etc.) ursprünglich ein selbständiges wort war. Vor dem zusammenwachsen von *tunguʀ* und *enaʀ* hatte *tunguʀ* gleichwie andere zweisilbige wörter fortis auf der paenultima und schwachen levis auf der ultima; daran schloss sich enklitisch *-enaʀ*. In dem ausdrucke **tunguʀ-enaʀ* muss natürlich auch *-enaʀ* einen relativ stärkeren nebenaccent gehabt haben, und die entwickelung **tunguʀ-enaʀ* > **tunguʀnaʀ* mit verlust des *e* der paenultima zeigt, dass derselbe auf der ultima von *-enaʀ* lag. Nachdem **tu²ngùʀ-enàʀ* zu **tunguʀnaʀ* geworden war, würde dieses also einen relativ stärkeren nebenaccent auf zwei aufeinander folgenden silben gehabt haben. Eine derartige acc. kam sonst nicht in der sprache zur verwendung (155), und der eine der beiden nebenaccente musste demnach verschwinden. In der rspr. erhielt sich der nebenaccent der ultima (als levis) in *tu²ngu[ʀ]nàr tu²ngonàr*, und der nebenaccent der paenultima sank zum levissimus herab. — Dialektisch war es dagegen der erste nebenaccent in **tunguʀ-naʀ* etc., der erhalten blieb, und der zweite der, welcher verloren ging (*tu²ngùrnar*); in Roslagen fällt nämlich (nach Schagerström in Sv. landsm. II, no. 4, s. 49 f.) der levis und im finnländischen schwedisch (nach Pipping in Nystavaren IV, 132—3) der levior auf die paenultima derartiger wörter.

Die aschw. acc. von *andanir* etc. mit levis auf der ultima wird noch dadurch bestätigt, dass im textcodex des Östgötalag entsprechende formen (z. b. *aruani* 'die erben') *-i* (nicht *-e*) haben, während dreisilbler sonst oft den endvocal *e* anwenden (*liþughe* 'freie' etc.). Entsprechende viersilbige formen artikulierter substantive (z. b. *sōknarane* 'die fiskale') verwenden dagegen *-e*, was anzudeuten scheint, dass levissimus auf der ultima ruhte (vgl. z. t. Tamm in Uppsalastudier s. 27).

Siehe über diese acc. Kock in Sv. landsm. XI, no. 8, s. 24 f.

188. Dreisilbige artikulierte substantivformen vom typus *krōnunna* (gen. sg. zu *krōna* 'krone'), *krōnunne* (dat. sg. zu *krōna*), *ulwanna* (gen. pl. zu *ulwer* 'wolf') mit der acc. 2 hatten dagegen im aschw. semifortis (oder starken levis) auf der paenultima und levissimus auf der ultima; d. h. formen, die in der weise entstanden waren, dass an eine zweisilbige substantivform mit der acc. 2 (gen. *krōnu*) eine zweisilbige artikelform mit langem *n*-laut (*ennaʀ*)

gefügt wurde. Diese acc. geht daraus hervor, dass in schriften mit der vocalbalance *u* : *o* (z. b. *saghu*, cas. obl. von *sagha* 'sage', aber *krōno*, cas. obl. von *krōna* 'krone', 195) wörter wie der gen. *krōnunna*, dat. *krōnunne* *u* in der paenultima beibehalten, obgleich dies mit dem balance-gesetz im widerspruch steht. Die acc. wird dadurch bestätigt, dass schon im ältest. aschw. (im Upplandslag) -*R* in gen. sg. wie *kirkiunnæ* (< *kirkiunnaR* 'der kirche') verloren gegangen ist, sowie auch dadurch, dass im textcodex des Östgötalag (nach Tamm a. a. o. s. 27) artikulierte formen wie *kirkiunne* im gegensatz z. b. zu *aruani* (best. form zu *arue*) -*e* in der ultima haben. Die veranlassung zu dieser acc. gibt der l a n g e *n*-laut nach dem vocal der paenultima. Kock in Sv. landsm. XIII, no. 11, s. 9; XI, no. 8, s. 20.

189. Gleichwie im aschw. so hat auch im anorw. (und aisl.) der schwache levis auf der ultima dreisilbiger wörter geruht und im adän. verhielt es sich mit dem seitenstück zum schwachen levis ebenso.

190. In gewissen anorw. handschriften, in denen die vocalharmonie für die endvocale *u* : *o* in zweisilbigen wörtern zur anwendung gelangt, z. b. *fastu* 'fasten' (nicht *fasto*) mit *u* nach *a*, bekommen doch dreisilbige wörter in der ultima nach dem *a*-laut der paenultima *o*, z. b. *bannaðo* 'verboten' (Wadstein: Fnorska homiliebokens ljudlära § 30, a, *α* und *γ*, vgl. auch § 29, Hægstad: Gamalt tröndermaal). Das ältere *u* (in *fastu*, *bannaðu*) wird also in levis-silben nach dem gesetze der vocalharmonie von dem *a*-laut der vorhergehenden silbe aufrecht erhalten (*fastu*), geht jedoch in levissimus-silben in *o* über (*bannaðo*). Kock im Ark. nf. III, 370 anm.

191. Das fragment der Jöfraskinna hat als endvocal hauptsächlich *i*, doch findet sich zuweilen auch *e*, aber meistens in d r e i s i l b i g e n wörtern, z. b. *druknaðe* 'ertrank', *talaðe* 'sprach' (Finnur Jónsen: De bevarede brudstykker af Kringla og Jöfraskinna s. XVII, sp. 1). Die etwas älteren *druknaði*, *talaði* sind zu *druknaðe*, *talaðe* geworden, weil der levis auf die paenultima und der levissimus auf die ultima fiel. Nach F. Jónsson hat ein Norweger die Jöfraskinna ge-

schrieben; derselbe hat sich aber, was die orthographie betrifft, in der regel sorgfältig seinem isl. originale angeschlossen. Diese acc. wird durch eine notiz von Arne Magnússon bekräftigt. Professor Finnur Jónsson hat mir nämlich mitgeteilt, dass jener mit eigener hand in der hs. AM. 481. 12⁰ notiert hat: 'þeir segja hegōmi, blassāður, frelsāri'. Hieraus dürfte hervorgehen, dass wörter wie *frelsari* 'erlöser', *blessaður* 'gesegneter' (und auch *hégómi* 'thorheit') einen relativ starken nebenaccent auf der zweiten silbe hatten oder haben konnten. Vgl. in gewisser beziehung Rask: Anvisning till isländskan (Stockholm 1818) s. 29. Jetzt werden die isl. *frelsari*, *blessaður* (und auch *hégómi*) mit levissimus auf der paenultima und relativ starkem nebenaccent (levior) auf der ultima ausgesprochen.

192. Im ajütländischen sind die endvocale *a*, *u*, *i* der alten sprache schon zu *æ* geschwächt; dieses *æ* bleibt in der regel in zweisilbigen wörtern erhalten, z. b. *næfnǽ* 'nennen', *kallæs* 'geheissen werden', geht aber in dreisilbigen wörtern verloren, z. b. in superl. *sannæst* 'wahrst' (< *sannǽstæ*), komp. *rīkær* 'reicher' (< *rīkæræ*). Im ajütl. ist die lautschwächung somit noch einen schritt weiter gegangen als im schw., wo *sannasta*, *rīkara* zu *sannaste*, *rikare* geworden sind (177, 178). Ajütl. *næfnæ* 'nennen', *kallæs* 'geheissen werden' etc. hatten einen stärkeren accent auf der ultima (ein gegenstück zu dem schw. und norw. schwachen levis), als es bei den dreisilbigen *sannæstæ*, *rīkæræ* der fall war. Wahrscheinlich war dies adän. gegenstück zu dem schwed. und norw. schwachen levis jedoch schon zu jener zeit bedeutend schwächer als dieser; vgl. den äusserst geringen unterschied im exspirationsdrucke auf der ultima des ndän. *hu²set* und *hu¹set* (62). Siehe Kock im Ark. nf. I, 66 ff.

193. In dreisilbigen wörtern mit der acc. 1 fiel in der älteren sprache (aschw.) gleichwie jetzt der levior auf die ultima. Dies wird dadurch bestätigt, dass man in aschw. gedichten reime wie *kesare* : *the*, *trumpara* : *saa*, *riddara* : *fru*, *mæstarin* : *sin*, *saltara* : *begaa** findet. Diese dreisilbigen

* Aufgezeichnet von Bure: Rytm. stud. 32.

wörter haben als fremde lehnwörter (mnd. *keiser*, *trumper*, *ridder*, *mester*, *salter*) die acc. 1 gehabt; vgl. dass die acc. 1 noch immer dialektisch gebraucht wird bei *snickare* (mnd. *sniddeker*).

Die accentuierung im älteren altschwedischen und in der gemeinnordischen sprache.

194. Die eigentlich aschw. sprache unterschied sich von der nschw. rspr. sehr wesentlich dadurch, dass die erstere sowohl kurze als auch lange wurzelsilben hatte, während die letztere nur lange hat. Es ist aber selbstverständlich, dass die acc. eines wortes mit kurzer wurzelsilbe (z. b. *spĭni*) eine andere sein muss als die eines wortes mit langer wurzelsilbe, wie z. b. nschw. *spēne* 'zitze', *timme* 'stunde' (aschw. *tīme*) mit zweigipfligem fortis: ein accent mit zwei exspirationsgipfeln hat aus lautphysiologischen gründen auf einer wirklich kurzen silbe keinen platz. Unter solchen verhältnissen muss man bei der erforschung der acc. der eigentlich alten sprache nicht nur die acc. in der heutigen rspr. heranziehen, sondern auch — und zwar vorzugsweise — die acc. in den altertümlichen schw. und norw. mundarten, welche noch immer kurze wurzelsilben bewahrt haben.

Ein noch wichtigerer faktor für die erforschung der aschw. acc. ist die vocalisation der endungen in der aschw. rspr. und in dialekten, die derselben nahe standen. Ich will darum diesen punkt eingehender behandeln.

Die vocalbalance.

195. Im aschw. wechseln die endungsvocale *ŭ* : *ŏ*, *ĭ* : *ĕ*, *ă* : *ă* (dialektisch *ă* : *ǽ*) gemäss der vocalbalance. Der in einem etwas älteren sprachstadium überall gebrauchte endungsvocal *u* ist in der aschw. rspr. so behandelt worden, dass er in einer unmittelbar auf eine kurze wurzelsilbe folgenden silbe erhalten blieb, sonst aber zu *o* wurde, d. h. er ging in *o* über unmittelbar nach langer wurzelsilbe sowie in silben, die von der wurzelsilbe durch eine oder mehrere zwischenliegende silben getrennt sind. *Gătu* (cas. obl. von *găta* 'strasse' isl. *găta*), *săghu* (cas. obl. von *săgha* 'erzählung', isl. *săga*), pl.

gătur etc. haben den *u*-laut behalten. Dagegen ist *u* zu *o* geworden z. b. in *gātu* > *gāto* (cas. obl. zu *gāta* 'rätsel', isl. *gāta*), *sāghu* > *sāgho* (3. pl. praet. zu dem verbum *sēa* 'sehen'), pl. *gātur* > *gātor* 'rätsel' und auch z. b. in *kallaþu* > *kallaþo* (3. pl. praet. zu *kalla* 'rufen'), *sannastu* > *sannasto* (cas. obl. fem. best. form zum superl. *sannaster* ('(der) wahrste'), *tălaþu* > *tălaþo* (3. pl. praet. zu *tăla* 'sprechen'). Kock: Fsv. lj. I, 172 ff. II, 340 ff.

196. In der aschw. rspr. ist der in einem etwas älteren stadium überall gebräuchliche endungsvocal *i* in offener silbe so behandelt worden, dass er unmittelbar nach kurzer wurzelsilbe erhalten bleibt, sonst aber in *e* übergeht, d. h. er geht in *e* über unmittelbar nach langer wurzelsilbe, sowie in silben, welche von der wurzelsilbe durch eine oder mehrere dazwischen liegende silben getrennt sind. So ist der *i*-laut stehen geblieben z. b. in *spĭni* 'zitze' (isl. *spĭni*), *vări* (praes. konj. zu *vara* 'sein'; isl. *vĕri*). Dagegen ist das ältere *i* zu *e* geworden z. b. in *tīmi* > *tīme* 'stunde' (isl. *tīmi*), *vāri* > *vāre* (praet. conj. von *vara* 'sein', isl. *vǣri*), und so auch z. b. in *kallaþi* > *kallaþe* (3. sg. praet. von *kalla* 'rufen', isl. *kallaþi*), *sannasti* > *sannaste* (nom. sg. masc. best. form vom superl. *sannaster* '(der) wahrste'; isl. *sannasti*). In gewissen hss. (z. b. Codex bureanus) wird das vocalbalancegesetz auf *i* : *e* auch in geschlossener silbe zur anwendung gebracht, z. b. *făþir* 'vater', aber [*mōþir* >] *mōþer* 'mutter', [*riddarin* >] *riddaren* 'der ritter' (nom. sg. best. form zu *riddare*). Die mehrzahl der aschw. hss. hat dagegen in geschlossener silbe immer *i*, z. b. sowohl *mōþir*, *riddarin* als auch *faþir*. Kock: Fsv. lj. II, 243 ff., 340 ff.

197. Dialektisch (z. b. in [dalekarlischen] diplomen aus den vierziger jahren des 14. jhs. und teilweise im Smålandslag und Söderköpingerrecht) wechseln gemäss der vocalbalance auch die endungsvocale *a* : *æ* in der weise, dass unmittelbar nach kurzer wurzelsilbe *a*, sonst *æ* steht; d. h. dass *a* unmittelbar nach langer wurzelsilbe sowie in silben, die durch eine oder mehrere zwischenliegende silben von der wurzelsilbe getrennt sind, zu *æ* geworden ist. So ist der *a*-laut der zweiten silbe stehen geblieben z. b. in *lĭwa* 'leben'

(isl. *lĭfa*), *kōlari* > *kōlare* 'köhler' (vgl. isl. *kōl*); er ist jedoch in *æ* übergegangen z. b. in *brista* > *bristæ* 'bersten', *smæltari* > *smæltære* 'schmelzer', *kirkiunnar* > *kirkiunnæ* (gen. sg. best. form von *kirkia* 'kirche'). K. H. Karlsson und Kock bei Kock: Fsv. lj. II, 311 ff.

Dagegen haben die hss., welche die eigentliche aschw. rspr. repräsentieren, den *a*-laut überall behalten, sowohl z. b. in *brista*, *smæltare* wie auch in *lĭwa*, *kōlare*.

198. Übrigens sind in aschw. wörtern, deren vocalisation gemäss der vocalbalance geregelt worden ist (*gătu* : *gāto*, *spĭni* : *tīme*, *lĭwa* : *bristæ*) die wechselnden endvocale nicht nur qualitativ, sondern auch quantitativ verschieden: *u*, *i*, *a* waren halblang (dialektisch vielleicht ganz lang); *o*, *e*, *æ* aber kurz.

Dass die endungsvocale *u*, *i*, *a* länger als kurze vocale waren, geht aus folgenden umständen hervor.

199. Eine aschw. hs. von c. 1500 (Cod. Ups. Cat. Benz. no. 23), die oft doppelt geschriebene vocalzeichen, resp. *w* (= *uu*) verwendet, um vocallänge zu bezeichnen (z. b. *gaar* 'geht', *nw* 'jetzt') gebraucht *w* und *aa* auch als endungsvocale unmittelbar nach k u r z e r wurzelsilbe, z. b. *vikw* (cas. obl. von *vika* 'woche'), *ærw* 'sunt', *talaadhe* (praet. zu *tala* 'sprechen'), *skipaat* (isl. *skipat*, part. zu *skipa* 'ordnen'), dagegen einfaches *o*, *a* als endungsvocale unmittelbar nach l a n g e r wurzelsilbe, z. b. *ōndzsko* 'bosheit', *pīnto* (praet. pl. von *pīna* 'peinigen'), *rækna* 'rechnen', *siælwa* 'selbst'. In andern hss. finden sich schreibungen, wie *lutij* (acc. pl. statt *luti* von *luter* 'los, teil', isl. *hlutr*), *synij* (acc. pl. statt *syni* von *son* 'sohn', isl. *sonr*), d. h. *ij* statt *i* in silben, die unmittelbar auf eine kurze wurzelsilbe folgen.

Norw. hss. aus dem 14. jh. haben oft doppelt geschriebenes *a*-zeichen in der zweiten silbe von kurzsilblern, z. b. *beraa* 'tragen', *hafuaa* 'haben' (= isl. *bera*, *hafa*). In norw. dialekten, besonders in der mundart des nördlichen Gudbrands-thals sind die endungsvocale in solchen wörtern noch halblang, z. b. *vikŭ* 'woche' (zu isl. *vĭka*), *dräpă* 'totschlagen' (isl. *drĕpa*), *kåmå̆* 'kommen' (isl. *kŏma*), *nykў̆l* 'schlüssel' (isl. *nykill*); in Lesja *synĭ* 'söhne' (isl. *syni* von *sonr*).

200. Auch sonst harmonieren die lautverhältnisse in altertümlichen norw. und schwed. mundarten hiermit.

In solchen findet man nämlich eine vocalbalance *å* : *a*, welche der aschw. vocalbalance *ă̆* : *ă* entspricht; so z. b. in der altertümlichen Elfdals-mundart in Dalekarlien *lĭvå* 'leben' (isl. *lĭfă̆*) : *brinna* 'brennen'. Dieselbe form der vocalbalance (in der schrift *o* : *a* ausgedrückt) treffen wir in gewissen späten aschw. hss. aus der mitte des 15. jhs. und von c. 1500, z. b. *faro* 'fahren' (isl. *fără̆*) : *spænna* 'spannen'. Es ist sogar wahrscheinlich, dass auch zur zeit der niederschreibung des oben erwähnten Cod. Ups. Cat. Benz. no. 23 das *aa* in *skipaat* etc. (nicht mehr den wert des *ă̆*-lautes, sondern) den wert des *å*-lautes hatte, der aus dem *ă̆*-laute hervorgegangen war. Da der lange *a*-laut der alten sprache in wurzelsilben um das jahr 1400 in den *å*-laut überging (z. b. *gā* > *gå* 'gehen'), so ist der *å*- (*o*-)laut in dem *lĭvå* des dalekarl. dialektes und in gewissen aschw. dialekten (mit *faro* 'fahren' etc.) in übereinstimmung hiermit zu erklären: *ă̆* ist als endungsvocal zu *å* (*o*) geworden. Der *a*-laut in *lefva* 'leben' (isl. *lĭfă̆*) der nschw. rspr. und der meisten nschw. dialekte hat seinen grund darin, dass in den meisten gegenden der *ă̆*-laut im aschw. *lĭwă̆* zu k u r z e m *a* geworden ist, noch ehe sich langer *ā*-laut zu *å* (in *gā* > *gå* 'gehen') entwickelt hatte.

In norw. mundarten, z. b. im Selbu-dialekte, findet man die vocalbalance *ă̆* : *ă* (*ă̆* : *ǣ*) in der form wieder, dass *å* unmittelbar nach kurzer wurzelsilbe steht, während der alte endvocal *a* (*æ*) nach langer wurzelsilbe zu *e* geworden oder völlig abgenutzt worden ist, z. b. *låvå̆* 'leben' (isl. *lĭfă̆*), aber *älde* 'heizen' (isl. *elda*), *sväär* 'schwören' (isl. *sveria*).

201. Alle diese formen der vocalbalance *aa* : *a* (*o* : *a*, *å* : *a*; aschw. *liwaa* : *brinna*, *liwo* : *brinna*; dalekarlisch *livå* : *brinna*); *å* : *e* (bez. 0, in *låvå* : *älde*, *sväär* des Selbudialektes); *a* : *æ* (im aschw. *liwa* : *brinnæ*) stellen nur verschiedene entwickelungsstadien dar, die alle von einem älteren *ă̆* : *ă* (*liwă̆* : *brinna*) ausgegangen sind.

Vgl. über diese quantitäts-frage Noreen bei Kock: Fsv. lj. II. 550 und besonders Kock in Ark. IV, 87 ff., ib. nf. IV, 172 anm. 2, Btr. XIV, 70 anm.; ferner J. Storm in

Norvegia I, 62 f.; Englische Philol.[2] I, 251, K. H. Karlsson in Ark. nf. I, 166 f., Beckman ib. nf. IV, 167 ff., V, 92 ff.

202. Andrerseits zeigt uns der umlaut, dass die endungsvocale *u*, *i*, *a* nach kurzen wurzelsilben während der jüngeren umlautsperiode kürzer waren, als die langen vocale der fortis- und semifortissilben. Der *i*-umlaut wurde nämlich nicht von langem *i* bewirkt; so haben z. b. aschw. *laghlīker*, isl. *lagligr* 'gesetzlich', aschw. *þolīker* 'solcher' etc. keinen *i*-umlaut, ebensowenig isl. *māttigr* 'mächtig' ält. **māttīgr* (vgl. got. *mahteigs*) etc. Da hingegen der jüngere *i*-umlaut durchweg nicht nur in langsilbigen, sondern auch in kurzsilbigen wörtern eintritt, z. b. **būðĭ* (praet. conj.) > *bȳþĭ* 'böte', nom. pl. *sŏnĭʀ* > *sønĭr* 'söhne', so muss der *i*-laut der zweiten silbe in **būðĭ*, **sŏnĭʀ* kürzer als der *i*-laut in *laghlīkr* etc. gewesen sein.

Diese thatsachen zeigen, dass die endungsvocale *i*, *u*, *a* nach kurzen wurzelsilben während der jüngeren umlautsperiode halblang gewesen sind; und diese quantität haben sie sicherlich während des älteren zeitabschnitts der verschiedenen nordischen sprachen in den meisten dialekten beibehalten. Im aschw. hatte man also den wechsel *gătŭ* : *gātŏ*, *spĭnĭ* : *tīmè*, *lĭwă* : *brinnă* (dialektisch *lĭwă* : *brinnæ̆*).

Indessen liegt die möglichkeit vor, dass die halblangen endungsvocale nach abschluss der jüngeren umlautsperiode dialektisch völlig lang geworden sein können.

Siehe Kock in Sv. landsm. XII, no. 7, s. 25 ff., Ark. nf. VI, 326 ff.; X, 223; XI, 209 f.

Die exspiratorische acc. der wörter mit der acc. 2.

203. Der wechsel der vocale nach der vocalbalance erklärt sich daraus, dass das aschw. eine acc. hatte, die im wesentlichen mit der noch heute in altertümlichen schw. und norw. mundarten, z. b. im Elfdalsdialekt in Dalekarlien, übereinstimmte.

In dieser mundart haben wörter mit der acc. 2 verschiedene exspiratorische accentuierung, je nachdem sie kurz- oder langsilbig sind (50). Die kurzsilbigen wörter (z. b. *lĭvå* 'leben' = aschw. *lĭwă*) haben eingipfligen fortis auf der ersten und starken levis auf der zweiten silbe. Langsilbige wörter (z. b. *brinna* 'brennen' = aschw. *brinna*) verwenden zweigipfligen fortis auf der ersten silbe und levissimus auf der zweiten. Die acc. war im aschw. (und in der gemeinnord. sprache) dieselbe mit ausnahme dessen, dass langsilbige wörter mit der acc. 2 (z. b. *brinna*) in übereinstimmung mit den verhältnissen in der nschw. rspr. und der mehrzahl der schw. mundarten schwachen levis (nicht levissimus) auf der zweiten silbe trugen. Es liegt nämlich durchaus kein grund vor zu bezweifeln, dass dieser accent, der sich auch im norw. wieder findet, alt ist.

Im aschw. hatten also kurzsilbige wörter mit der acc. 2 eingipfligen fortis auf der ersten silbe, starken levis auf der zweiten; war das wort dreisilbig, so fiel der levissimus auf die dritte silbe. Der starke levis (im gegensatz zu dem schwachen levis) bewahrte die halblangen endvocale *ŭ̄*, *ĭ̄*, *ă̄*. Darum sind auch im ält. aschw. die älteren formen *gătŭ̄* (cas. obl. zu *găta̅̆* 'strasse', isl. *găta*), *spĭnĭ̄* (nom. sg., isl. *spĭnĭ̄*) 'zitze', *lĭwă̄* 'leben' (isl. *lĭfa*), *kŏlăre* (nom. sg. masc.) 'köhler' stehen geblieben (und sind nicht zu *gato*, *spine*, *liwă*, *kolăre* geworden). Dass der levissimus auf die dritte silbe fiel, wird durch die entwickelung *-i* > *-e* z. b. in aschw. *kolari* > *kolare* bestätigt.

Dagegen hatten aber im aschw. langsilbige wörter mit der acc. 2 zweigipfligen fortis auf der ersten silbe und schwachen levis auf der zweiten; der levissimus fiel auf die dritte silbe von dreisilbigen wörtern. Der schwache levis (im gegensatz zu dem starken levis) bewahrte die halblangen endungsvocale *ŭ̄*, *ĭ̄*, *ă̄* nicht, sondern *ŭ̄* und *ĭ̄* wurden in solchen wörtern zu *ŏ*, *ĕ*, während *ă̄* in der rspr. zu *ă* verkürzt wurde. Im aschw. ist also das ältere *gātŭ̄* (obl. cas. im sg. zu *gāta* 'rätsel', isl. *gātu*) zu *gātŏ* geworden, ferner das ältere *tīmĭ̄* 'zeit' (nom. sg.) zu *tīmĕ*; das ält. *brinnă̄* 'brennen' zu *brinnă*. Dass der levissimus auf die dritte silbe fiel, wird gerade durch die entwickelung *-i* > *-e* in *smæltari* > *smæltare* 'schmelzer' gestützt. Dialektisch ist in den langsilbigen wörtern die entwickelung des endungsvocals *a* noch einen schritt weiter vorgeschritten, nämlich bis zu *æ*, so dass *brinna* zu *brinnæ*, *smæltari* > *smæltare* > *smæltære* geworden ist.

Dass es eine solche acc. gewesen ist, die im aschw. die vocalbalance hervorgerufen hat, wird dadurch bestätigt, dass der Elfdals-dialekt in Dalekarlien, welcher, wie erwähnt, im wesentlichen noch heute diese accentuierung anwendet, nicht nur für *å* : *a* (aschw. *ă̆* : *ă*) vocalbalance hat, sondern auch für *i* : *e* (während die vocalbalance *u* : *o* im dialekte durch analogiebildung getilgt worden ist). S. betreffs dieser aschw. acc. Kock: Fsv. lj. II, 340 ff., Ark. nf. X, 223 f.

204. Die im voraufgehenden dargelegte aschw. acc. ist dem ganzen altnordischen sprachgebiet gemeinsam gewesen. Da sie in der aschw. rspr. die vocalbalance hervorgerufen hat, so ist selbstverständlich, dass sie in allen den gegenden geherrscht haben muss, wo die vocalbalance durchgeführt gewesen ist, bez. in welchen sich spuren derselben nachweisen lassen.

205. Die vocalbalance ist für *u* : *o* und (in offenen silben) für *i* : *e* in den weitaus meisten aschw. schriften aus der zeit von 1350 bis 1500 durchgeführt. Für *a* : *æ* finden wir sie im altdalekarlischen sowie (teilweise) im Smålandslag und dem Söderköpingsrätt; die vocalbalance *o* : *a* (ält. *ă̆* : *a*) z. b. in anderen småländischen urkunden. In einer menge nordschw. und ostschw. (d. h. östlich vom Bottnischen Meerbusen und von der Ostsee gesprochenen) mundarten finden sich ebenfalls spuren der vocalbalance. In Westerbotten und in Jämtland hat man z. b. *fara* oder *fåra* 'fahren' mit kurzer wurzelsilbe, aber *briin* 'brennen' mit langer; in Ångermanland z. b. *bära* 'tragen' mit kurzer, aber *krypä* 'kriechen' mit langer wurzelsilbe. Als beispiel eines ostschw. dialektes will ich die Houtskär-mundart (Finnland) anführen. Dieselbe hat die vocalbalance *u* : *o* bewahrt z. b. in *hakur* 'kinne' (aschw. pl. *hakur*) : *tjeldor* 'quellen' (aschw. pl. *kældor* von *kælda*). Die vocalbalance *ă̆* : *ă* (*æ̆*) wird in diesem dialekte durch *å* bez. vocalverlust repräsentiert; aschw. *bakă̆* 'backen' : *fallă* 'fallen' heissen hier *bakå* : *fall* (mit einer entwickelung *fallă* > *fallæ* > *fall*). Die mundarten von Ormsö und Nukkö, an der

küste von Estland gesprochen, haben z. b. *brinn* 'brennen' mit langer, aber *dräpa* 'totschlagen' mit kurzer wurzelsilbe.

206. Das anorw. zeigt nach östländischen hss. eine vocalbalance *a* : *æ*, z. b. *vĭta* 'wissen' : *sendæ* 'senden', und eine ähnliche vocalbalance lebt noch immer in östländischen mundarten weiter (Joh. Storm). Überhaupt gilt in den dialekten von Smålenene und Telemarken im süden bis zum Namdal im norden die regel, dass nach langer wurzelsilbe ein alleinstehender vocal geschwächt wird oder verloren geht, während ein solcher vocal nach kurzer wurzelsilbe meistenteils unverändert stehen bleibt (Amund B. Larsen: Oplysninger om dialekter i Selbu og Guldalen s. 37). Hiermit harmoniert, dass kurzsilbige wörter mit der acc. 2 im gegensatz zu den langsilbigen mit der acc. 2 in einer menge norw. mundarten starken levis haben.

207. Auch in isl. hss. kann man spuren von vocalbalance antreffen. Finnur Jónsson teilt in Egils saga s. VIII mit, dass in AM. 132 die endung *-er* hauptsächlich in zweisilbigen wörtern mit langer wurzelsilbe sowie in mehrsilbigen wörtern gebraucht wird, z. b. *gamler* 'alte', *bāðer* 'beide'; *hamlaðer* (part. pass. von *hamla* 'verstümmeln'), *gaufgazter* 'die ansehnlichsten', weniger häufig in zweisilbigen wörtern mit kurzer wurzelsilbe.

208. Da wir also die vocalbalance fast in dem ganzen aschw. sprachgebiete, in ausgedehnten gegenden Norwegens und auch auf Island durchgeführt oder doch wenigstens spuren von ihr finden, so muss auch die oben dargelegte accentuierung über den ganzen Norden hin verbreitet gewesen sein. Vgl. Kock: Fsv. lj. II, 352 ff., Akc. II, 404 Ark. IV, 89 ff.

Diese accentuierung wird vielleicht (wie Beckman in Ark. nf. XI, 68 ff. meint) dadurch bestätigt, dass in der vollzeile des liōþahāttr der klingende ausgang ⏑ × mit dem stumpfen – als identisch zu gelten scheint; kurzsilbige wörter hatten also auf der ultima einen relativ starken nebenaccent.

209. Dialektisch ist jedoch schon im ältesten aschw. nicht nur der schwache levis, sondern auch der starke so reduciert worden, dass diese accente zum levissimus herab-

gesunken sind (oder sich ihm doch genähert haben). Dies geht daraus hervor, dass in gewissen hss. (z. b. im textcodex des Upplandslag aus dem jahre 1300) der endvocal *a* (in übereinstimmung mit dem sachverhalt im adän.) in zweiten silben sowohl lang- als auch kurzsilbiger wörter zu *æ* geschwächt wurde, z. b. sowohl *klokkæ* (nom. sg., < *klokka* 'glocke') wie auch *kŏnæ* (nom. sg., < *kŏna* 'weib'). Kock in Ark. nf. XI, 209.

210. Umgekehrt ist in gewissen modernen schw. und norw. mundarten der starke levis noch verstärkt worden. Dadurch bekommen in einigen gegenden kurzsilbige wörter einen ebenso starken exspiratorischen accent auf der zweiten silbe wie auf der ersten, ja sogar einen noch stärkeren auf der zweiten; d. h. der starke levis ist so verstärkt worden, dass er zum fortis geworden ist. Joh. Storm hat diese acc. in norw. mundarten, besonders in Tinn in Telemarken beobachtet; dort accentuiert man oder kann man accentuieren z. b. *vikŭ'* 'woche' (isl. *vĭku* von *vĭka*), *bitĭ'* 'bissen' (nom. sg. isl. *bĭti*), *bytå̆'* (plur. zu demselben worte, < **bĭtă*), *nevĕ'* 'faust' (isl. *hnefi*), *növå̆'* (plur. zu demselben worte, < **hnefă*), *vytå̆'* 'wissen' (isl. *vĭta*), *synў'* 'söhne' (isl. *sўnir*, pl. zu *sonr*); Englische Philologie I², 251, Norvegia I, 63. In einigen dörfern des kirchspiels Mora in Dalekarlien hat der fortis in gewissen ähnlichen wörtern dieselbe lage, z. b. *fuli'* 'fohlen' (isl. *fŏli*), *salú* 'schwalbe' (ursprüngl. cas. obl. zu [isl.] *svăla*) (Noreen: Ordlista öfver Dalmålet); so facultativ auch im westlichen Nyland, z. b. *(h)uvú* 'kopf' (isl. *hǫ̆fuþ*), *simá* 'schwimmen' (isl. *svĭma*) (Vendell: Ordaksenten i Raseborgs härads svenska folkmål s. 2 f.). |Vgl. auch unten (474) über schw. dialekt. *levä'rne*, das shetländische *lavē'rni* etc.

Es ist anzunehmen, dass es auch in den alten nordischen sprachen dialekte gegeben hat, in denen derartige wörter gleich starken accent auf der ersten und zweiten silbe gehabt haben, und vielleicht hat sogar schon in der alten sprache der fortis in gewissen gegenden auf die zweite silbe übergehen können. (Über den übergang des fortis auf die zweite silbe in isl. *sēa* > *siá* etc. siehe 219 ff.).

Die musicalische acc. der wörter mit der acc. 2.

211. Während betreffs des exspiratorischen elementes bei der acc. 2 in der alten sprache kein zweifel herrschen kann, müssen wir mit unseren schlüssen betreffs deren musicalischer elemente mit der grössten reserve vorgehen, und zwar von den modernen sprachen und mundarten als ausgangspunkt.

212. Die hauptstädtische sprache stimmt in der musicalischen acc. von wörtern wie *brinna* 'brennen', d. h. langsilbigen zweisilblern mit der acc. 2 im wesentlichen mit dem Elfdalsdialekt, überein. Die paenultima hat medius + gravis, vereint mit zweigipfligem fortis; die ultima hat den acutus, welcher in der rspr. mit schwachem levis vereint ist (19, 50). Die musicalische acc. des norw. ist nach der östländ. aussprache auch in der hauptsache dieselbe (58). Die alte sprache hat wahrscheinlich zu der zeit, wo *brinna* kurze ultima bekam (235), dieselbe acc. gehabt.

213. Da in den heutigen schw. und norw. reichssprachen die in der alten sprache kurzsilbigen wörter lange wurzelsilbe bekommen haben, so muss man bei bestimmung von deren alter musicalischer acc. von mundarten mit noch heute kurzen wurzelsilben ausgehen. Wörter vom typus *lĭvå* 'leben' (aschw. *lĭvă*), d. h. kurzsilbige zweisilbler mit der acc. 2 haben in der Elfdalsmundart auf der paenultima medius, vereint mit eingipfligem fortis, auf der ultima gravis, vereint mit starkem levis (50). Die wortmelodie in dem *brinna* des Elfdalsdialektes ist also in *lĭvå* nur begonnen (nicht abgeschlossen). Beide wörter haben die acc. 2, und die melodie muss früher auch in *lĭvå* ihren abschluss gehabt haben. Wir werden unten (233, 245) erfahren, dass in urnord. zeit die ultima von *liwā* (das *lĭvå* des Elfdalsdialekts) lang war; erst später wurde sie halblang (*lĭwă̄* 202). Ich vermute darum, dass *lĭwā*, als die ultima noch lang war, dieselben musicalischen accente wie *brinna* hatte, dass dieselben aber so verteilt waren, dass *lĭwā* auf der paenultima medius, vereint mit eingipfligem fortis, und auf der ultima gravis + acutus, vereint mit starkem levis, hatte, während *brinnā*, wie schon erwähnt, im aschw. auf der paenultima medius + gravis, ver-

eint mit zweigipfligem fortis, und auf der ultima acutus, vereint mit schwachem levis, anwendete.

214. Dreisilbige wörter dürften dieselben musicalischen accente auf der ersten und der zweiten silbe gehabt haben, wie die entsprechenden zweisilbler, wie auch die drei- und zweisilbigen wörter die gleichen exspiratorischen accente auf den ersten und zweiten silben hatten. *Smæltăre* 'schmelzer' dürfte medius + gravis, vereint mit zweigipfligem fortis, auf der ersten silbe getragen haben; den acutus, vereint mit schwachem levis, auf der zweiten; den levissimus und einen unbestimmbaren musicalischen accent auf der dritten. Auf der antepaenultima von *kōlăre* 'köhler' ruhte medius, vereint mit eingipfligem fortis; auf seiner zweiten silbe lag starker levis, auf der ultima levissimus. Falls in später urnord. zeit die paenultima völlig lang war, so hatte sie gravis + acutus; im entgegengesetzten falle waren diese accente wohl auf paenultima und ultima verteilt.

Die exspiratorische acc. der wörter mit der acc. 1.

215. Um die exspiratorische und musicalische natur der acc. 1 im aschw. und in der alten sprache überhaupt zu bestimmen, muss man fast ausschliesslich von den modernen sprachen und dialekten ausgehen.

Da die sehr altertümlichen mundarten von Elfdal in Dalekarlien und von Fårö (bei Gotland) in einsilbigen wörtern mit der acc. 1 zweigipfligen fortis verwenden, z. b. elfd. *ais* 'eis', fårödial. *săr* 'wunde' (50, 48), so haben sie darin sicherlich ein gemeinsames erbe der alten sprache bewahrt. Der fortis in *ais*, *săr* etc. wurde dadurch zweigipflig, dass bei dem verlust der ultima in urnord. **īsaʀ*, **saira* deren exspiratorischer (und musicalischer) accent auf die paenultima zurückgeworfen wurde (über derartiges zurückwerfen von accenten bei dem verlust von silben in gemeinnord. zeit siehe unten 222 ff.). Sowohl der Elfdals- als auch der Fåröer-dialekt hat in einsilbigen wörtern das quantitätsverhältnis der alten sprache kurzer vocal + kurzer consonant verloren. Wenn es für die aussprache eines zweigipfligen exspiratorischen accents eine notwendige bedingung war, dass die silbe einen langen laut oder kurzen vocal + zwei consonanten hatte, so hatten die wörter der alten sprache mit der acc. 1 und dem quantitätsverhältnis kurzer vocal + kurzer consonant eingipfligen fortis. Also verwandten aschw. *īs* 'eis', *sār* 'wunde', *større* 'grösser' (compar. zu *stōr* 'gross', isl. *størri*) *dømdir* 'verurteilte' (nom. pl. masc. zu part. *dømder*; isl. *dømdr*) zweigipfligen fortis; aschw. praet. *baþ* 'bat' (von *biþia*), acc. sg. *dagh* 'tag' wahrscheinlich eingipfligen fortis. Aller wahrscheinlichkeit nach war diese acc. gemeinnordisch. Kock: Akc. II, 444, Ark. nf. III, 364.

216. Die aschw. exspiratorische acc. von wörtern mit der acc. 1 harmonierte übrigens mit der noch heute im nschw. gebräuchlichen. In zweisilbigen wörtern ruhte also der levissimus auf der ultima, z. b. *større*, *størra* (comp. masc. und neutr. von *stōr*), *dømdir*, acc. sg. *sonen* 'den sohn' (best. form zu *son*). Dreisilbige wörter trugen levissimus auf der paenultima, levior auf der ultima, z. b. *innarste* (best. form masc. zu superl. *innarster* '(der) innerste'), *innarsta* (best. form des fem.), dat. sg. best. form *sonenom* (zu *son* 'sohn').

Diese acc. wird durch die vocalisation gestützt. Dass der levissimus (nicht schwacher levis oder levior) auf der ultima von wörtern vom typus *størra* (neutr. zu comp. *større*) lag, geht aus der entwickelung *størra* > *större* im jüng. aschw. hervor (160). Codex bureanus verwendet die vocalbalance *i* : *e* auch in geschlossener silbe (z. b. *væxen* [nicht -*in*] 'gewachsen' mit langer wurzelsilbe, aber *fæghin* [nicht -*en*] 'froh' mit kurzer wurzelsilbe); nichts desto weniger hat er *sonen* (best. form zu *sŏn* 'sohn'), *væghen* (best. form zu *vǣgh* 'weg') etc. mit -*en* [nicht -*in*]. Also trugen zweisilbige artikulierte formen auf der ultima nicht starken levis sondern levissimus (Kock: Fsv. lj. II, 288). — Dass im aschw. *innarsta* 'die innerste' levissimus auf der paenultima, levior auf der ultima lag, geht aus nschw. *innersta* mit der entwickelung *a* > *e* in der paenultima, aber erhaltenem *a* in der ultima hervor (159, 169).

217. Ausnahmen von der aufgestellten regel machen die artikulierten formen vom typus gen. sg. *syndinnar* 'der sünde', dat. sg. *syndinne* 'der sünde' (vgl. 103), d. h. artiku-

lierte dreisilbige formen, in denen der angefügte artikel zweisilbig ist und positionslange paenultima hat. Diese formen hatten im aschw. starken levis auf der paenultima, levissimus auf der ultima. Die genannte acc. geht aus folgendem hervor. Schon im ältesten aschw. (in dem Upplandslag) geht das auslautende -*ʀ* verloren z. b. im gen. sg. *sōkninnæ* (zu *sōkn* 'kirchspiel', isl. *sōkn*) im gegensatz z. b. zu gen. sg. *sømdær* (zu *sømd* 'ehre'; isl. *sømd*, gen. *sømdar*) mit schwachem levis auf der ultima in der rspr. In der sprache der reformationszeit ist der aschw. gen. *syndinna(r)* zu *syndennes* mit der entwickelung *a* > *e* in der ultima geworden; die ultima trug also im aschw. nicht levis oder levior (172, 170). Im textcodex des Östgötalag gebraucht (Tamm: Uppsalastudier, s. 27) dat. sg. vom typus *sakinne* 'der sache', *bōtinne* 'dem strafgelde' -*e* (nicht -*i*) in der ultima, obwohl *aruani* etc. (best. form pl. zu *arui* 'erbe') -*i* hat; auch hieraus geht hervor, dass der levis nicht auf der ultima lag. S. Kock in Sv. landsm. XIII, no. 11, s. 8; XI, no. 8, s. 20 f.

Die musicalische acc. der wörter mit der acc. 1.

218. Die musicalische acc. von wörtern mit der acc. 1 ist in den verschiedenen neunord. sprachen und mundarten so wechselnd, dass über die musicalische acc. solcher wörter in der alten sprache kaum etwas mit bestimmtheit gesagt werden kann. Die schw. rspr. gebraucht nach der Stockholmer aussprache den acutus auf der ersten, den gravis auf der zweiten und dritten silbe z. b. von *huset* 'das haus', *männerna* 'die männer' (16). Die gotländische mundart hat acutus + gravis auf der ersten, gravis auf der oder den folgenden silben, z. b. *baten* 'das boot' (48), der wermländische dialekt von Dalby medius auf der ersten, gravis auf der zweiten, z. b. *bocken* 'der bock' (46). In allen diesen dialekten liegt also die fortissilbe (bez. ein teil derselben) höher als die folgenden silben. Entgegengesetzt verhält es sich mit dem wermländischen Fryksdals-dialekt; dort hat z. b. die paenultima von *jetter* 'ziegen' gravis, die ultima tiefen medius (47). Das norw. weist nach dem östländischen dialekt z. b. in *sol* 'sonne' eine steigung von einer terz oder quart auf;

in *solen* 'die sonne' liegt die ultima eine terz oder quart über dem anfange der paenultima (57). In den dialekten nördlich vom Dovrefjeld hat die fortissilbe in wörtern mit der acc. 1 eine steigung. Nach Verner findet sich im dän. z. b. bei *maler* 'maler' auf der paenultima ein aufsteigendes portament von ungefähr einer quinte, während die ultima denselben niedrigen musicalischen ton hat wie der anfang der paenultima (66).

Vielleicht könnte man, auf das angeführte gestützt, annehmen, dass die fortissilbe in wörtern mit der acc. 1 in der gemeinnord. sprache aufsteigendes portament oder einen combinierten accent, aus einem tieferen und einem höheren ton bestehend, hatte. Hiermit stimmt auch überein, dass im dänischen die stimmbänder bei zunehmender spannung während des ansteigenden portaments momentan geschlossen wurden, wodurch der stoss entwickelt ward; doch war das portament nur in wörtern mit langer (nicht mit kurzer) wurzelsilbe genügend für ein derartiges zusammenklappen. Vgl. Kock: Akc. II, 447 f.

Überführung des fortis auf eine folgende silbe.

219. In den anord. sprachen, besonders aber im westnord., tritt in vielen wörtern mit der lautverbindung ĕ̄, ĭ̄ + gutturaler vocal eine accent- und quantitäts-umstellung ein, so dass der vorangehende palatale vocal consonantische verwendung erhält (i̯), der darauffolgende gutturale vocal aber fortis bekommt und lang wird. Beispiele: isl. *fīandi* > *fiāndi* 'feind'; *sēa* > *siā* 'sehen'; gen. pl. *knēa* > *kniā* 'knie'; dat. pl. *trēom* > *triōm* 'bäumen'. Dagegen ist die ältere lautverbindung stehen geblieben z. b. in isl. *nīu*, *nīundi* 'neun, neunte', *tīu*, *tīundi* 'zehn, zehnte', *sīa* 'sieb', *sīa* 'sieben', *sīa* 'molten metal', *knīa* 'überlegen'. Im aschw. sind die beispiele für die lautentwickelung seltener; doch z. b. dialektisch aschw. *āsyō* (aus *āsēa* 'besichtigung'), *knā* < **kniā* < *knēar* (gen. sg. zu *knǣ* 'knie'; Kock im Ark. nf. VIII, 90 f., vgl. nnorw. *klåstein* neben *kljåstein*, *kljå* < [isl.] *kliā* < *klēa* zu *klē[i]* 'stein zum straffziehen des gewebes'), aber normal *sēa*, *trēa* (gen. pl. zu *trǣ* 'baum') etc. Da im Södermannalag

fea (gen. sg. zu *fǣ* 'vieh'), *feasins* (gen. sg. best. form zu *fǣ*), *sea* 'sehen', [*freadagher* 'freitag'] *þrea* (acc. masc. zu *þrīr* 'drei') im widerspruch zu der gewöhnlichen regel fasst immer den endvocal *a* (nicht *æ*) haben (R. Larsson: Södermannalagens språk I, 65), so steht die erhaltung von *a* wohl im zusammenhang hiermit: der fortis war auf *a* versetzt oder der exspiratorische accent auf dem *a* war wenigstens verstärkt worden.

Eine besondere stellung nimmt in gewisser beziehung das wort für 'feind' ein. Dasselbe hat im isl. (*fīandi* > *fiāndi*) die accentversetzung früher (schon in der ersten hälfte des 11. jhs) als andere wörter eintreten lassen, und in den ostnord. sprachen ist die form *fiǣ'nde* (< *fiāndi*) neben *fī^{1}ande* jüng. *fi^{1}ende* sehr gewöhnlich. Die aschw. acc. *fiǣ'nde* geht aus dem reim *fiænda* : *skænda* (Ivan 562) hervor; noch im 18. jh. *fjende*. Dass andererseits auch die jetzige acc. *fi'ende* im 17. jh. gebraucht wurde, ergibt sich aus der poesie der damaligen zeit. Das ndän. hat *fjénde*, aber im 17. und 18. jh. kam auch *fiende* vor. Das norw. accentuiert *fiende*.

220. Die regel für die quantitäts- und accent-versetzung war die, dass dieselbe in wörtern mit hiatus und der acc. 2, nicht aber in wörtern mit hiatus und der acc. 1 eintrat. Dies hängt damit zusammen, dass die wörter mit der acc. 2 auf der zweiten silbe einen stärkeren accent (levis) trugen als die mit der acc. 1, auf deren zweiter silbe levissimus lag.

Lautgesetzlich hatten wörter mit dem wurzelvocal im hiatus die acc. 1 (125—131). In der alten sprache wurde also *nī^{1}u(ndi)*, *tī^{1}u(ndi)*, *fī^{1}andi* accentuiert, was isl. *nīu(ndi)*, *tīu(ndi)* (nicht **niū(ndi)*, **tiū(ndi)*), aschw. *fīande*, nschw. *fi^{1}ende* ohne quantitäts- und accent-versetzung erklärt. Die wörter mit der acc. 1 im hiatus waren jedoch schon frühzeitig starker analogieeinwirkung von seiten der überwältigenden menge zwei- und mehrsilbiger wörter mit der acc. 2 ausgesetzt und nahmen darum sehr oft auf dem wege der analogie die acc. 2 an. Als z. b. *sē^{1}a* (nach *ne^{2}ma* 'nehmen' etc.) die acc. 2 bekommen hatte, ging *sē^{2}a* in *siā'* über; und als *fi^{1}andi* (nach *dømandi* 'urteilend' etc.) die acc. 2 erhalten hatte, wurde *fī^{2}andi* zu *fiā'ndi* (aschw. *fiǣ'nde* etc.).

Die entwickelung *fī̆ˀàndi* > *fiắ'ndi* trat früher, und auch auf geographisch ausgedehnterem gebiete, ein, als es sonst mit der accent- und quantitätsversetzung der fall war, weil *fīandi* (gleichwie andere part. auf *-andi*) semifortis (nicht nur wie z. b. *sē̆²a* levis) auf der zweiten silbe hatte (354).*

221. Wenn in den westnord. sprachen die accent- und quantitätsversetzung in weit grösserer ausdehnung eingetreten ist, als in den ostnord., so hat dies seinen grund darin, dass wörter mit hiatus in jenen weit häufiger durch analogieeinwirkung die lautgesetzliche acc. 1 gegen die acc. 2 vertauscht haben, als es in diesen der fall war, welche im allgemeinen die acc. der gemeinord. sprache auf ihrem älteren stadium treuer bewahrten.

Dialektisch ist im anorw. in wörtern mit *ū̆*, *ō̆* + *a* eine ähnliche accent- und quantitätsversetzung eingetreten, z. b. *brūar* (gen. sg., nom. acc. pl. zu *brū* 'brücke') > **bruār* > *brār*, *mōar* (nom. pl. zu *mōr* 'heideland') > **moār* > *mār*.

Betreffs der versetzung des fortis auf die zweite silbe in kurzsilbigen wörtern siehe 210.

Siehe über die versetzung des fortis Kock: Fsv. ljudl. II, 368, anm., Akc. II, 312 ff., im Ark. nf. I, 383 f., VIII, 91, X, 219 ff., Bugge in Btr. XV, 394 ff.

Die einsilbigkeits- und zweisilbigkeitsaccentuierung und die nordische ursprache.

222. Bei einer untersuchung des verhältnisses zwischen der einsilbigkeits- und zweisilbigkeitsaccentuierung und der nordischen ursprache hat man besonders zu beachten, dass in den nnord. dialekten äusserst häufig zweigipflige exspiratorische und combinierte musicalische accente durch den verlust einer

---

*) Der unumgelautete plural isl. *fiāndr* hat vom sg. *fiāndi iā* bekommen (vgl. Bugge in Btr. XV, 399, anm. 1), weil nach der lautgesetzlichen entwickelung **fía'ndiʀ* > **fiè'ndr* > ** fiē'ndr* > **fēndr* die verschiedenheit zwischen **fēndr* und sg. *fiāndi* zu gross erschien. Die ansicht Noreens (Aisl. gramm.² nachtrag zu § 51, 2b, § 64) ist nicht richtig; es liegt nämlich kein grund vor anzunehmen, dass **fīandiʀ* auf der zweiten silbe infortis hatte, da **būandiʀ* > *būendr* etc. semifortis trugen und darum umlaut bekamen.

relativ unaccentuierten silbe entstanden sind. Die exspiratorischen und musicalischen accente der verloren gegangenen silbe sind auf die nächstvorhergehende silbe zurückgeworfen worden und haben sich dort mit dem auf derselben bereits ruhenden exspiratorischen und musicalischen accente vereinigt. Mehrere beispiele hierfür sind schon oben 46—48, 59, 70 angeführt worden.

Diese erscheinung begegnet uns z. b. in Södra Möre (südöstl. Småland), auf Öland, Gotland, Södertörn; in Wermland, Dalekarlien, Jämtland, Westerbotten, Norrbotten. Auch in norw. und dän. mundarten findet sie sich wieder. Übrigens ist sie jetzt auch aus modernen und älteren sprachen ausserhalb des Nordens wohl bekannt, und man nimmt mit vollem rechte an, dass der circumflex (der schleifende ton) der idg. ursprache (teilweise) in derselben art und weise entstanden sei, d. h. durch zurückwerfen des accentes auf eine vorhergehende silbe bei silbenverlust. Siehe Kock in Btr. XV, 263 anm. 1 und ausführlich Hirt, IF. I, 1 ff., Indog. akz. 99 ff.

Die zweigipfligen exspiratorischen und die combinierten musicalischen accente der gemeinnord. sprache sind nach demselben principe zu erklären.

Die accentuierung 1.

223. Wörter, welche in den anord. litteratursprachen lautgesetzlich die acc. 1 bekamen, hatten durch syncope einen in urnord. zeit direkt hinter der wurzelsilbe stehenden mit levissimus accentuierten kurzen vocal verloren, z. b. isl. *īss*, aschw. *īs* (urnord. **īsaʀ*) 'eis', isl. *steinn*, aschw. *stēn* (urnord. **stainăʀ* 'stein'), isl. aschw. *sār* (urnord. **saira*) 'wunde', isl. *vē*, aschw. *vǣ* (urnord. **wīhă*) 'geweihte stätte', isl. *dag*, aschw. *dagh* (acc. sg., urnord. **daʒă*) 'tag'; isl. *fǣri*, aschw. *fǣre* (urnord. **fawiʀa*, compar. zu *fār* 'wenig'), isl. *lengri*, aschw. *længre*, (urnord. **langiʀa*) 'länger', isl. *betri*, aschw. *bætre* (urnord. **bătiʀa*) 'besser', isl. aschw. *dømdir* (nom. pl. masc. zu pass. part. *dømdr*; urnord. **dōmiðai*) 'verurteilte'; isl. *dømda* (1. sg. praet. zu *døma*; urnord. **dōmiðō*) 'verurteilte', *fārar*, *fāri*, *fāra* (gen. dat. sg. fem. sowie gen. pl. von *fār* 'wenig', urnord.

**fawiʀōʀ, *fawiʀai, *fawiʀō), gamlan* (acc. sg. m. von *gamall* 'alt', urnord. **gamalanō*). Vgl. 111—119.

224. Bei dem verluste des vocals der zweiten silbe in den urnord. wörtern wurde dessen exspiratorischer und musicalischer accent auf die erste silbe zurückgeworfen, wenigstens sofern diese lang war und somit einen zweigipfligen exspiratorischen und einen combinierten musicalischen accent unterbringen konnte. Noch heute haben die altertümlichen mundarten in Elfdal in Darlekarlien und auf Fårö diesen zweigipfligen fortis in einsilbigen wörtern, z. b. elfd. *ais* 'eis' (215). Wenn in gewissen modernen sprachen und mundarten wörter wie *is* etc. ein bedeutendes musicalisches portament tragen, so ist es möglich, dass diese musicalischen töne in urnord. zeit auf die erste und zweite silbe von **īsaʀ* verteilt waren.

Übrigens ist es keineswegs ausgeschlossen, dass die zweite silbe des zweisilbigen **īsaʀ* und die zweite silbe des dreisilbigen **langiʀa* nicht denselben musicalischen accent hatten. In diesem falle müssen *īss* und *lengri* nach der syncopierung verschiedenen musicalischen accent auf der wurzelsilbe bekommen haben, und die verschiedene musicalische acc. von wörtern mit der acc. 1 in den verschiedenen nordischen dialekten kann z. t. in der weise entstanden sein, dass in gewissen (und wohl den meisten) dialekten die musicalische acc. von *īss* in allen mit acc. 1 versehenen wörtern durchgeführt worden ist, in andern mundarten dagegen die musicalische acc. von *lengri*.

225. Wenn auf einer silbe mit kurz. vocal + kurz. conson. ein zweigipfliger exspiratorischer und ein combinierter musicalischer accent keinen platz hatte, so blieb der exspiratorische accent eingipflig und der musicalische einfach auch nach dem verlust der ultima z. b. in **daʒa* > *dag* 'tag' (215).

226. Es hatte übrigens in urnord. zeit der vocal der zweiten silbe stärkeren accent nach kurzer wurzelsilbe (z. b. nom. pl. **þumalōʀ* von isl. *þumall* 'daumen', **taliðai*, part. von isl. *telia* 'zählen', **saðulōʀ* von isl. *sǫþull* 'sattel'), als nach langer wurzelsilbe (z. b. nom. pl. **aftanōʀ* von isl. *aptann* 'abend', **dōmiðai* von isl. *dœma* 'urteilen', **axulōʀ* von isl. *ǫxull* 'achse').

Dies geht nämlich aus den *i*-umlautsverhältnissen in den nordischen literatursprachen hervor. Der ältere *i*-umlaut (der durch den verlust eines folgenden vocals bewirkt wurde) ist nämlich nur in wörtern mit langer wurzelsilbe eingetreten (z. b. **dōmiðai* > isl. *dømdir*), nicht in wörtern mit kurzer wurzelsilbe (z. b. **tăliðai* > isl. *talþir*), und dies kommt daher, dass das *i* in **dōmiðai* > *dømdi(r)* schon während der älteren *i*-umlautsperiode verloren ging, während das verhältnismässig stärker accentuierte *i* in **tăliðai* > *talþi(r)* einstweilen erhalten blieb und erst nach dem ende der älteren *i*-umlautsperiode wegfiel. Vgl. in gewisser beziehung mit der verschiedenen acc. der zweiten silbe in **dōmiðai* und **tăliðai* in urnord. zeit die gemeinnord. acc. von wörtern mit der acc. 2 : *brinna* 'brennen' mit langer wurzelsilbe hatte schwachen levis, aber *lĭfa* 'leben' mit kurzer wurzelsilbe starken levis auf der ultima. Siehe Kock im Ark. IV, 141 ff. = Beitr. XIV, 53 ff.

Ausserdem gingen die endvocale *a*, *i*, *u* nicht gleichzeitig verloren, sondern, wie bekannt, erst *a*, dann *i* und zuletzt *u*.

227. Hieraus geht also hervor, dass sich die durch die vocalsyncopierung bedingte gemeinnord. accentuierung in verschiedenen wortgruppen mit gemeinnord. acc. 1 zu etwas verschiedener zeit entwickelte, und zwar in folgender reihenfolge: **aftanōʀ* > *aptnar*, **þumalōʀ* > *þumlar*, **dōmiðai* > *dømdir*, **taliðai* > *talþir*, **axulōʀ* > *ǫxlar*, **saðulōʀ* > *sǫþlar*.

228. Nachdem die in urnord. zeit dreisilbigen wörter mit der acc. 1 und mit einer mit nebenaccent versehenen ultima syncopiert worden waren (**langiʀa*, **bătiʀa* > *lengri*, *betri*), wurde nach einiger zeit ihr nebenaccent zum levissimus reduciert (aschw. *længre*, *bætre*, nschw. *längre* 'länger', *bättre* 'besser').

229. Die einsilbler der urnord. zeit (z. b. **wait*, *nam*) haben in früher gemeinnord. periode dieselbe acc. angenommen, welche die damals einsilbigen wörter vom typus *īss* (< urnord. **īsaʀ*), *dag* (< urnord. **daʒa*) anwendeten.

Ein teil der in urnord. zeit einsilbigen wörter waren in gemeingerm. zeit durch den verlust eines endungsvocals einsilbig geworden, z. b. **wait* (formell. praet. zu isl. *vita* 'wissen'; vgl. gr. *Ϝοῖδα*, sskr. *vēda*); *nam* (praet. zu isl. *nema* 'nehmen'; vgl. urnord. *unnam* Reidstad-inschr.). Beim verlust des endungsvocals in gemeingerm. zeit muss die wurzelsilbe in solchen wörtern, wenigstens wenn sie lang war, zweigipfligen exspiratorischen und combinierten musicalischen accent bekommen haben, woraus jedoch nicht notwendig folgt, dass die acc. der wörter mit der gemeinnord. acc. von *īss* (< urnord. **īsaʀ*), *dag* (< urnord. **daʒa*) identisch war, da der vocalverlust in den verschiedenen wortgruppen zu sehr verschiedener zeit eingetreten ist.

Ein andrer teil der in urnord. zeit einsilbigen wörter, war schon seit idg. zeit einsilbig gewesen. Gewisse von diesen hatten schon in idg. zeit eingipfligen fortis, z. b. *þū* (vgl. sskr. *tú*, gr. dor. *τύ*) 'du'; in anderen wurde in idg. zeit zweigipfliger fortis (circumflex) gebraucht, z. b. acc. sg. isl. *kū*, aschw. *kō* (vgl. sskr. *gā́m*, gr. *βῶν*) 'kuh'. Auch wenn z. b. das gemeinnord. *kū*, *kō* noch den zweigipfligen idg. accent hatte, so war die acc. doch ganz sicher eine andere, als die des gemeinnord. *īss* (< **īsaʀ*).

Die überwältigende analogieeinwirkung von seiten der zahlreichen gruppen von wörtern, welche in später urnord. zeit einsilbig wurden (*īss* < **īsaʀ*, *dag* < **daʒa* etc.), veranlasste indessen, dass die verhältnismässig wenigen wörter, die seit alters einsilbig waren, die acc. jener annahmen, sofern die acc. der wortgruppen nicht schon vorher dieselbe war; vgl. dass in modernen dialekten ein combinierter musicalischer accent der einen art auf dem wege der analogie mit einem combinierten musicalischen accent anderer art vertauscht werden kann (47).

Die accentuierung 2.

230. Wörter, die in den anord. literatursprachen die acc. 2 anwendeten (part. *heitinn* 'geheissen', nom. pl. *vindar* 'winde' etc.) haben in gemeinnord. zeit unmittelbar nach der wurzelsilbe keinen vocal verloren und trugen schon im urnordischen einen nebenaccent auf dieser zweiten silbe. Charakteristisch für die mehrzahl dieser wörter ist der umstand, dass sie **entweder** in gemeingerm. bez. urnord. zeit einen vocal in der dritten silbe verloren haben, wodurch die zweite silbe zweigipfligen exspiratorischen und combinierten musicalischen accent bekam, **oder** dass die zweite silbe schon in idg. zeit den circumflex (zweigipfligen exspiratorischen und combinierten musicalischen accent) hatte.

231. Beispiele für (isl.) formen, die in gemeingerm. bez. urnord. zeit den vocal der dritten silbe verloren haben:

nom. sg. masc. des part. pass. *heitinn* 'geheissen' < urnord. *haitinaR*, *bundinn* 'gebunden' < urnord. **bundanaR* (Kock in Beitr. XXIII, 484 ff.) — gen. sg. fem. des part. pass. *bundinnar* < urgerm. **bundonizōz* (vgl. ib.) — nom. acc. sg. neutr. des part. pass. *bundit* : got. *bundanata* (vgl. ib.) — dat. pl. *dǫgum* 'tagen' < urgerm. **đaʒomiz* — dat. pl. *giorþum* 'gurten' < urgerm. **ʒerđōmiz* — nom. pl. *gestir* 'gäste' (got. *gasteis*) < urgerm. **ʒastiįiz*; *tīþir* 'zeiten' < urgerm. **tīđiįiz* — nom. pl. *synir* 'söhne' (got. *sunjus*) < urgerm. **suniwiz* — dat. pl. *sunum* 'söhnen' < urgerm. **sunumiz* — dat. pl. *fōtum* 'füssen' < urgerm. **fōtumiz* — acc. sg. *hana* 'hahn' < urgerm. **χanonun* — gen. sg. *hana* 'hahnes' < urgerm. **χanoniz* oder **χanonoz* — dat. (eigentl. loc.) sg. *hana* < urgerm. **χanoni* — acc. (eigentl. nom.) pl. *hana* < urgerm. **χanoniz* — nom. acc. pl. aschw. *øron* 'ohren' (isl. *eyru*) : got. *ausōna* (vgl. Kock in Beitr. XV, 244 ff.) — 1. pl. praes. *bindum* 'binden' < urgerm. **ƀindomiz* — 2. pl. praes. *bindiþ* < urgerm. **ƀindiđi* — 3. pl. praes. *binda* < urgerm. **ƀindondi* (vgl. Kock in Ark. nf. X, 232 f.) — 2. sg. praes. *søkir* 'suchst' (got. *sōkeis*) < urgerm. **sōkīzi* — infin. *bera* 'tragen' < idg. **bheronom* — adverbien auf *-an* (isl. *ūtan* 'von aussen her' : got. *ūtana* etc.).

Der umstand, dass in den oben angeführten und ähnlichen wörtern die dritte (nicht die zweite) silbe verloren geht, zeigt dass die zweite silbe einen nebenaccent hatte.

232. Beispiele für (isl.) formen, deren zweite silbe in idg. zeit circumflex hatte:

nom. pl. *vindar* 'winde' (got. *windōs*) < idg. *-ōs* — gen. pl. *vinda* < idg. *-ōm̃* — gen. sg. *giarþar* zu *giorþ* 'gurt' (got. *gairdōs*) < idg. *-ās* — nom. pl. *giarþar* (got. *gairdōs*) < idg. *-ās* — gen. pl. *giarþa* (got. *gairdō*) < idg. *-ōm̃* — acc. pl.

giarþar (got. *gairdōs*) < idg. *-ās, -ans* -- gen. pl. *gesta* 'gäste' < idg. *-ịōm̃* — gen. sg. *sonar* 'sohnes' (got. *sunaus*) < idg. *-oũs* — gen. pl. *feþra* 'väter'; vgl. idg. **pətrōm̃* — gen. pl. *hiartna* 'herzen' < idg. *-ōm̃*. Der conj. praes. hatte circumflex auf der zweiten silbe, z. b. *bindir*, *bindi* etc. zu *binda* 'binden' (got. *bindais*, *bindai* etc.), Streitberg: Urgerm. gr. s. 344. Vgl. ib. s. 225 ff. betreffs der angeführten idg. endungen.

233. Als z. b. **sōkīzi* zu urnord. **sōkīʀ* wurde, bekam die zweite silbe von **sōkīʀ* die exspiratorischen und musicalischen accente, die vorher auf die zweite und dritte silbe von **sōkīzi* verteilt gewesen waren; die ultima von **sōkīʀ* erhielt also zweigipfligen exspiratorischen und combinierten musicalischen accent (vgl. hiermit, dass im Fryksdalsdialekt in Wermland z. b. *gossana* (*gossarna*) 'die knaben' zu *gossān* mit langer ultima, accentuiert mit gravis + tiefem medius, geworden ist; beide accente waren früher auf die zweite und dritte silbe von *gossana* verteilt (47)). Die sache war dieselbe, wenn die zweite silbe vor dem vocalverlust der dritten silbe kurz war; durch das zurückwerfen der accente wurde nämlich die zweite silbe teilweise oder vollständig verlängert, z. b. **bindomiz*, **faromiz* > **bindōm*, **farōm* (später isl. *bindum*, *fǫrum*).

234. Durch die untersuchungen von Bezzenberger in BB. VII, 66 ff., Fr. Hansen in KZ. XXVII, 612 ff., Hirt in IF. I. ff., Idg. akz. 99 ff., Streitberg: Urgerm. gramm. ist gezeigt worden, dass die beiden idg. accente 'gestossener ton' und 'schleifender ton' (circumflex), welche im sskr. und griechischen vorliegen, im littauischen noch immer weiterleben, sowie dass dieselben einen wesentlichen einfluss auf die vocalisation der endungen in den germ. sprachen ausgeübt haben. Dass dies wirklich der fall gewesen ist, dürfte kaum zu bezweifeln sein, wenn auch in vielen einzelnen fällen über die richtige auffassung grosser zweifel herrschen kann.

Obwohl man sich hier natürlich auf einem unsicheren gebiete bewegt, so dürfte man doch zu der vermutung berechtigt sein, dass zweisilbige urnord. wörter (**windōʀ* 'winde' etc.), deren zweite lange silbe in idg. zeit 'schleifenden ton' hatte, noch während der urnord. periode zweigipfligen exspiratorischen und combinierten musicalischen accent auf der zweiten silbe hatten.

235. Wenn die letztere vermutung richtig ist, hatten also wörter, die in den nord. literatursprachen die acc. 2 bekommen, zum grössten teil in (spät.) urnord. zeit die zweite silbe lang mit zweigipfligem exspiratorischem und combiniertem musicalischem accent, z. b. **bindōm*, **fărōm*; **windōʀ*, **dăȝōʀ*. Die ultima hatte nebenaccent (levis), der übrigens in den kurzsilbigen wörtern: **fărōm*, **dăȝōʀ* jüng. *dagāʀ* stärker (starker levis) war als in den langsilbigen **bindōm*, **windōʀ* jüng. *vindaʀ* (schwacher levis).

In silben mit schwachem levis (d. h. in langsilbigen wörtern) wurde die zweite silbe (in **bindōm*, **windōʀ* oder **windāʀ*) verkürzt, und ihr erster exspirationsstoss und der erste teil ihres combinierten musicalischen accentes gingen dabei wahrscheinlich auf die paenultima über. Diese bekam dadurch zweigipfligen exspiratorischen und combinierten musicalischen accent, d. h. die oben beschriebene acc., welche *bindom bindum*, *vindar* der nord. literatursprachen aufweisen, und welche hierdurch eine befriedigende erklärung findet.

236. In silben mit starkem levis (d. h. in kurzsilbigen wörtern) behielt dagegen die zweite silbe bis auf weiteres ihre länge (in **fărōm fărūm*, **dăȝōʀ dăgāʀ*), und da deshalb von der zweiten silbe kein accent auf die erste zurückgeworfen wurde, so behielt diese ihren eingipfligen exspiratorischen und einfachen musicalischen accent, d. h. in der hauptsache die oben beschriebene accentuierung von *fărŭm*, *dăgăr* in den literatursprachen. Wie oben gezeigt wurde, konnten jedoch die ursprünglichen langen endungsvocale in **dăȝōʀ*, *dăgāʀ* 'tage', **sŭnīʀ* 'söhne' etc. auf die dauer nicht durch den starken levis bewahrt werden, sondern wurden in einer späteren periode (aber vor der jüngeren *i*-umlautsperiode) halblang: *dăgăʀ*, **sŭnĭʀ*, weshalb **sunĭʀ* zu *sy̆nĭr* *i*-umgelautet wurde.

237. An die accentuierung der hier behandelten wörter schlossen sich solche nicht zahlreiche wörter an, die in urnord. bez. gemeingerm. zeit auf der zweiten silbe nebenaccent

hatten, ohne dass dieser zweigipflig war; solche sind z. b. acc. sg. fem. von adj. *gōþa* 'gute', *spăka* 'weise' (< idg. *-ām* mit gestossenem ton), nom. sg. *tīmi* 'zeit', *spĭni* 'zitze' (< idg. *-ēn*, mit gestossenem ton, falls Streitbergs ansicht Urg. gr. s. 253 richtig ist), *mōþir* 'mutter', *faþir* 'vater' (< idg. *-ēr* mit gestossenem ton). Die langsilbigen (z. b. *tīmi*) bekamen dieselbe acc., welche die langsilbigen (acc. *tīma* etc.) hatten; die kurzsilbigen (z. b. *spini*) nahmen dieselbe an, welche bei den kurzsilblern herrschte.

Diese hier dargestellte gemeinnord. acc. ist es gewesen, welche die vocalbalance *spĭnī̆ : tīmĕ*, *gătū̆ : gātŏ*, *lĭwă : brinnă* (*lĭwā̆ : brinnæ̆*) hervorgerufen hat.

238. Es ist möglich, dass der mit dem levis vereinte hohe ton (z. b. auf der zweiten silbe von *vindar*) durch den schon vorher auf derselben silbe ruhenden nebenaccent levis hervorgerufen wurde, da es lautphysiologisch leicht einzusehen ist, dass sich ein musicalisch höherer ton gern mit einem relativ starken exspiratorischen accent verbindet.

239. Ein jedoch nicht sicherer versuch, die beiden nordischen acc.-systeme (die acc. 1 und die acc. 2) in eine historische verbindung mit dem gestossenen und schleifenden ton der ursprache zu bringen, ist von mir im Ark. nf. III, 363—9 dargelegt worden.

In der Encyclopaedia Britannica XXI, 372 = De nord. språken s. 37 (vgl. auch GgPh I[1], 458; I[2], 567) meint Noreen, dass die moderne schwedische acc. so entstanden sei, dass der levis und der musicalisch hohe ton der ultima in den wörtern mit der acc. 2 (*timme* 'stunde' etc.) ein überbleibsel aus der zeit seien, als der idg. hauptton auf der endung dieser wörter lag; die nord. wörter mit der acc. 1 sollen aber nach ihm den idg. wörtern mit dem hauptton auf der wurzelsilbe entsprechen. Dies ist ganz gewiss unrichtig. Das einzige, was hierfür angeführt werden kann, ist der umstand, dass dadurch der hohe musicalische ton auf der ultima von *timme* etc. erklärt wird. Da aber sowohl in der norw. rspr. als auch in verschiedenen gegenden Schwedens auch wörter mit der acc. 1 (*dagen* 'der tag', *bönder* 'bauern' etc.) musicalisch hohen ton auf der ultima haben, so zeigt dies, dass ein solcher in den nord. sprachen auf der endung auch in *timme* etc. mit der acc. 2 spontan entstanden sein kann. Gegen Noreens hypothese spricht entschieden, dass die wörter mit der acc. 2 in den nordischen sprachen die majorität bilden, während sich die idg. wörter mit endungsaccentuierung (welche sie repräsentieren sollen) in der minorität befinden. Vgl. Kock in Beitr. XIV, 75 ff.

240. Dagegen ist es durchaus denkbar, dass der starke levis auf kurzsilbigen wörtern mit der acc. 2 (*spĭnĭ* etc.) historisch auf den idg. fortis zurückgeht, von welchem er eine reduktion bildet. Hierfür spricht, dass der fortis in idg. zeit relativ oft auf der endung von wörtern mit kurzer wurzelsilbe und mit schwacher ablautsstufe geruht hat. Vgl. teilweise Kock a. a. o.

241. Über das verhältnis zwischen der acc. 1 und acc. 2 sowie der nord. ursprache vgl. teilweise Karl Verner im AfdA. VII, 11 ff., ferner Tegnér und Kock bei Kock: Akc. II, 432 ff., Kock: Fsv. lj. II, 340 ff. und besonders Ark. nf. III, 334 ff. (besonders 353—74), X, 222—24.

Resumé der entwickelung der nordischen acc. in simplicia.

242. Es folgt nun eine übersicht über die entwickelung der acc. von der gemeinnord. periode bis auf unsere zeit, zunächst was das schwedische betrifft, doch auch mit kurzen bemerkungen über die acc.-entwickelung in den andern nord. sprachen. Vgl. Kock im Ark. nf. III, 373 f., X, 222 f., Fsv. lj. II, 348 ff., 359 ff.

I. Die gemeinnord. accentuierung.

1. Wörter mit der acc. 1.

243. Wörter, die in späterer urnord. zeit den mit levissimus accentuierten vocal der zweiten silbe verloren, hatten in der gemeinnord. sprache die acc. 1, z. b. *steinn* (urnord. **stainăʀ*) 'stein', *vē** (< urnord. **wīha* 'geweihte

* Im Ark. nf. III, 334 ff. habe ich gelegenheit gehabt zu zeigen, dass die ansicht Noreens in GgPh. I[1], 457 § 52 I anm. a.; s. 463 § 77 und Ark. nf. II, 319 ff., nach welcher *vē* (< **wīha*) im gegensatz zu *steinn* (< **stainaʀ*) etc. 'stark geschnittenen accent' gehabt haben sollte, falsch ist. Noreen scheint jetzt diese seine ansicht selbst aufgegeben zu haben.

stätte'), *dag* (acc., < urnord. **daʒa* 'tag'), *lengri* (< urnord. **langiʀa* 'länger'), *dømdir* (nom. pl. masc. von part. *dømdr*; < urnord. **dōmiðai* 'verurteilte'). Vgl. 86 ff., 111 ff., 119, 223 ff.

a) Zweigipfliger fortis lag auf langer wurzelsilbe (d. h. hier: auf einer silbe mit langem vocal bez. diphthong oder mit kurzem vocal + langem [bez. zwei] consonanten), z. b. *steinn*, *lengri*. Dieser zweigipflige fortis war entstanden durch die vereinigung des fortis der wurzelsilbe mit dem exspiratorischen accente, der in urnord. zeit auf dem hinter der wurzelsilbe verlorenen vocale geruht hatte (224).

b) Eingipfliger fortis wurde wahrscheinlich auf der wurzelsilbe von wörtern mit kurzer wurzelsilbe (d. h. hier: mit einer silbe mit kurzem vocal + kurzem consonanten) angewendet, z. b. *dag* 'tag'; möglicherweise war jedoch auch dieser accent zweigipflig (225).

Über die musicalische acc. der wurzelsilbe in gemeinnord. zeit kann nichts sicheres festgestellt werden; vgl. 218.

244. Wörter, die schon in gemeingerm. zeit einsilbig geworden waren (z. b. prät. *veit* 'weiss', *nam* 'nahm') und wörter die schon seit idg. zeit einsilbig waren (z. b. acc. *kū* 'kuh', pron. *þū* 'du') nahmen auf dem wege der analogie die accentuierung an, die *steinn* 'stein', *dag* 'tag' hatten, nachdem diese einsilbig geworden waren, und zwar unabhängig davon, ob die von alters her schon einsilbigen wörter zweigipfligen exspiratorischen und combinierten musicalischen accent hatten; vgl. 229.

2. Wörter mit der acc. 2.

245. Wörter, die in späterer urnord. zeit in der zweiten silbe einen langen mit nebenaccent (levis) ausgesprochenen vocal hatten, besassen in der gemeinnord. sprache die acc. 2. Die mehrzahl dieser wörter hatte

entweder in gemeingerm. bez. urnord. zeit einen vocal in der dritten silbe verloren, wodurch die zweite silbe zweigipfligen exspiratorischen und combinierten musicalischen accent bekommen hatte und verlängert worden war, falls sie nicht schon lang war, z. b. urnord. **bindōm* (< urgerm.

**bindomiz*) '[wir] binden', **fărōm* (< urgerm. **făromiz*) '[wir] fahren'; **sōkīʀ* (< urgerm. **sōkīzi*) 'suchst' (231);

oder sie hatte auf der langen zweiten silbe schon seit idg. zeit den circumflex, z. b. nom. pl. der masc. *a*-stämme urnord. **windōʀ* 'winde', **dăʒōʀ* 'tage' (232).

Der nebenaccent war stärker in den kurzsilbigen (starker levis) als in den langsilbigen wörtern (schwacher levis); darum wurde die lange zweite silbe in den langsilbigen wörtern reduciert, wobei ihr erster exspirationsstoss auf die wurzelsilbe überging; die lange zweite silbe blieb aber bis auf weiteres in den kurzsilbigen wörtern stehen, und wurde erst später halblang. Vgl. 235, 236.

246. Man bekam also

a. Zweigipfligen fortis auf langer wurzelsilbe; zweite silbe kurz mit schwachem levis, z. b. 1. pl. *bindum* 'wir binden', nom. pl. *vindar* 'winde'. (Infolge seiner verschiedenen entstehung dürfte dieser zweigipflige fortis teilweise anderer art gewesen sein, als der zweigipflige fortis z. b. in *steinn* 'stein'). Wörter wie *bindum*, *vindar* dürften auf der paenultima die musicalischen accente medius + gravis, auf der ultima den acutus gehabt haben; vgl. 203, 212.

Dreisilbige langsilbler (z. b. aschw. *smæltari* 'schmelzer') hatten (teilweise auf dem wege der analogie; vgl. 237) dieselbe acc. auf der ersten und zweiten silbe bekommen wie die zweisilbler; auf der dritten silbe trug *smæltari* levissimus und einen unbestimmbaren musicalischen accent (203, 214).

b. Eingipfligen fortis auf kurzer wurzelsilbe, die zweite silbe halblang mit starkem levis, z. b. *fărŭm* '[wir] fahren', *dăgăr* 'tage'. Der einst zweigipflige accent auf der damals noch langen zweiten silbe war sehr früh eingipflig und die silbe halblang geworden. Solche wörter dürften den musicalischen accent medius auf der ersten, gravis + acutus auf der zweiten silbe — als diese noch lang war — später nur gravis, getragen haben. Vgl. 195 ff., 203 ff., 213.

Dreisilbige kurzsilbler (z. b. aschw. *kŏlări* 'köhler' hatten (teilweise auf dem wege der analogie; siehe 237) auf der ersten und zweiten silbe dieselbe exspiratorische acc. bekommen, wie die zweisilbigen; auf der dritten silbe hatte *kǒlǎri* den levissimus. Über seine musicalische acc. siehe 214.

II. Diese gemeinnordische acc. entwickelte sich auf folgende weise:

1. Wörter mit der acc. 1.

247. 1. Der zweigipflige fortis auf der wurzelsilbe zwei- und mehrsilbiger wörter ist schon frühzeitig lautgesetzlich eingipflig geworden. Dies scheint schon in gemeinnord. zeit vor langem consonanten sowie vor (gewissen) consonantenverbindungen geschehen zu sein, wonach ein langer vocal sowie der diphthong *æi* (*ei*) mit eingipfligem fortis in solcher stellung verkürzt bez. zu *æ* (*e*) wurde. Hierdurch erklären sich die quantitätsverhältnisse in isl. *gott* (von *gōþr*) 'gut' mit der acc. 1 im gegensatz zu isl. *ōtta* 'frühe', *dōttir* 'tochter' etc. mit der acc. 2; nschw. *nǎtt* 'nacht' (< *nātt*, isl. *nǫ́tt*), *fǎtt* (in dem ausdrucke *huru är det fatt?* 'was ist's' etc. < *fātt*, part. pass. zu *fā* 'bekommen', Kock in Från Filologiska föreningen i Lund s. 3 ff.) mit der acc. 1 und frühzeitig verkürztem *ā*-laut im gegensatz zu nschw. *åtta* 'acht' (< *ātta*), praet. ält. nschw. *åtte* 'besass' mit der acc. 2 (< *ātte*), isl. *mǐnn mǐtt* 'mein', *þǐnn þǐtt* 'dein', *sǐnn sǐtt* 'sein' (< **mīnn* etc.), *hǎnn* 'er' (< **hānn*; vgl. acc. f. *hāna*); ferner der übergang *ei* > *e* in isl. *flestr* (< **fleistr*, superl. zu *margr* 'viel'), *mestr* '(der) meiste', *eldr* 'feuer' (< **eildr*), *flesk* 'speck' (< **fleisk*) sowie in *engi* 'niemand' (< *eingi* < **einn-gi*), *ekki* 'nichts' (< *eitki* < **eitt-gi*), *nekkverr* 'jemand' (< **ne-weit'k-hwerr*) mit der acc. 1 nach 102; dagegen *eista* 'hode', *beiskir* (nom. pl. m. zu *beiskr* 'bitter') etc. mit der acc. 2. Kock in Ark. nf. III, 372 anm., IV, 270 anm.; vgl. 117.

2. Später ist der zweigipflige fortis in zweisilblern mit langem vocal (bez. diphthong) + kurzem consonanten eingipflig geworden. Noch das älteste isl. hat nämlich kurzen *r*-laut in formen wie gen. und dat. sg. fem. und gen. pl. *fǭrar*, *fāri*, *fāra* (von *fār* 'wenig') etc. sowie in comparativen wie *fœ́ri*. In der etwas späteren sprache wird aber folgende regel zur verwendung gebracht: 'in zwei- und mehrsilbigen wörtern wird ein intervocalischer kurzer consonant verlängert,

wenn ihm ein langer vocal mit eingipfligem fortis vorangeht und ein vocal mit levissimus auf ihn folgt', und man bekommt *fārrar*, *fārri*, *fārra* und *fǣrri*. Zu dieser zeit hatten also derartige wörter eingipfligen fortis bekommen, und der nebenaccent, der auf der letzten silbe von urnord. compar. **langiʀa* 'länger' etc. geruht hatte, war zu levissimus reduciert worden. In derselben weise wurde der consonant verlängert in isl. juxtapositionen, welche ein einsilbiges wort mit der acc. 1 enthalten, das mit langem vocal + kurzem consonanten schliesst, und auf das eine mit vocal beginnende enclitica folgt, z. b. (*ā-ek-a* >) *āka* > *ākka* 'ich besitze nicht', *ūt-af* > *ūtt-af* 'von'. Auch im aschw. ist dieselbe entwickelung von zweigipfligem zu eingipfligem fortis vor sich gegangen; doch scheint derselbe dort etwas später eingetreten zu sein, da der compar. *fǣre* sich verhältnismässig spät neben dem jüngeren *fǣrre* findet. Siehe das von Kock im Ark. nf. III, 350 dargestellte lautgesetz (vgl. z. t. auch Noreen in GgPh. I^1, 463 § 77, Ark. nf. II, 319 ff., Kock: Akc. I, 61, anm. 2).

3. In den meisten einsilbigen wörtern dürfte der alte zweigipflige fortis länger stehen geblieben sein, doch ging auch er wahrscheinlich in den meisten gegenden recht früh in eingipfligen fortis über. Nur in den altertümlichen dialekten von Elfdal in Dalekarlien und von Fårö bei Gotland lebt der zweigipflige fortis noch in einsilbigen wörtern fort (50, 48).

248. Wörter, welche in der eigentlich alten sprache kurzen vocal + kurzen consonanten hatten (z. b. *dag* 'tag', *at* 'dass') verlängerten später entweder den vocal oder den consonanten (*dāgh*, *att*). Diese verlängerung ist in verschiedenen gegenden zu verschiedenen zeiten eingetreten; in gewissen schw. landschaften schon während des 14. jhs. Nach der verlängerung haben derartige wörter dieselbe acc. angenommen, welche die langsilbigen (*stēn* 'stein' etc.) hatten, falls ihre acc. vorher eine verschiedene gewesen war (vgl. 215).

249. Bemerkenswert ist bei vielen wörtern mit der acc. 1, dass sie lautgesetzlich aus ursprünglich einsilbigen zu zweisilbigen wurden, z. b. isl. *eitr* > aschw. *eter* nschw. *etter* 'gift', isl. aschw. *fog(h)l* > nschw. *fågel* 'vogel', isl. aschw. *botn* > nschw. *botten* 'boden, grund' (vgl. 93).

Wenn ein wort mit der acc. 1 (z. b. *hus* 'haus') durch anfügung des bestimmten artikels oder eines andern elementes verlängert wird, so behält es die acc. 1 (*huset*) (102).

Die acc. 1 wird von einer menge lehnwörter angenommen, weil dieselbe von den beiden schw. acc.-systemen der acc. der lehen liefernden sprachen (des deutschen) am ähnlichsten ist. Dasselbe ist im norw. und älteren dän. der fall (133 ff., besonders 136).

Auf dem wege der analogie haben grosse mengen zwei- und mehrsilbiger wörter, die in der älteren sprache die acc. 1 hatten, diese mit der acc. 2 vertauscht, weil letztere der mehrzahl zwei- und mehrsilbiger wörter zukam (vgl. besonders 149).

2. Wörter mit der acc. 2.

250. Gleichwie in modernen mundarten sind im aschw. die kurzen wurzelsilben in zwei- und mehrsilbigen wörtern später verlängert worden als in einsilbigen. In jenen ist die verlängerung in der reichssprache während des 15. jhs. durchgeführt worden, was unter anderem daraus hervorgeht, dass die auf den alten quantitätsverhältnissen beruhende vocalbalance *ŭ* : *o*, *ĭ* : *e* noch bis ans ende des 15. jhs. bestand (Kock: Fsv. lj. II, 382 ff.). Nachdem die ursprünglich kurzsilbigen wörter (*spini* 'zitze', *kolare* 'köhler') dieselben quantitätsverhältnisse bekommen, welche die ursprünglich langsilbigen (*tīme* 'stunde', *dōmare* 'richter') hatten, schlossen sie sich auch in ihrer acc. den weit zahlreicheren langsilbigen an. D. h. *spēne* (ält. *spini*), *tīme*, wie auch *kōlare*, *dōmare* hatten während der zweiten hälfte des 15. jhs. auf der ersten silbe zweigipfligen fortis, vereint mit medius + gravis; auf der zweiten silbe schwachen levis, vereint mit acutus; *kōlare*, *dōmare* auf der dritten silbe levissimus, vereint mit einem unbestimmbaren musicalischen accent (vgl. 246, a).

Die zweisilbigen wörter (*spene*, *timme*) haben in der hauptstädtischen sprache noch immer diese acc. bewahrt (19).

251. In den dreisilbigen wörtern (*kōlare*, *dōmare*) hat sich die acc. im stockholmischen so verändert, dass der levis nebst dem acutus sowie auch der nächstvorhergehende exsp. und musicalische accent um eine mora nach dem

ende des wortes zu verschoben wurden. Hierdurch bekam die erste silbe eingipfligen fortis mit medius, die zweite levissimus mit gravis, die dritte levis mit acutus. Diese acc.-entwickelung war mitte des 17. jhs. durchgeführt (176—186).

In mundarten bleibt der levis noch auf der zweiten silbe dreisilbiger wörter erhalten (184).

252. Auch in anderen beziehungen weicht die acc. verschiedener gegenden bedeutend von der hauptstädtischen sprache ab (29 f., 46 ff.). Hier sei nur hervorgehoben, dass sich in manchen gegenden der zweigiflige (incidierte) fortis zum eingipfligen ebenen fortis entwickelt hat (29).

Vor allem unterscheiden sich indess solche mundarten (z. b. der Elfdalsdialekt in Dalekarlien) von der rspr., welche in zweisilbigen wörtern kurze wurzelsilben beibehalten haben (*lĭvå* 'leben'). Die acc. des Elfdalsdialekts von *livå* : *brinna* 'brennen' (50) ist im wesentlichen auf dem standpunkte der alten sprache stehen geblieben (vgl. 203).

253. Aus der oben geschilderten gemeinnord. acc. hat sich auch die heutige norw. acc. (57 ff.) entwickelt, und zwar im wesentlichen parallel der schwed.

Noch bis weit ins mittelalter hinein lebte sicherlich noch, wenigstens in den meisten gegenden, das gemeinnord. acc.-system, das die vocalbalance hervorgerufen hat, fort, und gewisse altertümliche norw. mundarten haben noch heutigen tages in wörtern mit dem alten quantitätsverhältnis kurz. vocal + kurz. consonant den starken levis. In der norw. rspr. dagegen haben die kurzsilbigen wörter lange wurzelsilben bekommen, und der starke levis ist im zusammenhange damit zum schwachen levis geschwächt worden (z. b. *fare* [< *făra* 'fahren'] gleichwie *dele* [< *deila* 'teilen']). Die entwickelung im norw. und schw. harmoniert auch darin, dass der levis, der in dreisilbigen anorw. wörtern mit der acc. 2 auf die zweite silbe fiel (189 f.), nunmehr auf die dritte übergegangen ist, z. b. *pikene* 'die mädchen' (vgl. 58).

254. Während also das eigentliche norw. die acc. der alten sprache relativ treu bewahrt hat, ist dies mit der sprache in Norwegens kolonie-ländern, Island und den Färöer, durchaus

nicht der fall. Da sich in isl. hss. (207) nur schwache spuren von vocalbalance haben nachweisen lassen, so dürfte auf Island mit dem gemeinnord. acc.-system schon früh eine wesentliche veränderung vorgegangen sein. Hiermit harmoniert auch, dass auf Island jetzt ebenfalls die beiden acc.-systeme (die acc. 1 und die acc. 2) zu nur éinem acc.-system zusammengefallen sind (60). Ebenso verhält es sich auf den Färöern (ib.), und die entwickelung im färörischen dürfte im wesentlichen parallel dem isländischen vor sich gegangen sein.

255. Im dän. hat die gemeinnord. acc. eine ganz andere entwickelung bekommen als im schw. und norw. Da man in adän. urkunden keine spuren von vocalbalance hat nachweisen können, so ist das gemeinnord. acc.-system, welches die vocalbalance hervorgerufen hat, im adän., wenigstens teilweise, wahrscheinlich schon vor dem niederschreiben der ältesten adän. hss. verloren gegangen. Später hat übrigens die acc. in den meisten adän. landschaften weitere bedeutende veränderungen erfahren.

Nachdem der starke levis (z. b. auf der ultima von *fara* 'fahren') zu schwachem levis (= dem accent auf der ultima z. b. von *dēla* isl. *deila* 'teilen') reduciert worden war, blieb im ostdän. sprachgebiete (in Schonen mit Bornholm, in Halland und Blekinge) der schwache levis stehen. Noch heute unterscheiden sich nämlich die acc. 1 und die acc. 2 in (den nunmehr schw. landschaften) Schonen, Halland und Blekinge nicht wesentlich von diesen acc.-systemen in andern südschw. provinzen, und schwacher levis ist noch immer ein charakteristisches kennzeichen für die acc. 2 (*fara, dela* etc.). — Auch auf Bornholm, dessen dialekt im allgemeinen dem schonischen nahe steht, wo aber heutzutage die acc. 1 und die acc. 2 zu einem gemeinsamen acc.-system zusammengefallen sind, hat man wahrscheinlich lange denselben unterschied zwischen der acc. 1 und der acc. 2 gehabt, welcher sich noch heute im schonischen findet, denn das bornholmische hat noch immer den endungsvocal *a* (z. b. *kasta* 'werfen') in silben, die im schonischen schwachen levis bekommen.

Dagegen wurde sowohl der starke als auch der schwache

levis in den dänischen landschaften westlich vom Sunde (auf Seeland, Fünen und den kleinen inseln, sowie Jütland) bedeutend reduciert. Schon in den ältesten gesetzes-hss. aus diesen gegenden sind nämlich die früheren endungs-vocale *a*, *i*, *u* in silben mit levis im schw. meistenteils zu *æ* geschwächt, z. b. *faræ* (< *fara*), *dēlæ* (< *dela*), und das ndän. hat, wie bekannt, durchgehend, den endvocal ə, z. b. *fare*, *dele*. Heutzutage findet sich in der dän. rspr. kaum mehr ein exspir. unterschied zwischen silben, die in der alten sprache levis, und solchen, die daselbst levissimus hatten (62).

256. Doch wird in den meisten dän. landschaften noch der unterschied zwischen der acc. 1 und der acc. 2 aufrecht erhalten. Während aber diese acc.-systeme z. b. im dialekt von Sundeved (Schleswig) durch verschiedene musicalische töne charakterisiert werden (69), besteht in der dän. rspr. und in den meisten dän. dialekten nunmehr wenigstens die wichtigste verschiedenheit zwischen den beiden acc.-systemen darin, dass wörter mit der acc. 1, aber nicht solche mit der acc. 2 einen stoss auf der wurzelsilbe bekommen haben (62, 65 ff.).

Wir haben eine bestimmte mitteilung darüber, dass der für das heutige dän. so bezeichnende stoss, der von modernen phonetikern mit einem leichten husten verglichen wird, schon um's jahr 1500 angewandt wurde. In seiner 'Oratio contra danos' (vom jahre 1510) äussert nämlich der schwede Heming Gadh von den däuen, dass sie nicht wie andere leute sprechen, 'sondern die worte herausdrücken, als wollten sie husten' (siehe Kock im Ark. nf. III, 367 anm.).

Wahrscheinlich hat sich der stoss während des 14. jhs. entwickelt. Dies ergiebt sich aus folgenden erwägungen. Wenn der stoss in wörtern mit kurzem vocal + kurzem stimmhaftem consonanten in der alten sprache in der regel nicht eingetreten ist (63), jedoch in wörtern mit kurzem vocal + kurzem *m* in der alten sprache zur anwendung kam (*tam* 'zahm', *lem* 'glied' etc., vgl. isl. *tamr*, *limr*), so beruht das darauf, dass *m* in dieser stellung schon um's jahr 1300 verlängert worden ist. Der stoss ist nach der zeit entstanden, wo *tam* zu *tamm* etc. geworden war. Andererseits gehen kurz nach 1350 *gh*, *v* nach vocal in vocale über (*i*, *u*): *logh* > *lou* (jetzt *lov* 'gesetz' geschrieben) etc. Da diese wörter jetzt keinen stoss haben, so dürfte derselbe sich wohl am ehesten vor dieser lautentwickelung herausgebildet haben (denn wenn *lov* etc. schon bei der entstehung des stosses diphthonge (*ou* etc.) gehabt hätten, so würden sie am ehesten den stoss bekommen haben); vgl. Boberg im Ark. nf. VIII, 323; M. Kristensen ib. XI, 54 ff.

Der stoss dürfte (vgl. Verner in Afda. VII, 10 anm.) in der weise entstanden sein, dass beim spannen der stimmbänder, um das rasch steigende portament auf der wurzelsilbe von wörtern mit der acc. 1 (*sten* 'stein' etc.) zu bewirken, dieses spannen so übertrieben wurde, dass die stimmbänder sich momentan schlossen. Anders, aber für mich nicht überzeugend, M. Kristensen im Ark. nf. XI, 53.

257. Während die beiden gemeinnord. acc.-arten (die acc. 1 und die acc. 2) in mehr oder weniger modificierter form in den rsprn Schwedens, Norwegens und Dänemarks, sowie in den meisten dialekten dieser länder noch immer weiterleben, sind sie in verschiedenen ostschw. dialekten, auf Island und den Färöern, auf Bornholm und überhaupt in den südlichsten mundarten Dänemarks, also in den grenzgebieten des nord. sprachenkreises zu nur éiner acc.-art zusammengefallen (siehe ausführlicher 51—53, 60, 69).

IV. Abschnitt.

Die accentuierung der composita während des neunzehnten jahrhunderts.

258. Als allgemeine orientierende bemerkungen sei folgendes vorausgeschickt.

Bei der zusammensetzung von zwei wörtern behält das erste in der regel den alten platz für den fortis, wobei jedoch in gewissen wörtern, besonders einsilbigen (*sten* 'stein') oder vormals einsilbigen (*åker* 'acker', vgl. isl. *akr*) die acc. 1 gegen die acc. 2 ausgetauscht wird, z. b. *ste*^{2}*nhus* 'steinhaus' (: *ste*^{1}*n*), *å*^{2}*kerbruk* 'ackerbau' (: *åker*), *bryggeri*^{2}*-egare* 'brauereibesitzer' (und *bryggeri*^{1}*-egare*; : *bryggeri*^{1}), aber *vö*^{2}*rdnadsvärda* 'verehrungswürdige' (: *vö*^{2}*rdnad*). Wenn das erste comp.-wort nach der fortissilbe eine silbe mit levis hat (*vördnad*), so wird dieser in der zusammensetzung zu levissimus (*vördnadsvärda* mit levissimus auf der zweiten silbe).

259. Bei der zusammensetzung zweier wörter wird in der regel der fortis auf dem zweiten worte in semifortis verwandelt, z. b. *sténhùs* (: *hús*), *vördnadsvärda* (: *värda*).

Was die acc. des zweiten comp.-gliedes im übrigen betrifft, so gelten folgende regeln. Wenn das zweite comp.-glied als simplex die acc. 1 hat, so behalten der levior und der levissimus in der zusammensetzung ihre stellen, z. b. *stenhuset* 'das steinhaus' mit levissimus auf der ultima gleichwie *huset* 'das haus'. Wenn das zweite comp.-glied als simplex die acc. 2 verwendet, so verschwindet der levis, und das zweite comp.-glied bekommt levior und levissimus auf denselben silben, auf denen diese accente geruht haben würden, wenn das wort als simplex die acc. 1 gehabt hätte, z. b. *vördnadsvärda* 'verehrungswürdige' mit levissimus auf der ultima, gleichwie z. b. *hu¹set* (und *ste²nhùset*; und zwar trotz des simplex *vä²rda* mit levis auf der ultima).

Bei der zusammensetzung verschwindet also der levis sowohl im ersten als auch im zweiten comp.-gliede. Einzelregeln unten.

260. Als zusammengesetzte wörter fasse ich 1) wörter, welche sowohl fortis als semifortis bez. zwei fortis-accente anwenden bez. anwenden können (vgl. 34); — 2) wörter, welche, ohne die ebengenannten acc.-verhältnisse zu besitzen, auf grund ihrer form von dem nschw. sprachgefühle als zusammengesetzte aufgefasst werden.

261. Zur ersten gruppe gehört in erster linie die grosse masse von composita, deren zusammensetzungsglieder vollkommen klar sind, z. b. *stenhus*, *sammanställa* 'zusammenstellen'. Ausserdem eine menge wörter mit ableitungssilben mit semifortis, welche in der sprache nicht als selbständige wörter gebraucht werden, bez. deren zusammenhang mit in der sprache gebräuchlichen simplicia für das sprachbewusstsein nicht klar dasteht; z. b. *-bar* (lehen von mnd. *-bar*; vgl. isl. *bera* 'tragen') in *tjänstbar* 'dienstbar' etc. — *-dom* (eigentl. identisch mit subst. *dom* 'urteil') in *ungdom* 'jugend' etc. — *-fald(ig)* (vgl. isl. *faldr* 'falte') in *mångfald(ig)* 'manigfaltig(keit)' etc. — *-het* (lehen von mnd. *-heit*, identisch mit got. *haidus* 'art') in *vishet* 'weisheit' etc. — *-ligen* (ist von aschw. *-līka* ausgegangen unter einwirkung von mnd. *-liken*; vgl. simplex *lik* 'gleich') in *visserligen* 'allerdings' etc. — *-när* (lehen von mnd. *-enere*, *-enēr*, ahd. *-anari*, welches wenigstens teilweise von lat.-rom. *-arius* ausgegangen ist, Tamm: Tyska ändelser i svenskan 35) in *borgenär* 'bürge' etc. — *-sam* (als simplex isl. *samr* 'derselbe') in *hälsosam* 'gesund' etc. — *-skap* (als simplex in isl. *skap* 'form') in *frändskap* 'verwandtschaft' etc.

Manche formelle composita haben als erstes 'comp.'-glied ein element, welches im nschw. nicht als simplex gebraucht wird, z. b. *bernsten* 'bernstein', lehen vom mnd. *bernstēn* (vgl. *bernen* 'brennen'), *olik* 'verschieden' etc. (vgl. aschw. isl. *ō-*, *ū-*, germ. *un-*). Vgl. J. A. A[urén]: Qvantitetslära 21 ff. (Kock: Akc. II, 26 f.).

Manche composita können teils als solche teils als einfache wörter accentuiert werden (vgl. 34); sie stehen auf dem übergange von formell zusammengesetzten wörtern zu formell einfachen (341 ff.).

262. Von wörtern, welche auf grund ihrer form als zusammengesetzte gefasst und darum unten behandelt werden, jedoch nicht formelle composita sind, seien besonders die mit *be-*, *ge-*, *e-* und viele mit *för-* zusammengesetzte genannt, z. b. *betala* 'bezahlen', *gevär* 'gewehr', *ehuru* 'obgleich', *försöka* 'versuchen'.

263. Flektierte formen von composita haben in der regel wesentlich dieselbe acc. wie die unflektierten.

Die lage des fortis in composita während des 19. jhs.

264. Wie die darstellung in einem folgenden abschnitte (394 ff.) darthun wird, hat das ältere schw. (und auch die anord. sprachen überhaupt) in weit grösserer ausdehnung als nschw. (und die modernen nord. literatursprachen überhaupt) den fortis auf dem zweiten comp.-gliede ruhen lassen. Noch während des 17. jhs. war diese acc. in der schw. rspr. recht gewöhnlich. Wie der sachverhalt in dieser hinsicht um das jahr 1800 war, können wir durch das studium des von Erik Wilhelm Weste im jahre 1807 herausgegebenen vortrefflichen schw.-franz. wörterbuchs beurteilen, welches die acc. der wörter gewissenhaft angibt. Weste (geb. 1753) hat einen bohuslänisch-gotenburgischen dialekt, etwas mit stockholmisch durchsetzt, gesprochen. Seine sprache hat den fortis auf dem zweiten comp.-glied noch in viel grösserer ausdehnung als das heutige stockholmisch (unten sth. verkürzt) oder die heutige rspr. überhaupt. Indessen kann man noch immer bisweilen in gewissen gegenden hören, dass auch gebildete personen eine acc. anwenden, die im wesentlichen mit der von Weste gebrauchten übereinstimmt.

Unten ist die lage des fortis in composita in dem heutigen sth. (also nicht in der jetzigen rspr. überhaupt, da in dieser grosses schwanken herrscht) und zugleich die wichtigsten regeln für die lage des fortis in der sprache Westes angegeben. Siehe betr. der ersten frage ausführlicher Kock: Akc. II, 52 ff., betreffs der zweiten ausführlich Akc. II, 202—238.*

265. Die hauptregel für das heutige sth. ist, dass der fortis auf der wurzelsilbe des ersten comp.-gliedes liegt, z. b. *å'kerbruk* 'ackerbau' (vgl. *å'ker*), *bryggerí-bolag* 'brauerei-gesellschaft' (vgl. *bryggerí*).

Dieselbe hauptregel gilt auch für Westes sprache, wie auch für das norw. und dän., z. b. norw. dän. *órdbog* 'wörterbuch', *áftensang* 'nachmittagsgottesdienst'.

266. Von dieser hauptregel gibt es im heutigen sth. verschiedene, in Westes sprache eine grosse menge von ausnahmen.

267. I. Der fortis fällt im sth. bei verschiedenen wörtern auf das zweite comp.-glied, wenn dieses an silbenzahl oder nach der silbenaussprache von grösserer länge als ein normales zweisilbiges simplex ist bez. in später zeit gewesen ist.

268. 1. Einige adjektive auf *-(e)lig* und adverbia auf *-(e)ligen*. *Erbarm(e)lig* 'erbärmlich', *fullkomlig* 'vollkommen', *gudomlig* 'göttlich' u. a. haben gewöhnlich, *allmännelig* 'allgemein' u. a. bisweilen den fortis auf der zweiten silbe. Wörter, die mit *-lig* aschw. *-līker* gebildet sind, hatten in der älteren sprache in dieser silbe langes *ī*, z. b. *gudomlīg*. Ausführlicher Akc. II, 58 f.

In Westes sprache haben eine menge adjektive auf *-(e)lig* und adverbia auf *-(e)ligen* fortis auf dem zweiten comp.-glied, z. b. *ursprunglig* ursprünglich', *hörsamligen* 'gehorsamerweise' u. a. auf *-samligen* (Akc. II, 206). Über wörter auf *o- — -(e)ligen* s. 289.

Das norw. accentuiert *alvórlig* 'ernst', *eiendómmelig*

---

* Ich gebrauche in der folgenden darstellung den ausdruck 'compositions-glied' teils von wirklichen comp.-gliedern, teils auch von solchen wortbestandteilen, welche vom sprachgefühle als comp.-glieder aufgefasst werden, ohne es doch im eigentlichen sinne zu sein, z. b. von *bön-* und *-hörelse* in dem von *bönhöra* 'erhören' abgeleiteten *bönhörelse* 'erhörung'.

'eigentümlich' etc. und immer *-sómmelig* in *möisómmelig* 'mühsam' etc. (Brekke s. 49.). Im dän. fällt der fortis auf das zweite comp.-glied in wörtern auf *-sommelig* (z. b. *frugtsommelig* 'schwanger') und in verschiedenen andern auf *-elig*, z. b. *misundelig* 'neidisch' sowie auch in gewissen auf *-lig*, z. b. *alvorlig* 'ernst' (Mikkelsen s. 67 f., Broberg: Manuel s. 79). Über wörter auf *u-* — *-(e)lig* im norw. und dän. siehe 291. Vgl. nhd. *ausdrücklich*, *vortréfflich* etc.

269. 2. Einige adjektive auf *-ig* haben fortis fac. auf der ersten oder zweiten silbe, z. b. *allsmäktig* 'allmächtig'. In den flectierten formen *allsmäktiga* etc. war das zweite comp.-glied dreisilbig. Ausserdem ist vielleicht anzunehmen, dass in der älteren sprache (jüng. aschw. und ält. nschw.) die ableitungsendung *-ig* (vgl. got. *-eigs*) langes *i* und semifortis hatte (357). Mehrere von diesen wörtern gehören hauptsächlich der kirchlichen sprache an. Vgl. nhd. *barmhérzig* u. a.

Weste lässt den fortis auf das zweite comp.-glied einiger anderer adjektive auf *-ig* fallen: *andäktig* 'andächtig', *öfverdådig* 'übermütig' u. a. m. (Akc. II, 207, vgl. auch II, 226 f.).

Im dän. haben wörter auf *-fældig* (z. b. *drikfældig* 'dem trunk ergeben'), *-færdig* (z. b. *sandfærdig* 'wahrhaftig'), *-haftig* (z. b. *mandhaftig* 'mannhaft') fortis auf dem zweiten comp.-glied; so auch mehrere wörter auf *-agtig*, z. b. *barnagtig* 'kindisch'. Im dän. und norw. tragen auch *almægtig* 'allmächtig', *ærbödig* 'ehrerbietig' u. a. wörter auf *-ig* fortis auf dem zweiten comp.-glied (Ausführlicher bei Mikkelsen s. 67 f., Brekke s. 49; vgl. auch Bruun: Akc. s. 9).

270. 3. Einige in der kirchensprache gebrauchte wörter auf *-else* lassen den fortis fac. auf der ersten oder zweiten silbe ruhen, z. b. *bönhörelse* 'erhörung'; auch (vgl. unten 288,1) *anammelse* 'empfangen', *anfäktelse* 'anfechtung'.

Weste lässt den fortis in einer menge anderer wörter auf *-else* auf dem zweiten comp.-glied ruhen, besonders wenn das erste comp.-glied ein praefix oder eine partikel ist, und die wörter von zusammengesetzten verben abgeleitet sind, z. b. *framhärdelse* 'beharren'.

Im norw. erhalten derartige composita oft fortis auf dem zweiten comp.-gliede, z. b. *misundelse* 'neid', *tilladelse* 'erlaubnis' (Brekke 49). Dies ist im dän. der fall z. b. mit *misundelse*, *hukommelse* 'gedächtnis' und (in der kirchl. sprache) *opstandelse* 'auferstehung' u. a. m. (vgl. Mikkelsen s. 68 und auch Bruun: Akc. s. 13, Dyrlund im Ark. nf. IX, 79).

271. In Westes sprache gibt es noch verschiedene andere hierhergehörige kategorien von wörtern.

1. Einige participial-bildungen auf *-ande*, *-ende*, z. b. *allrädande* 'allgewaltig'. Akc. II, 208 f. Über wörter auf *o-* — *-ande(s)*, *-ende(s)* s. 289.

Im norw. bekommen *anliggende* 'angelegenheit' und einige andere fortis auf der zweiten silbe (Brekke s. 50; vgl. auch Aasen: Norsk gramm. 47). Dieselbe acc. wird auch von einigen dän. wörtern auf *-ende* angewandt, z. b. *medlidende* 'mitleid' (nach Bruun: Akc. s. 17 noch von verschiedenen andern).

2. Viele substantive auf *-are* (oft von zusammengesetzten verben abgeleitete), besonders wenn das erste comp.-glied ein praefix oder eine partikel ist, z. b. *anklagare* 'ankläger'; (wie noch heute) *skomákare* und *skómakare* 'schuhmacher'. Akc. II, 209 f.

Im norw. wird oft accentuiert *indbýggere* 'einwohner', *indvå'nere* 'einwohner' (Brekke s. 50) und *skomáger* 'schuhmacher', im dän. *borgméster* 'bürgermeister'. Vgl. dass in Nord-Deutschland *bürgerméister* accentuiert wird.

3. Einige verben auf *-iga*, z. b. *entlediga* (so auch heute) 'entledigen', *föreständiga* 'verständigen'.

4. Hierher gehören auch verschiedene wörter, welche mit der früher mit semifortis accentuierten und deshalb halblanglautigen ableitungssilbe *-ing*, *-ning* aus composita (oft aus einem zusammengesetzten verb) gebildet sind, z. b. *upplysning* 'aufklärung'. Im sth. noch fac. *anfäktning* 'anfechtung'. Akc. II, 210 f.

Ähnliche acc. wird auch oft im norw. verwandt, z. b. *anledning* 'anlass' (Brekke 49).

272. Weste lässt fortis auf die zweite silbe von folgenden doppelt zusammengesetzten wörtern fallen: *frimåndag* 'blauer montag', *långfredag* 'charfreitag', *skärtorsdag* 'grüner donnerstag', *fettisdag* 'fastnacht' (und *féttisdag*, aber nur *pálmsöndag*

'palmsonntag'). Vgl. norw. und dän. *langfrédag*, *skærtórsdag* (Brekke und Grundtvigs Haandordb., aber dän. *pálmesöndag*), sowie nhd. *charfréitag*, *gründónnerstag*, *palmsónntag*, *aschermíttwoch*. Akc. II, 213.

273. Dass beim 'wachsen' der wörter durch ableitung oder zusammensetzung am schlusse der fortis relativ gern auf dem zweiten comp.-gliede ruht, wird durch folgende beispiele aus Weste gezeigt. Er accentuiert z. b. *úndersåte* : *undersåˈtare* 'unterthan', *útförlig* : *utföˈrligen* 'ausführlich', *ólaglig* : *olágligen* 'ungesetzlich', *ländshöfding* : *landshöˈfdinge* 'landeshauptmann', *ánmärkning* 'bemerkung' : *anmärkningsvärd* 'bemerkenswert'.

274. Besonders hervorgehoben werden muss, dass der kirchliche conservatismus zur beibehaltung der lage des fortis auf dem zweiten comp.-gliede in verschiedenen hier oben (268) angeführten wörtern beigetragen hat: wie die kirchliche sprache im allgemeinen altertümlicher ist, als die übrige sprache derselben zeit, so auch ihre acc. Hierdurch wird die acc. von mehreren adjektiven auf *-ig* (269) sowohl im sth. (*allsmäktig* etc.) als auch in Westes sprache (*andäktig* etc.), von wörtern auf *-else* (270) sowol im sth. (*bönhörelse* etc.) als auch im dän. (*opstandelse* etc.) beleuchtet. Vgl. hiermit z. b. die im sth. noch immer angewandte acc. *välsígna* 'segnen', *hugsvála* 'trösten' (288,1), die norw. aussprache *korsfǽst*! 'kreuzige' (imperativ, aber *kórsfæste*, Brekke), das dän. *korsfǽste* 'kreuzigen'.

275. II. Der fortis fällt im sth. auf das zweite comp.-glied einer menge einheimischer wörter auf *för-*, während eine menge ähnlicher den fortis auf dem ersten comp.-glied haben (so immer die auf *före-* : *föresätta* 'vorsetzen' etc.). *För-* hat nicht fortis besonders in verschiedenen verben, z. b. *förgöra* 'umbringen' (aschw. *forgøra*, *firigøra*, isl. *fyrirgera*). Ganz sicher haben ähnliche wörter auch im aschw. und in der gemeinnord. sprache fortis auf dem zweiten comp.-gliede gehabt. *För-* bekommt besonders dann fortis, wenn seine bedeutung 'vor' für das sprachbewusstsein klar daliegt, z. b. *förman* 'vorgesetzter' (aschw. *forman*, isl. *formaþr*, *fyrimaþr*). Über die acc. von wörtern auf *för-* ausführlich Akc. II, 288—302, 487—91.

Einheimische wörter auf *for-* haben im norw. und dän. in der regel dieselbe stellung für den fortis wie im schw., z. b. *forglémme* 'vergessen', aber *fórmand* 'vorgesetzter'.

276. III. Der fortis fällt im sth. (ebenso wie in der rspr. überhaupt) auf das zweite comp.-glied von verschiedenen wörtern, wenn die glieder des betr. wortes erst in relativ später zeit zu einem worte zusammengewachsen sind (juxtapositionen).

1. Wörter mit dem praefix *e-*, aschw. isl. *ǣ* 'immer' haben fortis auf der zweiten silbe: *eho* 'wer auch', *ehvad* 'was auch', *ehvars* 'wessen auch', *ehvem* 'wer auch', *ehuru* 'wie auch', *ehvar* 'wo auch', *ehvart* 'wohin auch', *emedan*, *enär* 'weil'. *Ehvad* < aschw. *ǣ hwat* etc.

So accentuieren auch die entsprechenden norw. und dän. wörter auf *i-*: *ihvo*, *ihvem*, *ihvad*, *ihvilken*, *ihvor*, *ihvordan* 'wie auch', *imedens* 'während'.

2. In wörtern, die mit *e-*, aus der aschw. isl. praeposition *ī*, beginnen, ruht der fortis auf der zweiten silbe: *emot* (< *ī mōt*) 'gegen', *emellan* (< *ī mællom*) 'zwischen'. Das norw. und das dän. accentuieren *imód*, *iméllem*.

277. Der fortis ruht ausserdem in der rspr. überhaupt auf dem zweiten comp.-gliede in einer menge von juxtapositionen, welche noch nicht so vollständig zusammengewachsen sind, dass sie von dem nschw. sprachgefühl als composita im eigentlichen sinne aufgefasst werden, nämlich 1) in verbindungen von praep. + anderem worte, z. b. *ibland* 'bisweilen' (aschw. *ī bland*; vgl. *emot* 'gegen' etc.) — 2) oft fac. in verbindungen von adverb + praep. oder von zwei adverbien, z. b. *bakfram* 'rücklings, verkehrt', *bortåt* 'nach ... hin' — 3) in verschiedenen anderen aus zwei wörtern bestehenden partikeln, z. b. *nåväl* 'nun gut'. Siehe ausführlicher Akc. II, 65—69.

Über dän. und norw. juxtapositionen mit fortis auf dem zweiten gliede vgl. Bruun: Akc. s. 18 f. 11, 13 sowie Brekke s. 50 ff.

278. Über *åstád* 'davon' : *å'stadkomma* 'bewirken' etc. s. Akc. II, 69 f.

279. Auch ortsnamen bekommen sehr oft fortis auf

dem zweiten juxtapositionsglied, z. b. *Karlskróna*, *Mariestád*. So auch im norw. und dän., z. b. *Kristianssánd*, *Frederiksbérg*. Vgl. dass im deutschen (besonders im norddeutschen) ortsnamen den fortis oft auf dem zweiten gliede haben, z. b. *Paderbórn*, *Bremerháven* (vgl. Germania II (1837) s. 155 f., W. Seelmann in Korrespondenzblatt des vereins für niederd. sprachforschung IV, 18 ff.; ib. s. 39, 76 ff., Hempl s. 239 ff.).

280. IV. Der fortis ist im sth. erhalten geblieben auf dem zweiten comp.-gliede verschiedener lehnwörter, welche diesen platz für den fortis in der fremden sprache (dem deutschen) hatten.

281. 1. Wörter auf *be-*, *ge-*, *ent-*, *för-*.

Einfach zusammengesetzte wörter auf *be-*, *ge-*, *ent-* haben fortis auf dem zweiten comp.-gliede, z. b. *begär* 'begehr' (aschw. *begær*, mnd. *beger*); *gevär* (nhd. *gewähr*), *entlediga* (nhd. *entledigen*; vgl. 271,3).

Im norw. und dän. wird accentuiert z. b. *begjǽr*, *gevǽr*.

282. Die zahlreichen lehnwörter auf *för-* sind in der regel aus dem mnd. eingeführt worden, wo das praefix die form *vor-* hat, der teils holl. *voor-*, nhd. *vor-* entspricht, teils holl. und nhd. *ver-*. Wahrscheinlich haben in der regel im mnd. die wörter der ersten art fortis auf *vor-* gehabt, die der zweiten art jedoch nicht. In übereinstimmung hiermit erhielten nschw. lehnwörter auf *för-* am häufigsten fortis auf diesem praefix, wenn dasselbe holl. *voor-*, nhd. *vor-* oder *für-* entspricht, dagegen haben sie meist keinen fortis auf dem praefix, wenn dieses holl. nhd. *ver-* entspricht. Beispiele: *fördel*, aschw. *førdel*, *fordel*, mnd. *vordēl*, holl. *voordeel*, nhd. *vorteil*, dagegen: *förvándla*, aschw. *forvandla*, mnd. *vorwandelen*, holl. *verwandelen*, nhd. *verwandeln*.

Lehnwörter auf *för-* im norw. und dän. werden gemäss denselben principien accentuiert, z. b. *fórdel* aber *forvándle*.

Ausführlich über wörter auf *för-* Akc. II, 288—302 (und 54 f.); vgl. auch Brekke s. 48, Bruun: Akc. s. 21.

283. Weste lässt das praefix *er-* sehr oft keinen fortis bekommen, nämlich in wörtern auf *-e(r)lig* (z. b. *erbarmelig* 'erbärmlich'), *-are* (z. b. *eröfrare* 'eroberer'), *-ande* (z. b. *erkännande* 'anerkennung'), in *erindra* 'erinnern', *eröfra* 'erobern'.

Dieses praefix hat keinen fortis im nhd. (z. b. *erinnern*), im norw. oder dän. (z. b. *erindre* 'erinnern', *erhverve* 'erwerben', norw. aber *érhverv* 'erwerb'). Noch im sth. meistenteils *erbárm(e)lig* 'erbärmlich' (oben 268).

284. 2. Die einfach zusammengesetzten namen der himmelsrichtungen haben gleichwie die entsprechenden deutschen wörter fortis auf dem zweiten comp.-gliede: *nordost*, *nordvest* etc. (nhd. *nordost*, *nordwest* etc.). Im norw. und dän. hat der fortis in *nordost* etc. dieselbe lage.

285. 3. Der fortis liegt in den wörtern auf *-när* fac. auf der ersten silbe oder (weniger häufig) auf der genannten endung; diese letztere acc. beruht darauf, dass die endung *-när*, welche aus dem deutschen eingeführt worden ist, in vielen fällen von einem romanischen *-arius* ausgegangen ist (261). Beispiel: *portnär* 'pförtner' (mnd. *portenere*, mlat. *portenarius*).

286. 4. Composita auf *-eri*, *-inna*, *-essa* erhalten gewöhnlich fortis auf diesen endungen, z. b. *boktryckeri* 'buchdruckerei', *friherrinna* 'freifrau', *kronprinsessa* 'kronprinzessin' (seltener *krónprinsessa*). Doch ruht in wörtern auf *-eri* fortis auf dem ersten comp.-glied, wenn dasselbe mehr als einsilbig ist, z. b. *frälse-säteri* 'freigut'. Die acc. *boktryckerí* etc. ist vom deutschen (nhd. *buchdruckeréi*) her eingeführt worden, ebenso wahrscheinlich die acc. *friherrínna* etc. (vgl. 79). Ausführlicher siehe Akc. II, 56—8, 232 f.

287. 5. Noch einige einzelne wörter haben die ausländische acc. beibehalten, bez. ihre acc. von ausländischen wörtern entliehen. Beispiele: *allena* (vgl. mnd. *allene*, nhd. *alléin*), *elände* (ä. nhd. *elénd*). Mit gewissen 267 ff. genannten wörtern kann es sich ebenso verhalten; in diesem falle ist aber ihre form im schw. auch mit bestimmend gewesen.

So haben einige wörter auf *-ig* (269) den fortis auf dem zweiten comp.-glied ursprünglich daher, weil sie mit dieser acc. aus Deutschland eingeführt worden sind, wie z. b. *barmhärtig* (nhd. *barmhérzig*); vgl. auch *allsmäktig* mit nhd. *allmächtig*.

Weste accentuiert *underststá' sig* (und *únderstå sig*, mnd. *understān*, vgl. nhd. *sich unterstéhen*), *öfvertýga* (mnd. *overtugen*; vgl. nhd. *überzéugen*), *öfverväldiga* (vgl. 271,3; vgl. mnd. *overweldigen*, nhd. *überwältigen*).

288. V. Der fortis fällt ausserdem im sth. auf das zweite comp.-glied einiger weniger wörter.

1. Verba. *Välsigna* 'segnen', †*hugsvala* 'trösten' erhalten fortis auf dem zweiten comp.-glied; so auch fac. †*ledsaga* 'geleiten', †*miskunda sig* 'sich erbarmen', †*rannsaka* 'prüfen' (von aschw. *ran* 'haus') sowie *anamma* 'annehmen', *anfäkta* 'anfechten', *ursäkta* 'entschuldigen' (in den ausrufen (flüchen) *anamma*! *anamme*!, *anfäkta*! *anfäkte*! 'donnerwetter!' und in der höflichkeitsformel *ursäkta* 'pardon!').

2. Ausserdem haben *fullnog* 'vollauf', †*helvetisk* 'höllisch' (von *helvete* 'hölle' durch anschluss an *profétisk* 'profetisch' etc.), †*oaktadt* (in den phrasen *det oaktadt* 'dessen ungeachtet', *detta oaktadt* 'dieses ungeachtet'), †*ödmjukast* in der phrase *tackar ödmjukast* 'danke ergebenst', sowie fac. *beläte* 'götzenbild' (aschw. *bilæte* asächs. *biliði*), *skomakare* 'schuhmacher' (271,2) fortis auf der zweiten silbe. Über †*lekamen*, †*skavank*, †*bolin*, †*manet*, *hvarest*, *därest* siehe 81, über *anfäktning* 271,4. †*Jämväl* 'gleichwohl' bekommt in der rspr. fac. den fortis auf dem ersten oder zweiten comp.-gliede.

289. In Westes sprache haben verschiedene andere wörter fortis auf dem zweiten comp.-gliede, z. b. a) verba: *antasta* 'antasten', †*antvarda* 'überantworten', *inbilla* 'einbilden' (fac.), *tillegna* 'zueignen', *tillräkna* 'anrechnen' (fac.), †*ödmjuka* 'demütigen', †*arbéta* 'arbeiten' (und *árbeta*, aber nur *árbete* 'arbeit'), *hushålla* 'haushalten' (fac.), *högfärdas*, *högmodas* 'hochmütig sein' (fac.), †*idisla* 'wiederkauen', *lyckönska* 'beglückwünschen' (fac.), *nödsaka* 'nötigen', †*orsaka* 'verursachen', *trolofva* 'verloben' (fac.), †*varkunna sig* 'sich erbarmen' (vgl. isl. *vãrkunna*), †*äfventýra* 'riskieren' — b) substantive: *bokstäfver* 'buchstaben' (fac.; aber nur *bókstaf*), *inelfvor* 'eingeweide' (vgl. isl. *innifli*), *tillbedjan* 'anbetung' — c) adjektiv: †*redebogen* 'bereit' (fac.; aschw. *rēþobōin*, isl. *reiþubúinn*). Vgl. ferner Akc. II, 212, 227 f.

Charakteristisch für manche von den oben angeführten (mit † bezeichneten) wörtern ist, dass deren erstes comp.-glied jetzt ungebräuchlich oder wenig gebräuchlich ist; dies hat zur bewahrung der älteren lage des fortis mit beigetragen.

Hierhin sind auch besonders die composita mit dem

praef. *o-* zu rechnen, welche in Westes sprache in grosser ausdehnung fortis auf dem zweiten comp.-gliede haben. Für composita mit *o-* + simplex gilt nämlich die regel, dass sie allerdings für gewöhnlich fortis auf dem *o-* haben (z. b. *ofred* 'unfriede'), jedoch auf das zweite comp.-gliede ihn legen, wenn dieses mindestens dreisilbig ist, und das betr. wort a) ein adjektiv auf *-elig*, z. b. *ofattelig* 'unfassbar'; — b) ein adverb auf *-(e)ligen*, z. b. *olagligen* 'ungesetzlich' (aber *ólaglig*); — c) ein part. auf *-ande(s)*, *-ende(s)*, z. b. *oskämmandes* 'sans rougir'. Ausführlicher hierüber sowie über die regeln für composita mit *o-* + einem bereits zuvor mit einer partikel oder einem als simplex ungebräuchlichen praefix zusammenges. wort Akc. II, 216 ff.

290. Im norw. bekommen z. b. *velsigne* 'segen', *annamme* 'annehmen', *budeie* 'milchmädchen', *smågutter* 'kleine knaben', *småjenter* 'kleine mädchen' (die beiden letzten urspr. juxtapositionen), *bogstaver* 'buchstaben', *velkommen* 'willkommen', *uagtet* 'obgleich' fortis auf dem zweiten comp.-gliede. Diesen selben platz hat der fortis auch z. b. in dän. *velsigne, annamme, husvale* 'trösten', *trolove* 'verloben', *höjagte* 'hochachten' (fac.), *korsfæste* 'kreuzigen', *lykönske* 'beglückwünschen' (fac.).

291. Auch im norw. und dän. hat *u-* in der regel den fortis, z. b. *ufred* 'unfrieden'. Doch ist dies im norw. nicht der fall a) in allen adjektiven und adverbien auf *-elig*, z. b. *ubrugelig* 'unbrauchbar', b) in den meisten adjektiven und adverbien auf *-rlig*, z. b. *uærlig* 'unehrlich', c) in besonders vielen adjektiven und adverbien auf *-lig*, *-ig*, z. b. *ulovlig*, 'ungesetzlich', *uartig* 'unhöflich' (A. Western bei Poestion: Lehrbuch der norw. sprache s. 51). Nach Mikkelsen s. 66 trägt *u-* im dän. keinen fortis bei adj. auf *-lig*, *-ig* (*-som*, *-bar*), z. b. *umulig* 'unmöglich', *uheldig* 'unglücklich', (*ufölsom* 'unempfindlich', *ubrugbar* 'unbrauchbar'); vgl. auch Bruun: Akc. s. 24.

Über nhd. *unéndlich*, *unmöglich*, *unbändig* etc. siehe Minor: Nhd. metrik s. 67 ff., Hempl s. 232 f.

292. Es ist sehr möglich, dass auch gewisse von den oben unter V angeführten composita mit fortis auf dem zweiten comp.-glied diese acc. als erbe der sprache, aus der

sie entlehnt sind, des deutschen, haben; da aber die ältere deutsche acc. wenig untersucht worden ist, lässt sich das zur zeit nicht mit gewissheit entscheiden.

293. Aus der oben gegebenen darstellung erhellt, dass das heutige sth., wenn man von einigen (urspr.) juxtapositionen absieht, nur äusserst selten auf dem zweiten comp.-gliede fortis hat, wenn das erste mehr als einsilbig ist. Es ist besonders bemerkenswert, dass in der hauptsache von Westes sprache dasselbe gilt, obwohl er im vergleiche mit dem heutigen sth. oft das zweite comp.-glied mit fortis versieht, wenn das erste einsilbig ist. Vgl. Akc. II, 236.

Im übrigen muss hervorgehoben werden, dass — wie Weste selbst erwähnt — zu seiner zeit (ebenso wie heutzutage) eine menge composita fac. den fortis auf dem ersten oder zweiten comp.-gliede ruhen lassen konnten; vgl. Akc. II, 220—3.

Composita mit zwei fortis-accenten.

294. Verschiedene wörter werden mit zwei fortis-accenten ausgesprochen, obwohl sie vom sprachbewusstsein unbedingt als ein compositum aufgefasst werden. Andere können diese aussprache haben, können aber auch mit éinem fortis und éinem semifortis ausgesprochen werden; mehrere solche wörter stehen auf der grenze zwischen phrase (mit zwei fortis-accenten) und compositum (mit éinem fortis und éinem semifortis). Bisweilen werden in einem worte, welches normalerweise fortis und semifortis erhält, statt dessen zwei fortis-accente als ausdruck für gegensatz-acc. oder emphatische acc. benutzt. Über diese fragen siehe ausführlicher Kock: Akc. II, 71—75, 184—86 sowie 55, 66, 67, 91, 92, 95, 103 etc., Sv. landsm. XIII, no. 11, s. 12 ff., Tamm in Språkvet. sällsk. förhandl. 1888—91, s. 122—27.

295. 1. Mehrere juxtapositionen werden fac. mit zwei fortis-accenten ausgesprochen (als erinnerung daran, dass sie eigentlich zwei wörter sind, die zu einem worte vereinigt wurden), ausserdem aber auch mit éinem fortis und éinem semifortis. Beispiele: a) adj. + subst. *alltid* (und *álltìd*) 'immer', *allahanda* (uud *állahànda*) 'allerhand' u. a. m. –

b) adverbia, bestehend aus adv. + praepos. oder adv.: *därefter* (und *därèfter*), *bakom* (und *bákòm*) u. a. m.

Doch ist es vielleicht richtiger *alltid* (*all tid*) etc. als zwei getrennte wörter aufzufassen, und ebenso vielleicht auch *bakom* (*bak om*).

296. 2. Wenn ein wort als verstärkung des betr. begriffes vor ein anderes gesetzt wird, so bekommt die composition oft zwei fortis-accente; ein jedes der comp.-glieder hat dann das acc.-system (die acc. 1 oder acc. 2), welches es als simplex haben würde. Beispiele: a) adjektive: *ste*^{1}*nri*^{1}*k* 'steinreich', *i*^{1}*ska*^{1}*ll* 'eiskalt'. Gewisse solche adj. wie z. b. *iskall* 'eiskalt' können fac. éinen fortis und éinen semifortis bekommen. — b) wörter mit der form des part. praes., z. b. *to*^{1}*ppra*^{2}*sande* 'fuchswild'. — c) verba: *hä*^{1}*llrè*^{2}*gna*, *ö*^{1}*sre*^{0}*gna* 'platzregnen'. Diese acc. ist mit der unten 299 besprochenen emphatischen acc. mit zwei fortis-accenten zu vergleichen. In dem einen oder andern worte (z. b. *stenrik*) kann der accent auch lehen aus dem deutschen sein.

Eine gleichartige acc. wird im norw., dän. und deutschen gebraucht. So hat das norw. z. b. *lysvågen* 'ganz wach', *vidåben* 'weitoffen' etc., das dän. *lysvågen*, *vidåben*, *skylregne* 'platzregnen' etc. (Grundtvig s. 117, Broberg in Blandinger I, 316); das nhd. z. b. *steinreich*, *blutarm* etc. mit zwei fortis-accenten.

297. 3. Die doppelt zusammengesetzten namen der himmelsrichtungen haben fortis sowohl auf der ersten als auch auf der dritten silbe: *ostnordost*, *sydsydvest* etc. Dies ist auch im norw. und dän. der fall.

298. Bei der *gegensatzaccentuierung* bekommen die comp.-glieder zwei fortis-accente, besonders wenn man ein comp.-glied im gegensatz zu einem zusammensetzungsglied eines andern compositums hervorheben will, z. b. *ko*^{1}*rn-a*^{1}*x* 'kornähre' im gegensatz zu *rå*^{1}*g-a*^{1}*x* 'roggenähre'.

299. Auch bei *emphatischer acc.* bekommen die beiden comp.-glieder jedes seinen fortis-accent, z. b. *be*^{1}*svä*^{1}*rlig* 'mühsam', *u*^{1}*teslu*^{1}*tande* oder *u*^{2}*teslu*^{2}*tande* 'ausschliesslich'. Vgl. dass das nhd. bei emphatischer aussprache oft *áusgezéichnet*, *áusserórdentlich* etc. accentuiert.

300. In diesem zusammenhange sei als eine sehr bemerkenswerte eigentümlichkeit der sprache von Sundeved (Schleswig) hervorgehoben, dass sowohl wörter mit der acc. 1, als auch solche mit der acc. 2 als zweites glied von composita bei ihrer aussprache mit fortis oder semifortis das acc.-system (bez. die acc. 1 und die acc. 2), welches sie als simplicia haben, beibehalten; z. b. *yblek* 'augenblick', *pechsot* 'pechschwarz' mit der acc. 1 auf der ultima, gleichwie *blek*, *sot*; *nawngi* 'benamsen', *sbeskul* 'spitzkugel' mit der acc. 2 auf der ultima gleichwie *gi* (< *give* 'geben'), *kul* (< *kugle* 'kugel'). N. Andersen in Dania IV, 167.

Anwendung der beiden acc.-systeme (der acc. 1 und der acc. 2).

301. Im nschw. herrscht bei der acc. der composita recht grosses schwanken, teils in der weise, dass ein und dasselbe wort oft fac. die acc. 1 und die acc. 2 in derselben gegend haben kann; teils so, dass die acc. 1 in der einen, die acc. 2 in der anderen gegend gebraucht wird. Im letzteren falle haben die allermeisten wörter in Stockholm und Svealand (am liebsten oder ausschliesslich) die acc. 2, dagegen in Süd-Schweden (besonders in Schonen) (am liebsten oder ausschliesslich) die acc. 1 (vgl. 150). Ausserdem hat eine grosse menge von composita, die in der alten sprache oder dem ält. schw. die acc. 1 gehabt haben, später auf dem wege der analogie (ausschliesslich oder fac.) die acc. 2 bekommen.

Wenn ein wort beide acc.-arten verwendet, so ist fast immer die acc. 1 die ältere, während die acc. 2 auf dem wege der analogie angenommen worden ist. Diese analogieumbildung ist wahrscheinlich für die grosse und wichtige gruppe von wörtern, die z. b. durch *dagvard* 'mittagsmahl' repräsentiert wird, so gründlich durchgeführt worden, dass nur noch schwache spuren einer älteren acc. 1 übrig sind. Eine allgemeine tendenz der composita ist, die acc. 2 um so mehr zu bevorzugen, je grössere länge das wort hat, z. b. lieber *beu*^{2}*ndransvärd* 'bewunderungswürdig' als *beu*^{2}*ndran* 'bewunderung', lieber *rannsa*^{2}*kningsdomstol* 'untersuchungsgericht' als *rannsa*^{2}*ka* 'untersuchen'.

302. Um die übersichtlichkeit der acc. zu erleichtern,

sei zunächst ein kurzes schema der aufstellung vorausgeschickt.

A. *Die acc. 1 und die acc. 2 in wörtern mit fortis auf dem ersten comp.-gliede.*

AA. Die acc. 1 und die acc. 2 in wörtern mit fortis auf der ersten silbe des ersten comp.-gliedes (beisp. *stenhus* 'steinhaus', *harneskklädd* 'geharnischt', *nyckelknippa* 'schlüsselbund').

I. Das erste comp.-glied hat als simplex die acc. 1 (beisp. *stenhus*, *harneskklädd*).

1. Erstes comp.-glied einsilbig; hat als simplex die acc. 1 (beisp. *stenhus*).

a. Die acc. 1 in urspr. juxtapositionen (α. erstes juxtap.-glied gen., z. b. *stridshäst* 'streitross'; β. erstes juxtap.-glied adj., z. b. *alltid* 'immer'; γ. comp. wie *bortbjuden* 'eingeladen'.

b. Die acc. 1 in wörtern, denen das unaccentuierte *för*, *alltför* 'zu, allzu' voraufgeht, z. b. *för svartsjuk* 'zu eifersüchtig'.

2. Das erste comp.-glied ist mehrsilbig (oder ist es in rel. später zeit gewesen) und hat als simplex die acc. 1 (bez. gehabt) (beisp. *harneskklädd*, *trägård* 'garten'.

a. Das erste comp.-glied ist noch immer mehrsilbig, z. b. *harneskklädd.*

b. Das erste comp.-(juxtap.-)glied war in der älteren sprache zweisilbig mit hiatus, z. b. *trägård*, aschw. *trēagarþer.*

c. Die zahlwörter *sjutton* '17', *aderton* '18', *nitton* '19'.

II. Das erste comp.-glied hat als simplex die acc. 2 (beisp. *nyckelknippa* 'schlüsselbund').

III. Das erste comp.-glied existiert in der sprache nicht als simplex (beisp. *rannsaka* 'prüfen').

IV. Composita, die aus fremden sprachen entlehnt sind (beisp. *kapplake* 'kapplaken').

BB. Die acc. 1 und acc. 2 in wörtern mit fortis auf einer anderen silbe des ersten comp.-gliedes als der ersten (beisp. *värdéringsman* 'taxator').

B. *Die acc. 1 und acc. 2 in wörtern mit fortis auf dem zweiten comp.-gliede* (beisp. *försöker* 'versucht').

A. *Die acc. 1 und die acc. 2 in wörtern mit fortis auf dem ersten comp.-gliede.*

AA. Die acc. 1 und die acc. 2 in wörtern mit fortis auf der ersten silbe des ersten comp.-gliedes.

303. Wollte man eine praktische regel für die acc. nschw. wörter mit fortis auf der ersten silbe des ersten comp.-gliedes aufstellen, so würde dieselbe lauten, wie folgt: sie bekommen oder können die acc. 2 bekommen.

Die allermeisten dieser composita müssen die acc. 2 haben, z. b. (das erste comp.-glied bekommt als simplex die acc. 2) *tidningsman* 'journalist' (vgl. *ti'dning* 'zeitung'), *trapptorn* 'treppenturm' (vgl. *tra^{2}ppa* 'treppe') — (das erste comp.-glied ist einsilbig) *stenhus* 'steinhaus' (vgl. *sten* 'stein'), *utställa* 'ausstellen' (vgl. *ut* 'aus').

Die wichtigsten gruppen von wörtern, welche fac. die acc. 1 und acc. 2 anwenden, sind:

1. Juxtapositionen, deren erstes juxtapositionsglied als simplex die acc. 1 hat, z. b. *sko^{1}gsèld* 'waldbrand' (und *sko^{2}gseld*) aus *sko^{1}gs e^{1}ld*, *a^{1}llting* 'alles' (und *a^{2}llting*) aus *a^{1}ll ti^{1}ng.*

2. Lehnwörter, z. b. *ve^{1}rkstàd* 'werkstätte' (und *ve^{2}rkstad*), vgl. nhd. *werkstatt.*

304. Doch ist es nicht unsere absicht, praktische ausspracheregeln aufzustellen, sondern die acc. historisch zu beleuchten. Nach dieser kurzen orientierenden bemerkung wollen wir darum den gebrauch der acc. 1 und der acc. 2 mit rücksicht auf die anwendung der acc.-systeme in den verschiedenen wörtergruppen, sprachhistorisch gesehen, darstellen. Doch sollen für gewöhnlich nur die wichtigeren wörter mit der acc. 1 aufgenommen werden, welche in der rspr. diese acc. haben können; ich verweise auf die ausführlichere darstellung in Akc. II, 90—163.

I. Das erste comp.-glied hat als simplex die acc. 1, bez. kann dieselbe haben.

1. Das erste comp.-glied ist einsilbig oder war in der alten sprache (isl.) einsilbig und hat als simplex die acc. 1.

305. In der heutigen rspr. hat die unverhältnismässig grösste mehrzahl derartiger composita die acc. 2, z. b. *dagvard* 'mittagsmahl' (aschw. *dagher*, isl. *dagr*), *stenhus* 'steinhaus' (aschw. *stēn*, isl. *steinn*), *lerfat* 'thongefäss' (aschw. *lēr*, isl. *leir*), *allmoge* 'bauernstand, volk' (aschw. *alder*, isl. *allr* 'all'), *domstol* 'gericht' (aschw. *dōmber*, isl. *dōmr*), *tillegna* 'aneignen' (aschw. isl. *til*), *tillbe(dja)* 'anbeten', *hasselnöt* 'haselnuss' (aschw. isl. *hasl*), *vinterväg* 'winterstrasse' (aschw. *vinter*, *vitter*, isl. *vetr*), *vattenglas* 'wasserglas' (aschw. isl. *vatn*).

Im norw. und dän. ist das verhältnis dasselbe, z. b. norw. *jordlod* 'bodenparzelle', *slagorden* 'schlachtordnung'; dän. *bådleje* 'miete für ein boot', *regnvejr* 'regenwetter', *agerkål* 'ackersenf' (isl. *akr*).

306. Unten wird gezeigt werden, dass grosse mengen von composita mit einsilbigem erstem comp.-glied im ält. nschw., ält. ndän., aschw. und überhaupt in der alten nord. sprache fortis auf dem zweiten comp.-gliede hatten oder haben konnten. So accentuierte man oder konnte accentuieren z. b. im aschw. *dōmstṓl*, *almóghe*, *lērfát*, in dem schw. des 17. jhs. *tillbée* 'anbeten', und noch Weste hat *tillégna* 'aneignen'. Wenn im nschw. die acc. *do²mstol*, *a²llmoge*, *le²rfat*, *ti²llbe*, *ti²llegna* als das einzig mögliche durchgeführt worden ist, so beruht das auf der analogie-einwirkung von seiten der grossen menge zwei- und mehrsilbiger einfacher oder zusammengesetzter wörter mit fortis 2 auf der ersten silbe. So ist die acc. *dōmstṓl*, *almóghe* gegen *dom²stol*, *a²llmoge* vertauscht worden unter einwirkung von *dō²mar* 'gesetze', *a²lla* 'alle' und auch von composita wie *hi²mi-rīke* 'himmelreich' etc. sowie von juxtapositionen wie *skō²ghar-hug* 'holzfällen' etc. Durch einwirkung solcher comp. und juxtapositonen sind ferner *lerfát*, *tillbée* etc. zu *le²rfat*, *ti²llbe* etc. geworden. (Kock: Akc. II, 371 f., 498).

307. Aber auch composita, welche seit alters auf dem

ersten comp.-gliede fortis gehabt haben, sind der analogieeinwirkung ausgesetzt gewesen, indem sie in grosser ausdehnung die ältere acc. 1 mit der acc. 2 vertauscht haben. Das nschw. *hundra* '100', aschw. isl. *hundraþ* ist urspr. ein compositum, urgerm. **hunda-raþa* (vgl. lat. *centum* etc. sowie got. *raþjan* 'zählen'). Jetzt hat es die acc. 1 neben der acc. 2, und die acc. 1 kann uralt sein, während die acc. 2 auf dem wege der analogie angenommen worden sein kann, und zwar nach der grossen menge zwei- und mehrsilbiger einfacher und zusammengesetzter wörter mit fortis auf der ersten silbe und der acc. 2.

308. Folgende umstände sprechen dafür, dass in der ält. sprache comp. mit fortis auf dem ersten comp.-gliede in grosser ausdehnung die acc. 1 hatten, wenn ihr erstes comp.-glied als simplex diese acc. anwerdete — dass also z. b. viele wörter von der form *dagvard* (aschw. *daghvarþer* isl. *dagverþr* urnord. **daʒa-werðuʀ*) die acc. 1 hatten, gleichwie isl. *dagr*, und wie es noch heute mit *hundra* '100' (vgl. germ. **hunda-*) der fall ist.

In der regel haben composita mit fortis 1 auf einem einsilbigen ersten comp.-gliede (*middag* 'mittag' etc.) auch in der älteren sprache den fortis auf derselben stelle gehabt und nicht (fac.) auf dem zweiten comp.-gliede (Kock: Akc. II, 498). Wenn die nord. acc.-systeme (die acc. 1 und die acc. 2) sich im wesentlichen hand in hand mit der abnutzung und verkürzung der endungsvocale in später urnord. zeit ausgebildet haben, so muss die acc. 1 sich in composita unter denselben verhältnissen ausgebildet haben, wie in einfachen wörtern. Da nun urnord. **daʒaʀ*, **langiʀa* die gemeinnord. *dagr*, *lengri* mit verlust des vocals der zweiten silbe und der acc. 1 (vgl. z. b. 119) gaben, so ist auch aus urnord. **daʒa-werðuʀ* gemeinnord. *dag-verþr* mit verlust des vocals der zweiten silbe und mit der acc. 1 geworden.

Doch unabhängig davon, ob die acc. 1 und die acc. 2 im wesentlichen auf die angeführte art und weise entstanden sind, müssen eine menge von wörtern des typus *dagvard* die acc. 1 gehabt haben. Wenn in den modernen nord. sprachen ein wort mit der acc. 2 (z. b. *afton* 'abend') als erstes glied die zusammensetzung mitbildet, so erhält das comp. die acc. 2 (z. b. *aftonsol* 'abendsonne'). Wenn ein mehrsilbiges wort mit der acc. 1 (z. b. *ångest* 'angst', *bryggeri* 'brauerei') als erstes glied die zusammensetzung mitbildet, so erhält das compositum die acc. 1 (z. b. *å¹ngestsvett* 'angstschweiss', *bryggeri¹-bolag* 'brauerei-gesellschaft', erst durch späte analogieeinwirkung fac. *å²ngestsvett, bryggeri²-bolag*). Darum muss auch urspr. bei der zusammensetzung von *dagr* (bez. urnord. **dagaR*) mit der acc. 1 und *verþr* (bez. urnord. **werðuR*) die zusammensetzung die acc. 1 bekommen haben. Erst durch spätere analogie-einwirkung von seiten der überwältigenden menge mehrsilbiger wörter mit fortis 2 auf der ersten silbe (*dōmar, himirīke* etc. etc.) hat die grosse menge von wörtern von dem typus *da¹gverþr, da¹ghvarþer* die acc. 1 gegen die acc. 2 vertauscht (*da²gvard*) (im schonischen dialekt jedoch noch die acc. 1: *da¹vre*). Vgl. dass die ält. acc. *å¹ngestsvett* in später zeit fac. gegen das jüngere *å²ngestsvett* (315, a) vertauscht worden ist, und besonders dass composita mit eingipfligem juxtap.-glied und ält. acc. 1 (*stridshäst* 'streitross' etc.) in der jüng. sprache fac. auch die acc. 2 (*stri²dshäst*) bekommen haben; die acc. 2 ist bei diesen wörtern in gewissen gegenden fast ganz durchgeführt worden (313, α). Vgl. Kock im Ark. nf. III, 357 ff. und in gewissem grade J. V. Lindgren in Sv. landsm. XII, no. 1, s. 39.

309. Unter diesen umständen kann man am ehesten erwarten, die hier behandelte gemeinnord. (bez. urnord.) acc. 1 in ursprünglichen composita wiederzufinden, welche relativ früh zu formell einfachen wörtern geworden sind, weil ihre comp.-glieder für das sprachbewusstsein nicht klar dastanden. Ich werde einige wenige (schw. und dän.) beispiele solcher wörter anführen, deren acc. 1 gemeinnord. (bez. urnord.) sein kann, aber ich will hervorheben, dass wenigstens in den meisten die acc. 1 auch in anderer weise erklärt werden kann.

Dän. *vadmel* 'grober wollenstoff' mit der acc. 1 (isl. *vaþmāl* aus *vāþmāl*, urnord. **wāði-māla*); im nschw. dagegen *vadmal* mit analogischer acc. 2.

Im dialekt des Skytts-härad (Schonen) *davre* 'frühstück'

mit der acc. 1 (< *dagverþr* < urnord. **daȝa-werðuʀ*). Nschw. rspr. dagegen *da²gvard* mit analogisch angenommener acc. 2.

Schw. *hundra* '100' mit der acc. 1 (und fac. nach analogie angenommener acc. 2) (aschw. isl. *hundraþ*; siehe 132, 307; die acc. 1 ist nach 120 teilweise beibehalten worden).

Nschw. dial. *åska* 'donner' mit der acc. 1 (aschw. *āsikkia* < **ās-ækia* < **ansu-akiō*; vgl. aschw. *āka*, isl. *aka* 'fahren'). Möglicherweise kann jedoch die acc. 1 daraus erklärt werden, dass *ās-* ein genit. war oder als solcher aufgefasst wurde (vgl. 313,*α*). In der rspr. hat *åska* durch analogie die acc. 2 bekommen.

310. Es sei hier hervorgehoben, dass die sprache einige wenige urspr. composita mit vermutlich gemeinnord. acc. 1 auf einem urspr., d. h. auch in urnord. zeit, einsilbigen ersten comp.-gliede hat: nschw. *tusen* '1000' mit der acc. 1 (*tusende* '1000' und das als kraftausdruck und ausruf gebrauchte *tusan* 'der tausend, teufel' mit der acc. 1 neben der acc. 2) aschw. *þūsand*, isl. *þūs(h)und*. Auch norw. und dän. *tusend* '1000' hat (und hatte schon bei Höysgaard) die acc. 1 (132). Es ist eine zusammensetzung von germ. **þūs-* (idg. **tūs-*; vgl. aind. *tavás* 'kraft') mit **hunda* '100' — nschw. *usel* norw. *ussel* 'elend' mit der acc. 1 (vgl. 132), aschw. *ūsal* (< **un-sāliʀ*; vgl. isl. *sæll*, got. *sēls*, Kock: Akc. II, 342 f., Ark. nf. XI, 330, Bugge Ark. II, 226, Noreen: Aschw. gr. § 84 anm. 4) — nschw. norw. *hvilken* 'welcher' mit der acc. 1 (im schw. neben der acc. 2; s. 132), aschw. *hwīlīkin*, isl. *hvilīkr* (fast immer im Sth. Homilienbuch), *hvīlīkr* (durch anschluss an *hvī*), got. *hwileiks*; zusammengesetzt aus dem in *hwat* (gr. *τίς*) steckenden stamme und *līkr* 'gleich'. *Sicken en* 'welch ein' ist aus *s(ĕ hv)ĭcken én* entstanden. Hierhin gehört auch *hocken* 'welch ein' mit der acc. 1 (neben der acc. 2) (aschw. *holken*, *hul(ī)kin*); vgl. 120 — nschw. *tocken* 'solch ein' mit der acc. 1 (neben der acc. 2) aschw. *tholkin*, *þolĭkin*, zusammengesetzt aus dem in *þat* steckenden stamme und *līkr*; vgl. 120.

Die ersten comp.-glieder dieser wörter waren schon im urnord. einsilbig. Da sie in urnord. und gemeinnord. zeit composita mit semifortis auf der zweiten silbe waren, so wurde ihr vocal quantitativ unverändert beibehalten, und als z. b. **stainaʀ*, **langiʀa* zu *steinn*, *lengri* und auch **tīðīʀ* zu *tīðir* (224, 235) mit zweigipfligem fortis auf der ersten silbe wurden, musste darum auch der eingipflige fortis auf der ersten silbe von *þūshund* etc. stehen bleiben. Später schloss sich die acc. dieser wörter an die gewöhnliche acc. 1 an.

311. Allerdings kann die acc. 1 fac. bei einer grossen menge composita mit einsilbigem (bez. in der alten sprache einsilbigem), noch immer als simplex gebräuchlichem erstem comp.-gliede angewendet werden; doch sind dann besondere, in späterer zeit wirkende faktoren anlass zur acc. 1 gewesen. Dies ist mit folgenden kategorien von composita der fall.

312. a. Die acc. 1 wird fac. von einer menge in relativ später zeit zusammengewachsener juxtapositionen, deren erstes juxtap.-glied seit alters fortis 1 hat, gebraucht (vgl. Kock: Akc. II, 498).

Solche juxtapositionen werden noch immer fort und fort gebildet. Man kann im nschw. *han stå̰r på e¹tt be¹n* 'er steht auf éinem beine' sowohl mit fortis auf *ett* als auch auf *ben* aussprechen, und die wörter haben fortis 1 (die acc. 1), weil sie einsilbig sind (86). Aber man kann auch die acc. in dieser phrase sich so verändern lassen, dass der fortis auf *ben* zu semifortis reduciert wird, während fortis 1 auf *ett* stehen bleibt: *han står på e¹tt bèn*. Dann wird *ett ben* wie z. b. *stri¹dshäst* 'streitross' ausgesprochen, und man k a n n *ett-ben* eine juxtaposition oder ein compositum nennen. In ähnlicher weise sind eine menge composita mit fortis 1 dadurch entstanden, dass in einem satze ein wort mit fortis 1 und ein anderes wort mit fortis zu e i n e m begriff zusammengeschmolzen sind, wobei der fortis des zweiten wortes zu semifortis reduciert wurde.

Verschiedene solche juxtapositionen stehen für das sprachgefühl noch immer auf der grenze zwischen éinem worte und zwei wörtern, z. b. juxtapositionen aus einem einsilbigen adverb mit einer praep. oder einem adv.: *utåt* 'nach aussen' etc., ferner: *en handfull* 'eine handvoll', *endels* 'teilweise' etc., alle fac. mit der acc. 1 und (später auf analog. wege angenommener) acc. 2. In gleicher weise wird die acc. 1 gebraucht in norw. *opad* 'nach oben', *hinsides* 'jenseits' etc. und in dän. *udad* 'nach aussen', *indtil* 'bis' etc. (Mikkelsen s. 80).

313. Oft steht es für das sprachgefühl nicht ebenso klar da, dass man eine relativ junge juxtaposition hat, was jedoch auch mit folgenden wortkategorien der fall ist:

α. Das erste comp.-(juxtap.-)glied ist ein gen. auf *-s*, z. b. *stridshäst* 'streitross' (aus *strids häst*), *årsgammal* 'ein jahr alt' (aus *ārs gamal*), auch *tisdag* 'dienstag' (aus *Tīs dagher*), *torsdag* (aus *Þōrs dagher*), *afvelsgård* 'meierhof' (aus *afls garþr*; vgl. aschw. isl. *afl*). Die acc. 1 kommt in Südschweden (bes. Schonen) und in recht grosser ausdehnung auch in norrländischen mundarten (z. b. in Burträsk) vor. In Stockholm ist bei den meisten wörtern die acc. 1 vermittelst analogie durch die acc. 2 ersetzt worden. Kock: Akc. II, 90 f., 498, 118 ff.

Auch das norw. und das dän. haben gewöhnlich die acc. 1 in wörtern, deren erstes juxtap.-glied ein urspr. einsilbiger gen. ist, z. b. norw. *havsnöd* 'seenot', dän. *åndsliv* 'geistesleben' (Brekke s. 63, Mikkelsen s. 80, 81; N. Andersen in der Dania IV, 166).

β. Einige composita, deren erstes glied ein urspr. attributiv stehendes adj. ist, bekommen fac. die acc. 1 oder die acc. 2, z. b. *alltid* 'immer' (auch *a¹llti¹d*), *hvardag* 'wochentag', *middag* 'mittag' (< *miþer dagher*) — die zahlwörter *tretti(o)* '30', *femti(o)* '50' (< *þrī[r] tighi[r]* etc., später *-o* aus *tio* '10' übertragen). Auch *nitti(o)* '90' (< *nīo tighi*), *fyrtio* '40' bekommen lautgesetzlich die acc. 1 (129, 116); *åt(te)ti* '80' kann die acc. 1, ebenso wie *åtta* in der älteren sprache (129), verwenden; Akc. II, 91—93, 124—26.

Das norw. und das dän. haben die acc. 1 in verschiedenen ähnlichen juxtapositionen, z. b. *altid*, *saltmad* 'pökelfleisch' (vgl. betr. des dän. Broberg: Manuel s. 77, Mikkelsen s. 80). Das norw. verwendet die acc. 1 in *femti* '50' etc. (Brekke s. 63).

γ. Das part. pass. mit einer partikel als erstem comp.-glied bekommt dialektisch (aber in verschiedenen und weit von einander getrennten gegenden) die acc. 1, wenn die betr.

partikel im modus finitus vom verbum getrennt werden kann, z. b. *afklädd* 'entkleidet' (vgl. *kläda áf*), *bortbjuden* 'eingeladen' (vgl. *bjuda bórt*). Die acc. *a¹fklädd* ist aus ält. *a¹f klä¹dd* entstanden, welches noch nicht zu éinem worte zusammengewachsen war, wie auch *kläda af* noch immer als zwei wörter aufgefasst wird. Die acc. in dem Westland von Norwegen stimmt mit dieser schwed. acc. überein, z. b. *ti¹lhört* 'angehört' aber *ti²lhöre* 'angehören'. Dagegen haben in dem norw. Ostlande verben mit einsilbigem voll accentuiertem praefix überhaupt die acc. 1, z. b. *bo¹rtgå* 'weggehen' (vgl. auch *gå bórt*; aber subst. *bo²rtgang* 'weggehen'), *me¹dføre* 'mitbringen' (aber subst. *me²dfør* 'folge'). Diese acc. ist von einem ält. *bo¹rt gā¹* etc. ausgegangen, welches noch nicht zu éinem worte zusammengewachsen war. Vgl. Brekke s. 64; Kock: Akc. II, 94, 126 f., 363; Torp u. Falk: Dansk-norskens lydhistorie 34. Vgl. 487.

Die acc. 1 in den unter *α—γ* angeführten wörtern ist mit der acc. 1 in ursprünglichen juxtapositionen wie *huset* 'das haus' (< *hus et*), *hvarest* 'wo' (< *hwar es at* 103, 104), welche formelle simplicia geworden sind, vollkommen gleichzustellen.

314. b. Die acc. 1 wird mitunter von wörtern angewendet, denen ein relativ unaccentuiertes wort unmittelbar voraufgeht (vgl. betr. der entspr. acc. einfacher wörter 122). Adjektive und adverbia mit der acc. 2 (vorzugsweise solche mit den ableitungsendungen *-sam*, *-bar*) bekommen bisweilen die acc. 1, wenn ihnen die verstärkenden *för* 'zu', *alltför* 'allzu' unmittelbar vorangehen, z. b. *sva²rtsjùk* 'eifersüchtig': *för sva¹rtsjùk*, *fru²ktbàr* 'fruchtbar': *allt för fru¹ktbàr*.

2. Das erste comp.-glied ist mehrsilbig (bez. ist in relativ später zeit mehrsilbig gewesen) und hat als simplex die acc. 1 (resp. hat die acc. 1 gehabt.)

315. a. Ist das erste comp.-glied noch immer mehrsilbig, so bekommt die composition fac. die acc. 1 oder die acc. 2, z. b. *tusenfaldig* 'tausendfältig' (aschw. *þūsandfaldogher*: *tu¹sen* 132), *harneskklädd* 'geharnischt' (:*ha¹rnesk* 133). Ausführlich Akc. II, 102, 109—14; vgl. betreffs des dän. Grundtvig s. 118, Mikkelsen s. 81.

316. b. Das erste comp.- resp. juxtap.-glied ist heute

einsilbig, war aber in der ält. sprache zweisilbig mit hiatus. Verschiedene derartige wörter bekommen in der rspr. oder dialektisch und ebenso im norw. und dän. noch immer die acc. 1 (über die acc. 1 in solchen simplicia siehe 125 ff.). Kock im Ark. nf. X, 213 ff.

Die schw. rspr. hat fac. die acc. 1 z. b. in *trägård* 'garten', aschw. *træ̅garþer* ält. *trēagarþer*, juxtaposition mit gen. pl. *trēa* zu *træ̅* 'baum'. Dagegen aber *trä²fàt* 'holzschüssel' etc. aschw. *træ̅fat* (nicht **treafat*) — *Sverge*, *Sverige* (nur die acc. 1) 'Schweden', aschw. *Swērighe*, *Swēarīke*; im dän. hat *Sverrig* die acc. 1; juxtaposition mit gen. pl. *Swēa* zu *Swēar* — *fredag* 'freitag', aschw. *frē(a)dagher*; ndän. *fredag* bekommt die acc. 1; agutn. *frīadagr*, isl. *friādagr*; lehnwort (ahd. *frīatag*, ags. *frîgedæg*) — composita mit *ko-* 'kuh', z. b. *kohud* 'kuhhaut'. Im norw. haben composita mit *ko-* die acc. 1; auch im dän. z. b. *kostald* 'kuhstall'. Schw. *kohud*, aschw. *kōrhūþ* aus ält. **kōarhūþ*, juxtaposition mit gen. sg. *kōar*; *kostald* von **kōastallr*, juxtapos. mit gen. pl. *kōa*. — Das dän. verwendet die acc. 1 auch bei composita mit *fæ-* 'vieh', z. b. *fæhus* 'viehstall' aus **fēahūs* (*fēa* gen. pl. zu *fæ̅*) u. a.

317. c. Die nunmehr als formelle simplicia ausgesprochenen zahlwörter *sjutton* '17', *aderton* '18', *nitton* '19' erhalten, ebenso wie die entspr. ordnungszahlen *sjuttonde* '17te' etc., in gewissen gegenden die acc. 1, während *tretton* '13', *fjorton* '14', *femton* '15', *sexton* '16' und die entsprech. ordnungszahlen *trettonde* '13te' etc. die acc. 2 bekommen (in andern gegenden erhalten alle zahlwörter auf *-ton* die acc. 2). Jene haben im isl. die endung *-tiān* (*siautiān*, *ātiān*, *nītiān*), diese *-tān* (*þrettān*, *fimtān*, *sextān*); über *fiugurt(i)ān* '14' gleich unten. Die endungen *-tān*, *-tiān* gehen auf ein gemeinsames *-tēhan* '10' zurück (vgl. teils ahd. *tëhan*, aschw. *biskopstīandene* 'bischofszehnte', teils got. *-tēhund*). Ältere formen der zahlwörter waren **þrītēhan*, **feđurtēhan*, **fimftēhan*, **sehstēhan*, **seƀuntēhan*, **ahtautēhan*, **niuntēhan* (vgl. teilweise die ahd. *drīzëhan*, *fiorzëhan*, *finfzëhan*, *sëhszëhan*, **sibunzëhan*, *ahtozëhan*, *niunzëhan*).

Die wörter auf *-tēhan* mit einsilbigem erstem comp.-gliede (**þrītēhan*, **fimftēhan*, **sehstēhan*) hatten fortis auf dem zweiten comp.-gliede *-tēhan**. Die endung *-tēhan* (in **sehstēhan* etc.) entwickelte sich darum lautgesetzlich zu *-tā(h)an*, *-tān* (*sextān* etc.), worauf die wörter mit *-tān* (*þrettān*, *fimtān*, *sextān*) durch analogie ebenso wie grosse mengen anderer composita (306) fortis 2 auf der ersten silbe bekamen (*tre²tton*, *fe²mton*, *se²xton*; über die formen isl. *þrettān*, *fimtān*, aschw. *fæmtān* siehe übrigens Kock im Ark. nf. V, 140 f., XI, 346).

Die wörter auf *-tēhan* mit zweisilbigem erstem comp.-gliede (**seƀuntehan*, **ahtautēhan*, **niuntēhan*) hatten dagegen fortis auf dem ersten comp.-gliede; vgl. mit **séƀuntēhan*: **sehstḗhan* etc., dass in der ält. nschw. rspr. composita mit zweisilbigem erstem comp.-gliede nur selten fortis auf dem zweiten comp.-gliede trugen, während composita mit einsilbigem erstem comp.-gliede diese acc. sehr oft hatten (293). Mit dieser acc. von 17—19 harmoniert die acc. 1 im nschw. *sjutton—nitton*, da composita mit fortis 1 auf dem ersten comp.-gliede für gewöhnlich dieselbe acc. in der älteren sprache gehabt haben (nicht fortis auf dem zweiten comp.-gliede; Kock: Akc. II, 498). Die endung *⸗ tēhan* entwickelte sich lautgesetzlich zu *⸗ te(h)an* > *⸗ tiān* (*nītiān* etc.). In **nīu(n)-tiān* und ? **seƀuntiān* **seutiān* (aschw. *siūtān*) war die acc. 1 lautgesetzlich, weil die ersten comp.-glieder hiatus hatten (vgl. 129). Auch *åtta* '8' hat in der alten sprache die acc. 1 anwenden können (129) und darum auch **āttatiān* '18', aschw. **āttatān* (über dessen umbildung zu *ātartān* siehe Kock: Fsv. ljudl. I, 154, Ark. nf. V, 140). Die alte acc. 1 ist in *sjutton*, *aderton*, *nitton* erhalten geblieben, aber schon im aschw. hatten *siūtān*, *ātartān*, *nītān* *-tiān* gegen *-tān* vertauscht und zwar unter einwirkung von *þrættān* etc.

Neben dem normalen *fiugurtān(di)* '14' hat das isl. einmal *fiortianda*. Da das erste comp.-glied in **feðurtēhan* zweisilbig war, so hat man wahrscheinlich **fé²ðurtēhan* accentuiert (vgl. nschw. *fjo²rton*), das lautgesetzlich zu *fiugurtiān* wurde. Im isl. wird aber *-tiān* in *fiugurtiān* schon frühzeitig gegen *-tān* umgetauscht, weil die umgebenden 13, 15, 16

* Möglicherweise lebte diese acc. dialektisch noch im aschw. weiter, da man in Med. dikter s. 508 den reim *trætān* (ausgespr. *trätån*): *son* hat; vgl. Bure: Rytm. studier s. 27.

-tān hatten. Es ist jedoch möglich, dass in **feðurtēhan* fortis auf *-tēhun* geruht hat; in diesem falle ist die acc. 2 in nschw. *fjorton* wie in *tretton*, *femton*, *sexton* zu erklären und isl. *fiortianda* hat durch analogie *-tiān* bekommen.

Vgl. Kock im Ark. nf. V, 137 ff., Akc. II, 394 ff.

II. Das erste comp.-glied hat als simplex die acc. 2.

318. Dann bekommt auch das compositum die acc. 2, z. b. (erstes comp.-glied noch immer mehr als einsilbig) *nyckelknippa* 'schlüsselbund' (: *ny²ckel* 'schlüssel', aschw. *nykil lykil*, isl. *lykill*), *tungomål* 'sprache' (: *tu²nga* 'zunge', aschw. isl. *tunga*) — (erstes comp.-glied heutzutage einsilbig) *bågsträng* 'bogensehne' ält. nschw. *bogesträng*, aschw. *bugha-* (*bogha-*) *strænger* (: *bå²ge* 'bogen', aschw. isl. *bog(h)i*).

Wenn solche composita schon von alters her fortis auf dem ersten comp.-gliede gehabt haben, ist es natürlich, dass die composition die acc. 2 bekommen hat gleichwie das erste comp.-glied als simplex. Wenn eine versetzung des fortis vom zweiten nach dem ersten comp.-gliede eingetreten ist (z. b. Weste *förestå¹ndare* > heute *fö²reståndare*), beruht die acc. 2 auf der anschliessung an die grosse masse simplicia und composita mit fortis 2 auf der ersten silbe (*fö²re* 'vor', *ny²ckelknippa* 'schlüsselbund' etc.).

319. Dieselbe acc.-regel gilt auch für das norw. und das dän.; so haben die acc. 2 z. b. *tungemål* 'sprache', *buestræng* 'bogensehne'.

320. Ausnahmen. Wörter auf *-dag* 'tag': *söndag* 'sonntag' (aschw. *sunnodagher*, isl. *sunnudagr*; vgl. isl. *sunna* 'sonne' mit der acc. 2), *måndag* 'montag' (aschw. isl. *mānadag(he)r*; vgl. *må²ne* 'mond'), *onsdag* 'mittwoch' (noch Weste *o²nsdag* nebst *o¹nsdag*, aber nur *o²densdag*), *lördag* 'sonnabend' (noch Weste *lö²rdag* nebst *lö¹rdag*, aber nur *lö²gerdag*; Hof accentuierte um 1750 *lö²rdag*). Im Burträsk-dialekt (Westerbotten) bekommen *söndag*, *måndag* (*mandag*), *lördag* (*lögdag*) noch immer die acc. 2, *tisdag* 'dienstag', *torsdag* 'donnerstag' *fredag* 'freitag' (aber auch *onsdag*) die acc. 1. Die acc. 1 ist urspr. in *tisdag*, *torsdag*, *hvardag*, *middag*, *namnsdag* 'namenstag' u. a. m. (313, *α*, *β*) und auch in *fredag* (316); von diesen

haben *söndag* etc. die acc. 1 bekommen. Hierzu hat beitragen können, dass den namen der wochentage oft eine relativ unaccentuierte praepos. vorangeht, z. b. *i söndags* 'vergangenen sonntag' etc. (314). *Riksdag* 'reichstag' hat die acc. 1 nach 325. Da *annan* dial. die acc. 1 bekommt (115), so lässt sich daraus die acc. 1 in *anndag* 'zweiter feiertag' erklären; doch kann es gleichwie *helgdag* 'feiertag' (< *helgedag* < *hælghe dagher*) die acc. 1 auch durch analogie bekommen haben.

Im norw. und dän. bekommen die namen der wochentage die acc. 1: *söndag*, *mandag*, *tirsdag* etc. (dän. *lördag* < *löverdag* doch in der rspr. die acc. 2, im jütl. aber die acc. 1; in gewissen norw. dialekten haben *synndä* 'sonntag', *mårndä* 'montag' die acc. 2, A. B. Larsen: Solør-Dial. 42).

321. Die verwandtschaftswörter *farfa(de)r* 'grossvater', *farmo(de)r* 'grossmutter', *farbro(de)r* 'onkel' (alles väterlicherseits), *morfa(de)r* 'grossvater', *mormo(de)r* 'grossmutter', *morbro(de)r* 'onkel' (alles mütterlicherseits) erhalten fac. die acc. 1. *Farfar*, *morbror* etc. haben keinen fortis in denselben stellungen wie *faster* 'vaterschwester' (< *farsyster*) etc. (120). Daraus erklärt sich deren acc. 1 gleichwie dieselbe acc. in *faster*, *moster* 'mutterschwester' (< *morsyster*) etc. (120). Die acc. 1 ist von *farfar* etc. auf *farfader* etc. übertragen worden. Die acc. 1 in den norw. und dän. verwandtschaftswörtern *farfar*, *mormor* etc. erklärt sich in derselben weise wie in den schw. Diese acc. ist ohne zweifel schon im adän. (121) entstanden.

322. Über *fyrti(o)* 40', *åtteti*, *åtti(o)* '80', *nitti(o)* '90' siehe 313,β; über *aderton* '18', *nitton* '19' 317.

III. Das erste comp.-glied ist in der sprache nicht als simplex vorhanden.

323. Dann erhält das compositum die acc. 2, z. b. *ra²nnsaka* 'prüfen' (neben *rannsáka*), *mi²skunda sig* 'sich erbarmen' (neben *miskúnda sig*), *ö²dmjuka* 'demütigen' (Weste *ödmjúka*), *o²vis* 'unweise' (ält. *ōvī's*). Diese und ähnliche wörter haben in relativ später zeit auf dem wege der analogie nach der grossen menge von wörtern mit dieser acc. fortis 2 auf der ersten silbe bekommen.

einige nunmehr formelle simplia wie *Gösta* (aus *Gáutstawer*; vgl. 444). Solche wörter hatten schon in der alten sprache (wenigstens fac.) fortis auf der ersten silbe. Wahrscheinlich haben diese composita in der eigentlich alten sprache die acc. 1 gehabt (307 ff.), die dann in späterer zeit infolge von analogieeinwirkung mit der acc. 2 vertauscht wurde.

IV. Composita, die aus fremden sprachen entlehnt sind, und composita, die nach solchen lehnwörtern als mustern gebildet sind.

324. Die meisten entlehnten composita haben nach einheimischen wörtern mit der acc. 2 diese acc. angenommen, z. b. (mit einsilbigem erstem comp.-glied): *kapplake* (mnd. *kapplaken*), *andakt* (mnd. *andacht*) — (mit mehrsilbigem erstem comp.-glied) *lurendrejare* 'schmuggler' (nnd. *lurrendreier*), *villebråd* 'wildbret' (mnd. *wilbrāt*). Verschiedene solche wörter hatten auch in der älteren sprache fortis auf dem ersten comp.-glied; diejenigen, welche früher fortis auf dem zweiten comp.-gliede hatten (z. b. *lurendréjare* Weste), haben gleichfalls auf dem wege der analogie fortis 2 auf der ersten silbe bekommen.

325. Eine menge lehnwörter mit fortis auf dem ersten comp.-gliede haben indess fac. die ältere (ausländische) acc. 1 behalten, wenn das erste comp.-glied einsilbig ist, z. b.

wörter auf *-bär* '-beere': *körsbär* 'kirsche' (mnd. *kersebere*), *krusbär* 'stachelbeere' (nhd. *krausbeere*), *vinbär* 'johannisbeere' (mnd. *winbere*) etc. Das schw. *blåbär* 'heidelbeere' (< *blå bär*) hat die acc. 1 nach 313,β. Nach diesen haben andere schw. wörter auf *-bär* : *björnbär* 'brombeere' etc. die acc. 1 bekommen.

wörter auf *riks-* : *riksdag* (mnd. *rīkesdach*, nhd. *reichstag*), *riksråd* (mnd. *rīkesrāt*, nhd. *reichsrath*) etc.

Ausführlich Akc. II, 132—142.

326. Oben (315, a) ist die acc. von composita behandelt worden, deren erstes comp.-glied ein mehrsilbiges im schw. als simplex gebrauchtes lehnwort mit der acc. 1 ausmacht; das compositum dürfte dann wohl am häufigsten in Schweden gebildet sein. Wörter, welche als composita entlehnt worden sind, und deren erstes comp.-glied mehr als einsilbig ist, haben nur selten die acc. 1 fac. beibehalten, und dann endigt das erste comp.-glied fast immer auf *-el*, *-er* oder *-en*, z. b. *dyfvelsträck* 'teufelsdreck' (merke gen. auf *-s*; mnd. *duvelsdreck*), *elfenben* (nhd. *elfenbein*), *i* (*på*) *öfvermorgen* (nhd. *übermorgen*; die acc. 1 ist nach 314 beibehalten worden), *lurifax* 'schlaukopf' (vgl. nnd. *lurig* und *faksen* 'lose streiche'). Ausführlicher Akc. II, 103, 110, 140.

327. Auch das norw. und das dän. verwenden oft die acc. 1 in ausländischen composita, z. b. *spasmager* (nhd. *spassmacher*), *brökdel* (nhd. *bruchteil*), — *murmeldyr* (nhd. *murmeltier*). S. betreffs des dän. Mikkelsen s. 80, 82.

328. Zu den entlehnten 'composita' gehören auch ableitungen auf *-hēt*. Viele solche wörter haben fac. die acc. 1, z. b. *dumhet* (mnd. *dumheit*). Ausführlicher Akc. II, 97 f., 142 ff. S. betreffs des norw. und des dän. Brekke s. 62, Mikkelsen s. 81.

329. Über gewisse ableitungen auf *-skap* (*adelskap* 'adel' u. a.) siehe Akc. II, 98, 145.

BB. Die acc. 1 und die acc. 2 in wörtern mit fortis auf einer andern silbe des ersten comp.-gliedes als der ersten.

330. Ist das erste comp.-glied mehrsilbig, und hat es als simplex den fortis (fortis 1) auf der ultima, so erhält das compositum fac. die acc. 1 oder die acc. 2, z. b. *violi*^{1}*n-konsèrt* 'violinkonzert' (und *violi*^{2}*n-konsèrt* : *violi*^{1}*n* 'violine'). Die acc. 1 in solchen composita beruht in erster hand auf ausländ. einfluss, indem die composita direkt entlehnt sind (vgl. z. b. nhd. *violinkonzert*) oder nach ausländischen mustern gebildet sind. Die acc. 2 ist erst später angenommen worden und zwar auf dem wege der analogie. Auch das norw. und das dän. accentuieren *parti*^{1}*-förer* 'partei-führer' etc. (vgl. betr. des dän. Broberg in Blandinger I, 310).

331. Wenn das erste comp.-glied als simplex den fortis auf einer andern silbe als der letzten hat, so erhält das compositum dessen acc. (die acc. 1 oder die acc. 2), z. b. *lärari*^{2}*nne-plats* 'platz als lehrerin' (vgl. *lärari*^{2}*nna* 'lehrerin'), *vär-*

de^{1}ringsmàn 'taxator' und *värde^{2}ringsmàn* (vgl. *värde^{1}ring* 'schätzung' und *värde^{2}ring*).

B. *Die acc. 1 und die acc. 2 in wörtern mit fortis auf dem zweiten comp.-gliede.*

332. In diesen wörtern wird die acc. 1 angewendet, z. b. *försö^{1}ker* 'versucht', *försö^{1}ka* 'versuchen', *rannsa^{1}ka* 'prüfen'. Doch kann im sth. und in der sprache von Svealand überhaupt fac. auch die acc. 2 in solchen wörtern gebraucht werden, deren zweites comp.-glied die acc. 2 hat, bez. haben würde, wenn es als simplex vorkäme. So bekommen in diesen dialekten *försö^{2}ka*, *rannsa^{2}ka* etc. fac. die acc. 2 in übereinstimmung mit *sö^{2}ka* 'suchen', *dra^{2}ga* 'ziehen' und andern zweisilbigen infinitiven; *nödvä^{2}ndig* 'notwendig' fac. die acc. 2 gleichwie *hä^{2}ndig* 'gewandt', *ne^{2}drig* 'gemein' etc. Dagegen kommt nur die acc. 1 zur anwendung z. b. in *försö^{1}ker* 'versucht', *beslu^{1}tet* 'der beschluss' gleichwie in *sö^{1}ker* 'sucht', *slu^{1}tet* 'der schluss'.

333. Dass die acc. 1 in *rannsáka* etc. rel. alt ist, geht aus folgendem hervor:

Ausschliesslich die acc. 1 wird in den meisten schwedischen mundarten gebraucht. Weste gibt dieselbe (1807) als die gewöhnliche acc. an, Regnér (1804; geboren in Östergötland) und Hof (1753; geboren in Westergötland) als die einzig mögliche.

Die acc. 1 wird vom norw. gebraucht, z. b. *opre^{1}isning* 'aufstand', *smågu^{1}tter* 'kleine knaben', und vom dän., z. b. *beta^{1}le* 'bezahlen', *uro^{1}lig* 'unruhig'. Höysgaards sprache weicht doch insofern von der dän. rspr. ab, als sie im wesentlichen in übereinstimmung mit dem heutigen sth. bei gewissen wörtern, besonders verben (z. b. *betale* 'bezahlen', *forsvarede* 'verteidigte'; *ubrugelig* 'unbrauchbar') die acc. 2 hat, wenn das zweite comp.-glied diese acc. erhält, bez. erhalten würde (vgl. *ta^{2}le* 'sprechen', *sva^{2}rede* 'antwortete'), jedoch die acc. 1 (z. b. *beho^{1}lder* 'behält'), wenn das zweite comp.-glied als simplex die acc. 1 bekommt, bez. kommen würde (vgl. *ho^{1}lder* 'hält'; siehe ausführlicher Kock im Ark. III, 66—74).

Für das hohe alter der acc. 1 in *rannsaka* 'prüfen' etc. sprechen wohl auch die norrländische acc. *tju^{1}go* '20' und die in der mundart von Burträsk (in Westerbotten) gebräuchliche acc. _gra^{1}nnasfar_ 'nachbar' (< *_grannans far_), _gra^{1}nnasmor_ 'nachbarin' (< *_grannans mor_; als anrede benutzt). Die acc. _tju^{1}go_ '20' ist noch übrig von der älteren zusammengesetzten form *_tutiu^{1}ghu_ (was zu *_ttiu^{1}ghu_ wurde; vgl. isl. _tuttugu_, Kock im Ark. nf. V, 148); die acc. _gra^{1}nnas-_, *_gra^{1}nnans-_, gen. sg. bestimmter form von _granne_ 'nachbar', isl. _granni_ lässt sich aus ält. *_gara^{1}nni_ (vgl. got. _garazna_) mit fortis auf dem zweiten comp.-gliede erklären (vgl. aber auch 137).

334. Aber obgleich die acc. _rannsa^{1}ka_ etc. alt und sogar gemeinnord. ist, so kann sie doch nicht ursprünglich sein. Im nschw. haben _skogseld_ 'waldbrand', _ångest-svett_ 'angstschweiss' mit fortis auf dem ersten comp.-gliede die acc. 1 gleichwie _skogs_ 'wald', _ångest_ 'angst'; so hat auch _emot_ 'gegen' mit fortis auf dem zweiten comp.-gliede die acc. 1 gleichwie _mot_ 'gegen'. Darum müssen auch composita vom typus _skotkónungr_ 'schosskönig' (444), _rannsáka_ etc. einmal (in vorhistorischer zeit) die acc. 2 auf dem zweiten comp.-gliede gleichwie _konungr_ etc. gehabt haben.

Die vertauschung von der acc. 2 mit der acc. 1 in dieser grossen wortgruppe (_skotkónungr, rannsáka_ etc.) kann 'lautgesetzlich' sein (vgl. Noreen im Ark. nf. II, 338). Sie lässt sich aber auch in folgender weise erklären. In der alten sprache ruhte der fortis in sehr grosser ausdehnung fac. auf dem ersten oder zweiten comp.-gliede, z. b. _ránnsaka_ : _rannsáka_, subst. _ránnsak_ : _rannsák_ 'prüfung'. Bei der acc. _ra^{2}nnsàka, ra^{2}nnsàk_ fiel der musicalische accent acutus (bez. dessen ältere entsprechung) auf die zweite (= semifortis-) silbe; auch bei der acc. _rannsa^{1}k_ fiel natürlich acutus (bez. dessen ält. entsprechung) auf die zweite silbe. Da also wörter vom typus _rannsak_ immer den acutus auf der zweiten silbe hatten (sowohl bei der acc. _ra^{2}nnsàk_ wie bei der acc. _rannsa^{1}k_), und da dies der fall auch mit wörtern vom typus _ra^{2}nnsàka_ bei dieser accentuierung war, so liess man auf dem wege der analogie _rannsáka_ mit beibehaltung der lage des fortis den acutus auf der zweiten silbe bekommen. Da aber der acutus auf einer fortissilbe nur mit der acc. 1 verbunden ist, will dies sagen, dass aus der acc. *rannsa^{2}ka* durch analogie die acc. *rannsa^{1}ka* wurde*.

Lehnwörter vom typus *beta^{1}la* (mnd. *betalen*) 'bezahlen' haben die acc. 1, weil diese am besten mit der acc. der sprache, aus der sie stammen, übereinstimmt.

335. Mehrere in rel. später zeit zusammengewachsene juxtapositionen können nur fortis 2 auf dem zweiten juxtap.-gliede haben, wenn dieses als simplex die acc. 2 bekommt, z. b. *ehu^{2}ru* 'obwohl' (nicht *ehu^{1}ru*; < aschw. *ǣ huru*). Der grund dafür ist der, dass die acc. *rannsa^{1}ka* etc. schon zu der zeit durchgeführt war, als *ǣ* und *huru* zu einem worte zusammenwuchsen. Dies ist der fall z. b. bei juxtapositionen mit *e-*, aschw. *ǣ* 'immer': *ehuru*, *emedan* 'weil' (aschw. *ǣ mæþan*); ebenso auch mit *emellan* 'zwischen' (aschw. *ī mællom*). Auch im norw. und dän. bekommen in später zeit zusammengewachsene juxtapositionen wie *hina^{2}nden* 'einander', *hvera^{2}ndre* 'einander', *halva^{2}nden* 'anderthalb' etc. die acc. 2 (Broberg in Blandinger I, 315).

336. Man kann die frage aufwerfen, ob das sth. in seiner acc. *rannsa^{2}ka*, *förs$ö^2$ka* etc. und Höysgaards sprache in der entspr. acc. (*beta^{2}le* etc.) eine uralte acc. beibehalten haben. Diese frage muss, was das sth. anlangt, und wahrscheinlich auch was Höysgaards sprache betrifft, verneinend beantwortet werden.

Bei der acc. von composita zeigt das sth. einen im allgemeinen sehr modernen standpunkt. So hat es z. b. (im gegensatz zu gewissen andern dialekten) den fortis in composita gewöhnlich auf das erste comp.-glied verlegt; es hat auch (ebenfalls im gegensatz zu verschiedenen dialekten) die acc. 1 auf dem ersten comp.-gliede in ungemein grossem umfange durch analogie gegen die acc. 2 vertauscht. So ist es

---

* Nach Noreen: Aschw. gramm. § 142 anm. 8 (vgl. auch Beckman im Ark. nf. XI, 84 f.) soll *-i* in aschw. *likami* 'körper' lautgesetzlich sein und die acc. *liku^{2}mi* zeigen. Das ist jedoch wahrscheinlich nicht richtig. Der endungsvocal *-i* ist nämlich auch in mehreren abgeleiteten wörtern wie dat. *hærskapi* 'familie', nom. pl. *ēnsami* 'einsame' etc. zu finden und erklärt sich nach meiner darstellung in Fsv. ljudl. II, 346 f.

denn nicht wahrscheinlich, dass es in der (übrigens nur fac. gebrauchten) acc. *rannsa^2ka*, *försö^{2}ka* im gegensatz zu vielen altertümlichen mundarten etwas ursprüngliches bewahrt haben sollte, um so weniger als diese acc. vom sth. im wesentlichen nur in lehnwörtern (*försö^{2}ka* etc.) gebraucht wird. In lehnwörtern aber muss die acc. 1 das ursprünglichere sein (vgl. 133, 324 ff.). Vielmehr haben in relat. später zeit die älteren *försö^{1}ka*, *rannsa^1ka* etc. nach *sö^{2}ka* 'suchen', *dra^2ga* 'ziehen' etc. durch analogie fac. die acc. 2 angenommen.

Ähnlich ist es wahrscheinlich auch mit Höysgaards sprache gewesen, obwohl seine acc. von comp. noch nicht vollständig untersucht ist. Über die acc. des zweiten comp.-gliedes im schleswigschen siehe 300. Ausführlicher über die hier behandelte acc. Akc. II, 75—90.

Lage des semifortis und infortis.

I. Semifortis in wörtern mit fortis auf dem ersten comp.-gliede.

337. Hat das compositum fortis 2 auf dem ersten comp.-gliede, so ruht starker semifortis auf dem zweiten comp.-gliede, z. b. *sa^2mmankàlla* 'zusammenrufen'; hat das compositum fortis 1 auf dem ersten comp.-gliede, so ruht schwacher semifortis auf dem zweiten comp.-gliede, z. b. *vä^{1}rdshùs* 'wirtshaus'. Da die acc. 1 in composita vorzugsweise im südl. Schweden zur anwendung kommt, so hat dort der schwache semifortis seine grösste verbreitung.

Einfache composita erhalten semifortis auf der fortissilbe des zweiten comp.-wortes, z. b. *vi^2ntergàta* 'milchstrasse' (vgl. *ga^2ta* 'strasse').

Zwei- und mehrfache composita haben semifortis auf dem zweiten comp.-worte, z. b. *ri^2ksdagsmanna-vàl* 'wahl der reichstagsabgeordneten', *mi^2dsommarnatts-dröm* 'mittsommernachtstraum'. Ist das zweite comp.-wort ein simplex, ruht der semifortis natürlich auf dessen wurzelsilbe, z. b. *å^{2}lder-stìgen* 'bejahrt'. Ist das zweite comp.-wort selbst formell zusammengesetzt, fällt der semifortis auf die silbe, wo er liegt, wenn das zweite comp.-glied allein gebraucht wird, z. b. *gu^2ld-armbànd* 'goldenes armband' (vgl. *a^2rmbànd* 'armband', *vi²nter-solstånd* 'wintersonnenwende' (vgl. *so²lstånd* 'sonnenwende'). Die aschw. ortsnamen *Ternabulstad* etc. mit *u* trotz *bōlstaþer* 'wohnsitz' mit *ō* zeigen, dass diese acc. schon im aschw. angewandt wurde (Kock in IF. II, 334 anm. 1).

Auch andere alte germ. sprachen gebrauchten ähnliche acc., z. b. ags. *ríhtwīs* : *únrihtwīs* (Kluge in GgPh. I² s. 394). Über die nhd. acc. *lúngenschwìndsucht* aber *géldanwèisung* etc. vgl. Hempl. s. 259 f.

338. Bei der acc. *gu²ldarmbànd* hat sich teilweise eine rhytmische tendenz geltend gemacht, nämlich die, eine um die andere silbe stärker zu accentuieren. Diese acc. beruht aber teilweise darauf, dass composita vom typus *armband* in der alten sprache oft auf dem zweiten comp.-gliede fortis hatten.

339. Ausführliche regeln über die lage des semifortis in Akc. II, 163-175 (vgl. schon Regnér: Svensk metrik (1804) s. 305 f., 311 f., J. A. A[urén]: Quantitetslära s. 93 ff.).

340. Die regeln für die lage des semifortis sind im norw. und dän. im wesentlichen dieselben wie im schw. Man accentuiert also z. b. *úrmènneske* 'urmensch', *bógtrykkersvènd* 'buchdrucker-lehrling', norw. *gúld-armbånd* 'goldenes armband', dän. *sól-opgàng* 'sonnenaufgang' (aber nach Mikkelsen z. b. dän. *méssing-lỳsestage* 'messingleuchter'; Mikkelsen s. 71).

Exkurs. Reduktion des semifortis auf dem zweiten comp.-gliede in älterer und neuerer zeit.

341. Der exspirationsdruck auf einer semifortis-silbe hat oft die tendenz abzunehmen, so dass der semifortis mehr oder weniger reduciert wird, bisweilen so sehr, dass er zum levis, levior oder sogar levissimus wird. Dies ist besonders der fall, wenn die semifortissilbe unmittelbar auf die fortissilbe folgt.

A. Reduktion des schwachen semifortis.

342. Der schwache semifortis hat die grösste reduktionstendenz. Unmittelbar nach einer fortissilbe bleibt der schwache semifortis nur bei vollkommen sorgfältiger aussprache stehen (z. b. *stri¹dsmàn* 'streiter'), wird

dagegen bei weniger sorgfältiger aussprache teilweise reduciert. In vielen vollkommen gangbaren (nicht zufällig gebildeten) composita mit der acc. 1 geht diese reduktion noch weiter, so dass der schwache semifortis zum levis, levior oder sogar levissimus werden kann. Die wörter haben also eine bedeutende aussprache-latitüde. Dies ist z. b. der fall mit composita auf *-dag* (*middag* 'mittag' etc. 320; vgl. dass schon im aschw. der reim *fredaghin* : *in* vorkommt), *-bär* (*körsbär* 'kirsche' etc. 325), die verwandtschaftsnamen *farfar* 'grossvater' etc. (321), u. a. m. Akc. II, 179.

343. Obwohl die zahlwörter auf *-ti(o)* : *tretti(o)* '30' etc. (313, β) noch immer vom sprachgefühle als composita aufgefasst werden, sind sie doch formelle simplicia mit levissimus (aus älterem semifortis) auf der zweiten silbe geworden.

Ein übergang von den formellen composita zu den formellen simplicia ist vollkommen z. b. auch in folgenden wörtern durchgeführt worden, welche doch jetzt als simplicia aufgefasst werden: *hundra* '100' (< *hundraþ* 309), *tusen* '1000' (< *þūs[h]und* 310), *usel* 'elend' (< *ūsal* 310), *Smålen* (und *Småln* neben *Småland* mit der acc. 1, weil ält. pl. *Smā*[1] *la*[1]*nd* 313, β), *drotset* 'drost' (Weste *dro*[1]*tset*, jetzt *drots*, aschw. *drōtsæte*), *någon* 'irgende in' (im Burträsk-dialekt *na*[1]*gen*, aschw. *nakon*, *naqwar*, isl. *nakkvarr* 102, 247), die zahlwörter *sjutton* '17' (auch *aderton* '18'), *nitton* '19' (317). Hierhin gehören auch verschiedene personennamen mit der acc. 1 (meistens abwechselnd mit der acc. 2), z. b. *Erik* (aschw. *Ērīker*, isl. *Eirīkr*), *Sixten* (aschw. *Sighstēn*), auch solche auf *-ar* wie *Gunnar*, *Ragnar*, welche vielleicht schon in der alten sprache formelle simplicia waren (isl. *Ragnarr*, < **-hariʀ*; merke jedoch dat. *Ragnari* ohne synkope). Doch kann die accentreduktion in vornamen auch von deren gebrauch in rel. unaccentuierter stellung ausgegangen sein (vgl. 120); dies gilt auch von *någon*.

Auch die urspr. juxtapositionen *hvarest* 'wo', *därest* 'wenn', *hoppsan* 'hopsa', *hejsan* 'heisa' sowie *härna*, *därna* (104), desgl. artikulierte formen von subst. wie *handen* 'die hand' etc. sind formelle simplicia.

344. Es ist selbstredend, dass, wenn der wurzelvocal

des zweiten comp.-gliedes synkopiert worden ist, das compositum vorher erst zu einem formellen simplex geworden ist; das ist z. b. in folgenden wörtern mit der acc. 1 der fall gewesen: *Sverge* 'Schweden' (< aschw. *Swēr(i)ghe*, *Swē(a)rīke* 316), *Norge* 'Norwegen' (aschw. *Nor(e)ghe*; vgl. dass sich in aschw. gedichten reime finden, wie *Norighe* : *see*, *Norighis* : *wiis*, Bure: Rytmiska studier öfver knittelversen), *hvilken* 'welcher' (aschw. *hwīl(ī)kin* 310), *hocken* 'welcher' (< aschw. *hol(ī)kin* 310), *tocken* 'solcher' (< aschw. *þol(ī)kin* 310), *åska* 'donner' (< ält. nschw. *åsekia*, aschw. *āsikkia* 309), *Vesterås* (< ält. nschw. *Westerårs* < aschw. *Væstra ārōs*; *ārōs* juxtaposition aus *ār*, gen. sg. von *ā* 'fluss', und *ōs* 'mündung'). Aschw. *hwatna* 'was auch immer' < *hwatvitna* (aus *hwat* 'was' und dem im isl. *vǣttr* 'geschöpf' begegnenden worte), *hingat* 'hierher' (< **hin-weg-at*), agutn. *þengat* 'dahin' (< **þen-weg-at*) hatten die acc. 1 nach 312. Ungewiss ist es, ob aschw. *sārke* 'wunde', *sārəke*, *værld* 'welt' < *væruld*, nschw. *lärft* 'leinwand' < *läreft*, aschw. *lǣrept* (isl. *lērept* < **līn-rept*, *-ript*; acc. 1 durch analogie 316?) die acc. 1 vor der syncopierung angewendet haben. Vgl. Kock: Sv. språkh. 55 f.

345. Aus den lautverhältnissen gewisser wörter lässt sich als wahrscheinlich annehmen, dass dieselben in der alten sprache die acc. 1 hatten, obwohl sie nunmehr die acc. 2 angenommen haben oder ungebräuchlich geworden sind. Nach 247,2 ist verlängerung des consonanten mit verkürzung des voraufgehenden vocals z. b. in folgenden noch immer mit der acc. 1 ausgesprochenen wörtern eingetreten: nschw. *kä¹rring* 'altes weib' (aber *kä²ring* < *käring*; vgl. 473,7), *fruckost* 'frühstück' aus *frūkost*, *träggård* aus *trägård* 'garten', (Weste) *ickorn* 'eichhorn' (aschw. *ēkorne*, *īkorne*), *bitti*, *bittida* 'früh' (aschw. *bīt(t)īdha*, mnd. *bītīden*), *nitti* '90' aus *nīti(ghi)* etc., *sjutton* '17' aus *siūtān* etc. Auch folgende wörter mit verlängerung des auf den wurzelvocal folgenden consonanten und mit reduktion des accentes auf dem zweiten comp.-gliede haben darum wahrscheinlich früher die acc. 1 gehabt: ä. nschw. *hybbele* 'nest, loch', nschw. *hybble* (aschw. **hȳbīle*, isl. *hȳbȳli*, *hībīli*), aschw. ortsname *Nybbele*, nschw. *Nibble* (aus *Nȳbȳli*), nschw. *fattig* 'arm' (aus aschw. *fategher*, *fāteker*, *fātəker*), aschw. *hæggume* 'thorheit' (und *hǣgōme*, isl. *hēgōmi*). Die acc. 1 kann auf dem wege der analogie aus andern composita mit vocalisch ausgehendem erstem comp.-glied (316) übertragen worden sein.

346. Auch wörter mit schwachem semifortis auf gewissen ableitungssilben im aschw. sind im nschw. formelle simplicia geworden.

Die endung *-unde* in den ordnungszahlen *āt(t)unde* '8te', *nīunde* '9te', *tīunde* '10te' hatte in der alten sprache semifortis auf der paenultima. In schriften mit vocalbalance findet man nämlich diese formen mit *u* (trotz *nīo*, *tīo* mit *o*). In übereinstimmung hiermit hat die isl. hs. AM. no. 1812, 4°, die sonst den endvocal *o* anwendet, *nīunde*, *tīunde* mit *u* (aber *nīo*, *tīo*). (Siehe Kock: Fsv. ljudl. I, 179, II, 367; L. Larssons ausgabe von AM. 1812, glossar und vorrede s. XII). Die wörter *nīunde*, *tīunde* hatten die acc. 1 (129) und somit schwachen semifortis; so fac. auch *āttunde* (129). Jetzt sind *åttonde*, *nionde*, *tionde* formelle simplicia. Über die endung *-ind* siehe 355.

Siehe betreffs der endungen *-isk* (z. b. *þȳþiskar* 'deutsch'), *-ist* (z. b. *þiǣnist* 'dienst') Kock: Fsv. ljudl. II, 301, 369, 376.

B. Reduktion des starken semifortis.

347. Auch der starke semifortis kann, vorzugsweise in wörtern, in denen die semifortis-silbe unmittelbar auf die fortissilbe folgt, zu levis und sogar zu levissimus reduciert werden.

Viele derartige composita können mehr ausnahmsweise als formelle simplicia ausgesprochen werden, z. b. *näsduk(en)* '(das) taschentuch', *middag(en)* '(der) mittag', *afvita* 'unsinnig' (aschw. *af-vita*). Bei andern ist diese aussprache ganz gewöhnlich und wechselt sehr oft mit der älteren, z. b. bei *alldeles* 'ganz' (aschw. *aldēlis*, *allalēþis*), *särdeles* 'besonders' (aschw. *særdēlis*), *helvete* 'hölle' (aschw. *hælvīte*), *antingen* 'entweder' (umgebildet aus aschw. *annatt(w)iggia*, *-twæggia*), *elak* 'böse' (aschw. *ēlăker*; mundartlich *iälåk* < *ēlāk*), *bröllop* 'hochzeit' (aschw. *bryllop*, *bryllǫp*, isl. *brūþlaup*), *afrad* 'herrengefälle' (aschw. *afrāþ* 442), *kärlek* 'liebe', *jungfru* 'jungfrau'.

348. Andere alte composita sind ganz und gar formelle simplicia geworden, z. b. *hustru* 'gattin' (< *hūsfrū*), *spilta* 'stand (im pferdestall)' (< **spiltā* < **-ta(n)hu*; vgl. nschw. dial. *spila* f. 'latte' und aschw. *tā* n. 'dorfstrasse' sowie nnorw. dial. *spiltog* < **spiltāg*), *tinning* 'schläfe' (aschw. *thynninger*; vgl. isl. *þunnvengi*, *þunnvangi*), *fästing* 'holzbock' (eigentl. 'vieh-stich', zusammengesetzt aus *fä* 'vieh' und *sting* 'stich', Rietz s. 133), *småtting* 'kleine(r)' (< *små ting* 'kleine dinger', Tamm: Avledningsändelser hos svenska substantiv 56), der adj. gebrauchte gen. *stackars* 'arm' (schon aschw. *stakkars*, gen. von *stafkarl* 'alter mann der des stockes zum gehen bedarf'), *stackare* 'armer mensch' (umgebildet aus aschw. *stafkarl*), *nafvare* 'bohrer', umgebildet aus aschw. *nawar* (< **naƀaʒaiʀaʀ*, vgl. ahd. *nabagēr*), *gammal* 'alt' (aschw. isl. *gamal(l)*, got. **ga-mēls*), *el(lo)fva* '11' (aschw. *ælliwo*, isl. *ellifu*), ä. nschw. *le²kamen* 'körper' (Weste; aschw. *līkame*; vgl. dän. *legeme*, aschw. dial. *guzlikæmæ* 349; jetzt *lekåmen* 81), *vadmal* 'grober wollenstoff' (und *valman*, aschw. *vaþmāl*, Kock in Beitr. XV, 261 anm.). Hierhin gehören auch die zahlwörter *tretton* '13', *fjorton* '14', *femton* '15', *sexton* '16' (< *trettån*, *þræt(t)ān* etc.; über *tt* in *þrættān* siehe Kock im Ark. nf. V, 140 f.) und wenigstens in gewissem grade alte composita auf *-stu*: *förstu*, *farstu* 'hausflur', *råstu* 'rathaus', *bastu* 'badestube'. Sie sind teils aus obl. casus *forstuwu* etc. entstanden, teils in doppelt zusammengesetzten wörtern wie *badhstu[ghu]-karl*, *-piga* 'badediener, -mädchen' ausgebildet worden (Kock in TfF. nr. VIII, 297 anm., Hellquist in Sv. landsm. XV, no. 6). Dagegen erhalten *förstuga*, *farstuga*, *rådstuga*, *badstuga* noch immer den semifortis auf der paenultima.

Auch gewisse zusammengesetzte personennamen mit der acc. 2 sind nunmehr formelle simplicia geworden, z. b. *Gösta* (< *Gøtstawer*, *Gautstafr*), *Ingemar* (< **Ingimāriʀ*, vgl. isl. *mǽrr* 'berühmt'), *Ola* masc. (aschw. *Olāwer*, isl. *Ōlāfr*), in dem schonischen dialekt *Olu* fem. (isl. *Ōlǫf*), *Boel* (< *Bōthild*). Möglicherweise ist jedoch die accentreduktion in derartigen personennamen von deren anwendung in rel. unaccentuierter stellung ausgegangen, vgl. 120. Der ursprung des zweiten comp.-gliedes ist in solchen wörtern für das sprachbewusstsein verdunkelt. Vgl. Kock: Akc. II, 182, 196 f., 198 f., J. V. Lindgren in Sv. landsm. XII, no. 1, s. 48 f.*

349. Dialektisch ist schon im aschw. der semifortis zum infortis in verschiedenen composita reduciert worden (sei es, dass sie die acc. 2 oder die acc. 1 hatten); dies geht aus den lautverhältnissen hervor z. b. in

folgenden wörtern im Upplandslag, in welchen *ă* oder *ā* in der infortissilbe zu *æ* übergegangen ist: *iamlængæ* (< *iamlange* 'gleichmässige (zeit-)länge'), *guzlikæmæ* (< *līkame* 'körper'), *affræþ* (statt *affrăþ* 442), *-tæn* (neben *-tan*) in zahlwörtern, z. b. *fæmptæn* '15', *upsælæ* 'Upsala', *ranzækæn* 'untersuchung' (nschw. *rannsakan*). Vgl. Kock: Fsv. ljudl. I, 139 f. Dass in manchen gegenden die zahlwörter auf *-tān* schon sehr früh formelle simplicia geworden sind, geht daraus hervor, dass sie in mehreren mundarten heute auf *-tan* (nicht wie in der rspr. auf *-ton* < *-tån*) ausgehen: *fämtan* '15' etc. In solchen mundarten ist *-tān* zu *-tăn* geworden, bevor das lange *a* in der fortis- und semifortissilbe in *å* überging (*gāta* > *gåta* 'rätsel' etc.).

wörtern auf *-lig*(*h*) aus ält. *-lēk*(*er*): aschw. *kǣrlēker* : *kǣrlig* 'liebe' und wahrscheinlich auch in wörtern auf *-lik* aus ält. *-lēker*: aschw. *tioklēker* : *tiokliker* 'dicke' etc. Kock: Sv. Språkh. 39.

wörtern mit *e* aus ält. *ø̄* im zweiten comp.-gliede: aschw. *Skānø̄ Skāne*, *Almø̄ Alme* u. a. composita auf *-ø̄* 'insel', *hōsprø̄a hōsprea* 'hausfrau', *ēþsø̄re ēþzere* 'eidschwur', *bryllø̄pe bryllepe* 'hochzeit' etc. Vgl. Kock im Ark. IV, 177, nf. I, 96; Bugge Ark. IV, 127 f.

350. Auch formelle composita mit der acc. 2 und gewissen ableitungsendungen sind auf dem wege formelle simplicia zu werden oder sind es schon geworden.

351. Im sth. (und in der sprache von Svealand) werden

---

* Das eine oder andere der oben angeführten urspr. composita hat vielleicht früher die acc. 1 gehabt, und es ist möglich, dass in solchem falle bei dieser acc. die accentreduktion eintrat.

die flektierten formen von zweisilbigen wörtern auf *-sam*, *-dom*, *-skap* oft als formelle simplicia ausgesprochen, z. b. *pra²tsammà* 'gesprächige', *u²ngdommàr* 'junges volk', *sä²llskapèt* 'die gesellschaft'. Dagegen haben wörter mit diesen ableitungsendungen ihre ältere aussprache als formelle composita, wenn die ableitungsendungen von der fortissilbe durch eine zwischenliegende silbe getrennt werden, z. b. nur *å²lderdòmen* 'das altertum' (nicht **å²lderdomèn*; [Schwartz-]Noreen: Svensk språklära s. 31, Kock: Akc. II, 182). Die entwicklung, welche die wörter auf *-sam*, *-dom*, *-skap* begonnen haben, ist in wörtern mit gewissen andern ableitungsendungen fast abgeschlossen oder bereits abgeschlossen.

352. Die endung *-līker* (z. b. aschw. *brotlīker* 'zerbrechlich', *innerlīker* 'innig') trug in der alten sprache semifortis (fac. auch fortis 473,5), was unter anderm daraus hervorgeht, dass in den meisten aschw. schriften mit vocalbalance diese endung davon unabhängig *i*-laut hat, sowie daraus, dass dieselbe im adän. im widerstreit mit dem vocalharmoniegesetz *i* (*ūloflīkæ* 'ohne erlaubnis' etc.) verwendet (Kock in Ark. nf. I, 85). Fac. wird noch immer der semifortis auf *-lig* gebraucht, wenn diese ableitungsendung von der fortis-silbe durch eine andere silbe getrennt ist, z. b. *i²nnerlìg(a)* 'innig(e)'. Sonst sind diese wörter formelle simplicia geworden, z. b. *synlig(a)* 'sichtbar(e)'.

Dialektisch ist dieser übergang in formelle simplicia sehr zeitig eingetreten, wenn *-līk* unmittelbar auf die wurzelsilbe folgte. Dies geht z. b. aus aschw. dial. *brytligen*, *brøtlikin* (neben *brutlīker*, *brotlīker*), *tøliker* (neben *þolīker*) 'solcher' mit umlaut hervor. Da der jüngere *i*-umlaut durch einen langen *i*-laut nicht bewirkt wurde (Kock in Sv. landsm. XII, no. 7 s. 27 anm. 2; Ark. nf. X, 223), so ist *ī* in *brutlikr*, *brotlikr* vor dem abschluss der jüngeren *i*-umlautsperiode dialektisch (wenigstens teilweise) verkürzt worden. Dass derartige wörter im aschw. formelle simplicia sein konnten, wird durch Cod. burean. bestätigt, wo *-lik* : *-lek* gemäss dem vocalbalance-gesetz wechseln, z. b. *þolika* : *særleka* 'besonders'.

353. Die endungen *-ing(e)*, *-ung(e)* (z. b. aschw. *drōtning* 'königin', *arwinge* 'erbe', *konunger* 'könig', *Folkunge*)

tragen in der alten sprache semifortis (fac. fortis 473,7). Dies geht daraus hervor, dass aschw. schriften mit 'vollständiger vocalbalance' für *i* : *e* (*fāþir* aber *mōþer* etc. 196) und mit vocalbalance für *u* : *o* in diesen endungen *i*, *u* (nicht *e*, *o*) anwenden, z. b. *drōtning* 'königin', *fiarþunger* 'viertel'; ferner daraus, dass die endung *-ung* in adän. schriften mit vocalharmonie *u* (nicht *o*) hat, z. b. *ātung* 'achtel'; sowie endlich daraus, dass isl. hss., welche sonst als endungsvocale *-e*, *-o* haben, in den endungen *-ing*, *-ung* *i*, *u* anwenden, z. b. *ritning* 'schrift', *ǫllunges* 'ganz' (Kock: Fsv. ljudl. I, 227—231; II, 300; Ark. nf. I, 85, Akc. II, 318 ff.).

Dass jedoch schon im aschw. wörter mit diesen endungen dialektisch formelle simplicia geworden sind, zeigen die lautverhältnisse im sog. Westgötalag IV. Die vocalisation der endungen wechselt hier nämlich gemäss dem vocalharmoniegesetz, wie dies mit den vocalen der infortis-silben der fall ist, z. b. *hærœzhofþenge* 'amtsrichter' : *pænningœr*, *folkongœr* : *fiœrþungœr* (Fsv. ljudl. I, 231). Im nschw. ist die aussprache dieser wörter als formelle simplicia im allgemeinen ganz durchgeführt. Dialektisch ruht jedoch der semifortis auf *-ing* in ortsnamen mit *-köping* als zweitem comp.-glied, z. b. *No²rrköpìng*, und die aschw. *almœninger* 'allmende', *norrlœninger* 'norrländer' (mit *n* < *nn*) zeigen, dass im aschw. dieselbe acc. angewendet werden konnte. Noch heute wird accentuiert *Fo²lkùnge* und fac. *a²rfvìnge* 'erbe' (vgl. Akc. II, 166, 191).

354. Die part.-endung *-ande* (z. b. in *ēghande* besitzer') trug im aschw. semifortis (fac. vielleicht fortis) auf der paenultima. Im Upplandslag wird nämlich in dieser endung das *a* beibehalten (z. b. *eghandi*), während in dieser urkunde in endungen, welche in der aschw. rspr. (starken oder schwachen) levis erhielten, *a* zu *œ* geworden ist. An der erwähnten acc. liegt es auch, dass *a* im aschw. dialektisch vor *nd* im part. auf *-ande* zu *ā* (jüng. *å*, *o*) verlängert worden ist, z. b. *frœmande* > jüng. aschw. *frœmonde*, ä. nschw. *fremmånde* 'fremd'. Auch im adän. bekam die part.-endung *-ande* semifortis, denn sie behält *a* im widerstreit mit der vocalharmonie

(z. b. *wœriande* 'verteidiger'). Schon in der gemeinnord. sprache wurde in der endung *-andi*, wie auch in der endung *-undi*, dieselbe acc. gebraucht; in diesen endungen tritt nämlich der *i*-umlaut ein, z. b. isl. *gefendr* pl. 'geber' (< **geƀandiʀ*), isl. *rettyndi* 'recht'. Hof (1777) scheint die part. auf *-ande* (*lefvande* 'lebend' etc.) den semifortis (oder levis) auf der paenultima bekommen zu lassen, und noch heute spricht man dialekt. *fi²ènde* 'feind' (und *dö²dsfiènde* 'totfeind') ạus. Der Upplands-dialekt wendet z. b. die aussprache *främánde* 'fremd' mit fortis auf der paenultima an. In der nschw. rspr. aber sind *främmande* etc. formelle simplicia. Kock: Fsv. ljudl. I, 140, II, 314, 368, Sv. språkh. 48, Ark. nf. I, 77; vgl. auch R. Larsson: Södermannalagens språk I, 61, Beckman im Ark. nf. VII, 236.

355. Die endung *-ind* (z. b. *fæghrind* 'schönheit', *sannind* 'wahrheit') hatte im aschw. semifortis (fac. sogar fortis 473,8), denn schriften mit vollständiger vocalbalance für *i*:*e* haben in derselben *i* (nicht *e*; Kock: Fsv. ljudl. II, 301, 304, 367); im nschw. ist sie durch analogie gegen *-ing* vertauscht worden (*fägring* 'schönheit', *sanning* 'wahrheit'). Auch *-inde* (z. b. *œrinde* 'geschäft') wendete wahrscheinlich im aschw. semifortis an (ib. 305, 368); jetzt sind *ärende* etc. formelle simplicia.

356. Die endung *-iskia* (z. b. *mænniskia* 'mensch') trug im aschw. semifortis (fac. auch fortis 474), was aus demselben umstande hervorgeht, der da zeigte, dass *-ind* semifortis hatte; ausserdem ist der *i*-laut noch immer erhalten in dem jetzt als formelles simplex ausgesprochenen *människa* (Kock ib. 369). Im ä. nschw. wurde fac. *menniskia* accentuiert (399).

357. Auch *-igh* (z. b. aschw. *nādhigher* 'gnädig'; vgl. got. *-eigs*), welches im nschw. noch immer den *i*-laut (nicht *e*-laut) hat, besass vormals möglicherweise den semifortis (vgl. Beckman im Ark. nf. VII, 236 mit anm. 2, aber auch Kock: Fsv. ljudl. II, 307). Dies war sicher der fall mit der endung *-ōtter*, z. b. *skallōtter* 'glatzig' etc. mit langem *o* und *tt* (vgl. isl. *skǫllōttr* etc.); nunmehr sind die archaistischen *skallot* etc., ebenso wie *nådig* etc. formelle simplicia.

358. Das aschw. wendete semifortis auch auf der einen oder andern ableitungsilbe an, welche heutzutage verloren

ist. So lag der semifortis auf der paenultima der endung *-īne*: *fæþrīne* 'vaterschaft', *mōþrīne* 'mutterschaft' (vgl. got. *fadrein* n. 'vaterschaft', *fadreins* f. 'geschlecht'). Ebenso war das verhältnis im adän. (aschon.; *fæþrīni*, *mōþrīni*). Dies geht daraus hervor, dass diese wörter im widerstreit mit der vocalbalance im aschw. und z. t. im widerstreit mit der vocalharmonie im adän. *i* in der paenultima anwendeten (Kock ib. 297, im Ark. nf. I, 85).

359. Dialektisch konnten im aschw. gewisse endungen semifortis bekommen, obwohl die wörter in der aschw. rspr. und auch im nschw. formelle simplicia sind. Dies war der fall mit der

endung *-are* (z. b. *dræpare* 'totschläger'); dieselbe hat nämlich in schriften mit vocalharmonie, im streit mit (oder unabhängig von) dieser, den endvocal *a* (nicht *æ*). In der eigentlich alten sprache konnte diese endung semifortis anwenden, da im isl. der *i*-umlaut eintritt, z. b. *dōmeri* 'richter' (vgl. got. *dōmareis*). Hiermit ist zu vergleichen, dass im shetländischen (nach Jakob Jakobsen: Det norrøne sprog på Shetland, s. 26, 145) *bjintar* (= isl. **bindari*) 'ein kalter trockner nordostwind' gleich starken accent auf beiden silben hat. Vgl. teilweise Kock: Fsv. ljudl. I, 124; R. Larsson: Söderm.-lagens språk I, 63, 64, Noreen: Aisl. gramm.[2] § 64.

best. form des gen. und dat. sg. von fem. *n*-stämmen (z. b. *krōnunna, krōnunne* von *krōna* 'krone'). In gewissen schriften mit vocalbalance haben nämlich derartige formen *u* (nicht *o*) in der paenultima (Kock in Sv. landsm. XIII, no. 11, s. 9; vgl. auch ib. XI, no. 8, s. 20). Auch im isl. ruhte der semifortis in solchen formen dial. auf der paenultima, was aus der lautentwickelung isl. *ferionne* > *feriønne* (von *feria* 'fahrzeug') etc. hervorgeht (Kock in Beitr. XX, 121). Jetzt sind (nur noch in der archaistischen bibelsprache gebrauchte) nschw. formen wie *qvinnones* 'des weibes' etc. formelle simplicia.

superl.-endung *-aster* (z. b. *skyldaster* zu *skylder* 'verwandt'); dieselbe hat nämlich im widerstreit mit der vocalharmonie (im Södermannalag und im Tundalus) den endungsvocal *a* (R. Larsson a. a. o. s. 68; Kock: Fsv. ljudl. I, 119, 131).

Auch *apald* war ein formelles compositum; die ultima hat nämlich *a*, nicht *æ*, im Upplandslag, wo der endvocal *a* in silben, die in der aschw. rspr. (starken oder schwachen) levis trugen, zu *æ* geworden ist.

360. Über aschw. *annar* siehe Kock in Skandinavisches archiv I, 32, Sv. landsm. XII, no. 7, s. 21 anm., über *hemul*, *hemuld* 'recht' Kock: Fsv. ljudl. I, 224, über *ærwoþe*, *æruuþe* 'arbeit' ib. 227, über *biskoper*, *biskuper* 'bischof' ib. 226; über adän. *æruathe* 'arbeit' Kock im Ark. nf. I, 77, über (*arke*)-*biskop* '(erz)bischof' ib. 80.

361. Umgekehrt sind einige wenige, vormals formelle simplicia im nschw. fac. oder vollständig zu formellen composita geworden, wie *afvog* 'feind', *idog* 'emsig', *gissug* 'wer gut raten kann' (vgl. aschw. *awugher*, *īþogher*, isl. *ǫfugr*), welche fac. semifortis auf der zweiten silbe haben; best. form plur. auf *-ena* der wörter vom typus *lärare* 'lehrer' (*lärarena*, aschw. *læraranir*) mit semifortis auf der paenultima; *vädur* 'widder' (aschw. *væþur*) mit semifortis auf der ultima. Die acc. dieser wörter beruht darauf, dass sie archaistisch sind. Vgl. Akc. II, 199 f., wo noch andere ähnliche wörter angeführt werden.

362. Wenn dreisilbige formelle composita mit der acc. 2 (z. b. *pratsamma* 'gesprächige') zu formellen simplicia werden, so verändert sich (im sth.) nach den oben aufgestellten regeln (19, 20, 40) auch der accent der ersten silbe. In *pra²tsàmma* mit starkem semifortis auf der paenultima hat die antepaenultima zweigipfligen fortis, verbunden mit medius + gravis; der semifortis der zweiten silbe ist mit acutus verbunden, während die ultima levissimus, vereint mit gravis, hat. Wenn das wort ein formelles simplex wird, so wird der semifortis der zweiten silbe unter der form des levis, sowie auch der damit verbundene acutus auf die ultima versetzt (*pra²tsammà*). Dabei werden auch die accente der zweiten mora der antepaenultima eine mora nach dem ende des wortes zu geschoben, so dass die antepaenultima eingipfligen fortis, verbunden mit medius, die paenultima levissimus, verbunden mit gravis, erhält. Dies ist genau dieselbe entwickelung, welche sich auf einem früheren sprachstadium in dreisilbigen simplicia vollzogen hat (185).

Entwickelung von formellen composita zu formellen simplicia in den andern nord. sprachen.

363. Auch in den andern nord. sprachen sind verschiedene composita zu formellen simplicia geworden. Dies ist im dän. und norw. der fall z. b. mit *vadmel* 'grober wollenstoff' (isl. *vaþmāl*), *barsel* 'kindelbier' (< *barnsøl*), *mödding* 'düngerhaufen' (< *mögdynge*), *stàkkel* 'armer mensch' (< *stafkarl*, vgl. schw. *stackare*, *stackars*), (*fra*) *arilds* (*tid*) 'von alters her' (< **ār alda*), *ussel* 'elend' (vgl. 343), composita auf *-rig* 'reich' (adj.): *åndrig* 'geistreich', *talrig* 'zahlreich'; auf *-rig* '-reich' (subst.): *himmerig* 'himmelreich', *Frankrig* 'Frankreich'; *legeme* 'körper' (< *līkami*; vgl. 348), *helvede* 'hölle' (< *hælvīti*, vgl. 347), *nadver(e)* 'abendmahl' (< *natwærþ*). Bruun: Akc. s. 11, Mikkelsen s. 66 und besonders Torp und Falk: Dansk-norskens lydhistorie s. 35 ff., 169 ff., wo noch viele andere beispiele angeführt werden.

364. Schon im aisl. hat sich eine solche entwickelung vollzogen z. b. in *ākka* 'ich besitze nicht' (< *āka* < **ā ek at*, **ā ek ait*), *sēkka* 'ich sehe nicht' (< **sē ek ait*), *tuttugu* '20' (< **tū-tiugu* oder **tū-tugu*), *lȳritr* 'gesetzliches verbot' (< *lȳ[ð]rētr*), *eyvit* 'nichts' (< *eyvēt*), *Egþir* (< *Eggþēr*), *Hamþir* (< *Hamþēr*), *ȳmiss* pl. *ȳm(is)sir* 'wechselnd' (vgl. got. *missō*), *Niþuþr* (< *-hǫþr* < **-haðuʀ*), *orrosta* obl. casus *orrostu* 'streit' (? < **orrǫstu* **orrastu*, vgl. nhd. *rast*), *vēorr* name des þōrr (< **vi[n]hþōrr* Kluge), *gaman* 'freude' (< *ga-* + *man* 'mensch' etc. Kluge in KZ. XXVI, 70), *gamall* 'alt' (got. **ga-mēls*, ib.), *vesall* 'elend' (neben *vesǣll*; vgl. 343), *afrāþ* 'abgabe' (442), *foraþ* 'unfahrbare passage' (< **forāð*, ib.), *nafarr* 'bohrer' (< **naƀa-ȝaiʀaʀ*, ib.), *Ingimarr* (: *mærr* 'berühmt'), *endimi* 'was in seiner art allein dasteht' (neben *eindǿmi*), *andlet* 'antlitz' (neben *andlit*), *nakkvarr* 'irgend ein' (< **ne wait ek hwarjiʀ*), *þannig* (< *þannveg*) 'dorthin', *hinnig* 'dort' (< *hinnveg*), *bāþir* 'beide' (442); adj. auf *-ligr*, *-legr* (< *-līkr*): *rāþligr*, *-legr* 'räthlich' etc. (vgl. 352). Merke auch *tālkn* 'walfischbarte' (< **tannlīkan*). Vgl. Bugge: Runindskriften paa ringen i Forsa kirke 57, Aarbørger 1895 s. 123 ff., Kock im Ark. nf. III, 350 f., V, 148 mit anm., VII, 136 ff., Noreen ib. II,

331, Aisl. gramm.² § 121, § 127. Vgl. z. b. Kluge in GgPh. I², s. 392 ff. über den übergang von composita zu formellen simplicia in andern germ. sprachen.

II. Semifortis in wörtern mit fortis auf dem zweiten comp.-gliede.

365. Schwacher semifortis kann in gewissen fällen auf der ersten silbe solcher wörter ruhen, nämlich:

1. wenn der fortis weiter gegen ende des wortes liegt als dessen zweite silbe, z. b. *`åskådarínna* 'zuschauerin', *`öl-bryggerí* 'bierbrauerei'.

2. dialektisch auch wenn der fortis auf der zweiten silbe liegt, wenn nämlich der fortis in der rspr. (sth.) auf der ersten ruht, z. b. *bòkstäfver* 'buchstaben', *hö̀gmódas* 'hochmütig sein' (aber im sth. *bókstäfver*, *hö́gmodas*).

Doch hat der accent der ersten silbe eine bedeutende latitüde, so dass ihr schwacher semifortis zum levior reduciert werden kann. In gewissen wörtern von derselben form wie *bokstäfver* kann diese reduktion sogar bis auf den levissimus gehen. Dies ist besonders der fall, wenn das sprachgefühl die erinnerung an den ursprung des ersten comp.-gliedes verloren hat. So bekommen sogar in der rspr. z. b. die urspr. composita *lekámen* 'körper', *skavánk* 'schaden', *bolíner*, *manét* 'qualle' (81) levissimus auf der ersten silbe. Vgl. Akc. II, 175 f., 177, 245 anm.

III. Lage des levis, levior und levissimus.

366. Der levissimus fällt auf die erste silbe von wörtern mit fortis auf der zweiten, z. b. in wörtern auf *be-* (*betala* 'bezahlen' etc.), *ge-* (*gevär* 'gewehr' etc.), *för-* (*försvara* 'verteidigen' etc.), *e-* aus aschw. *ǣ-* (*ehuru* 'obwohl' etc.), *e-* aus aschw. *ī* (*emellan* 'zwischen' etc.). Im übrigen gelten für den gebrauch des levis, levior und levissimus in comp. dieselben regeln wie für deren gebrauch in simplicia (vgl. 151 ff.). Hierbei ist jedoch zu merken, dass nach einer semifortissilbe nicht der levis, sondern levior und levissimus angewendet werden, sowie dass die regeln für die lage dieser accente nach einer semifortissilbe dieselben sind, wie die regeln für

deren lage nach einer silbe mit fortis 1. Beisp. *rå'dhùset* 'das rathaus', *útsäga* 'aussagen' mit levissimus auf der ultima (vgl. *hu¹set* 'das haus' 152), *sta²dskrönikornà* 'die stadtchroniken' und (selten) *sta²dskrönikòrna* (vgl. *krö¹nikornà* und *krö¹nikòrna* 152), *hjärti¹nnerligà* 'herzinnige' und (selten) *hjärti¹nnerlìga*, *va²nhèderlìgarè* 'schimpflicher', *hjärti¹nnerlìgastè* 'herzinnigste' (doch kann in wörtern von der form der zwei letzten beispiele der levior der antepaenultima zum levissimus reduciert werden 153) — *kronprinse²ssà* 'kronprinzessin', *kronprinse²ssornà* 'die kronprinzessinnen' mit levis auf der ultima (vgl. *prinse²ssà*, *prinse²ssornà* 153) — *brýggeri²-ègarè* 'brauereibesitzer' mit levior auf der ersten silbe (vgl. *brýggerí* 'brauerei' 154). Über die acc. von *åskådarinna* 'zuschauerin', *bokstäfver* 'buchstaben' etc. siehe 365. Akc. II, 176 ff.

Exkurs. Gebrauch des stosses auf der semifortis-silbe im dän.

367. Während ein zweites comp.-glied mit fortis natürlich den stoss erhält, gelten in dieser beziehung für ein zweites comp.-glied mit semifortis folgende regeln.

368. Hauptregel: das zweite comp.-glied bekommt den stoss oder bekommt ihn nicht, je nach dem das wort als simplex mit oder ohne stoss ausgesprochen werden würde, z. b. *mörkeblå* 'dunkelblau', *tillstå* 'zugeben', *udebliver* 'bleibtaus' mit stoss auf dem zweiten comp.-gliede, gleichwie auch die simplicia *blå*, *stå*, *bliver* stoss haben; *Östergade* ohne stoss auf der paenultima gleichwie *gade* 'strasse'.

369. Der stoss kommt jedoch unabhänig von der hauptregel zur anwendung:

1. auch in formen von zusammengesetzten verben, deren zweites comp.-glied keinen stoss hat bez. haben würde, wenn es als simplex vorkäme, z. b. *indhegne* 'einhegen', *overveie* 'überlegen'. Diese aussprache dürfte jedoch nicht immer in allen gegenden gebräuchlich sein, da der stoss nach Bruun in solchen wörtern nur fac. angewandt wird.

2. in folgenden von zusammengesetzten verben abgeleiteten wörtern: a) adj. und subst. auf *-ende* (wenigstens fac.), z. b. *vedkommende* 'betreffende', b) subst. auf *-ing*, *-ning*, z. b. *opdæmning* 'aufdämmen', c) subst. auf *-else*, z. b. *sammen-*

sværgelse 'verschwörung', d) subst. auf *-er*, z. b. *opfinder* 'erfinder', e) subt. auf *-en*, z. b. *afsyngen* 'absingen'.

Im gegensatz zu diesen unter 2. behandelten wörtern werden z. b. folgende wörter: *stendæmning* 'steindamm', *medfölelse* 'mitgefühl', *overlærer* 'oberlehrer', *kagebagen* 'kuchenbacken' ohne stoss ausgesprochen, weil sie nicht von zusammengesetzten verben abgeleitet sind.

Der gebrauch des stosses auf dem zweiten comp.-gliede ist oft wechselnd. So können eine menge wörter, auf deren zweitem comp.-glied man nach obigen regeln keinen stoss erwartet, doch fac. denselben erhalten, z. b. *bagtanke* 'hintergedanke', *fritænker* 'freidenker', *skjævbenet* 'schiefbeinig'; viele adjektive auf *-lig*, *-ig* bekommen den stoss, z. b. *hovmodig* 'hochmütig' etc.

Vgl. Bruun: Om bogstavlydenes længde i danske ord s. 25 ff., Broberg: Manuel de la langue danoise s. 70 ff., sowie in Blandinger, udg. af Univ.-jub:s danske samfund I, 310 ff., Grundtvig s. 113, 117 f., Hommel i TfF. VIII, 30 f., Mikkelsen s. 75, 76 f., 82, Jessen: Dansk grammatik (1891) s. 71, Kock in Ark. III, 64 ff.

370. Über die ursachen des stosses auf der semifortissilbe siehe 404. Über die beibehaltung von der acc. 1 und der acc. 2 auf dem zweiten comp.-gliede mit fortis und semifortis in der mundart von Sundeved siehe 300. Diese aussprache in Sundeved beruht wohl auf dem anschlusse der composita an die entsprechenden simplicia.

V. Abschnitt.

Die ältere accentuierung der composita.

371. Schon im vorigen abschnitt haben wir, von der nschw. acc. ausgehend, gelegenheit gehabt die ältere acc. der composita in gewissen beziehungen zu beleuchten. Hier wollen wir diese frage besonders mit bezug auf die lage des fortis untersuchen. Wir werden dabei erfahren, dass eine menge urspr. juxtapositionen, die nunmehr nur éinen fortis haben, in der älteren sprache zwei fortis-accente verwendeten, sowie dass die ältere sprache den fortis in viel grösserer ausdehnung auf dem zweiten compositions-gliede ruhen liess, als es in den modernen reichssprachen der fall ist.

Composita mit zwei fortis-accenten.

372. Die moderne nschw. rspr. verwendet in mehreren composita zwei fortis-accente (294 ff.). Manchmal kann man auch fac. entweder zwei fortis-accente oder nur éinen fortis-accent werwenden, z. b. in den nomina propria *Gö²ta la¹nd* : *Gö²talànd*, *Sve²a la¹nd* : *Sve²alànd*, in *i ma²nna mi²nné* : *i ma²nnamìnne* 'seit menschengedenken'. Wenn z. b. *Göta land* zwei fortis-accente bekommt (und zwei sprechtakte ausmacht), ruht der levis auf der zweiten silbe von *Göta*; wenn es (*Götaland*) nur éinen fortis-accent hat (und nur éinen sprechtakt ausmacht), ruht der levissimus auf der zweiten silbe. Da nun *a*, *o*, *u* in der levissimus-silbe lautgesetzlich zu *e* werden (z. b. aschw. *æ²tta-lægger* > nschw. *ättelägg* 'nachkomme' 166, 168), so erklärt sich das in der levissimus-

silbe erhaltene *a* in *Götaland* daraus, dass man bei der lautentwickelung *a* > *e* in *æ²tta-lægger* > *ättelägg* noch *Gö²tà la¹nd* accentuierte (eine aussprache, die fac. noch immer vorkommt): der levis auf der zweiten silbe von *Gö²ta* conservierte den *a*-laut (158 ff.)

373. Viele urspr. juxtapositionen, in denen die endvocale *a*, *o*, *u* noch erhalten sind, hatten (ebenso wie *Götaland*) bei der lautentwickelung *a*, *o*, *u* > *e* in der levissimus-silbe noch zwei fortis-accente, obgleich man in ihnen jetzt nur éinen fortis-accent verwendet, und dies erklärt die erhaltung der alten endvocale *a*, *o*, *u*, z. b. nschw. *jordagods* 'grundstück' aschw. *iorþa gōdz*, nschw. *fårahus* 'schafstall' aschw. *fāra hūs*, nschw. *ljusastake* 'leuchter' aschw. *liūsa staki*, — nschw. *kyrkotjuf* 'kirchendieb' aschw. *kyrkio þiūwer*, ä. nschw. *lungosiuk* 'schwindsüchtig', — nschw. *varulager* 'warenlager', *gatustrid* 'strassenkampf'.

374. Auch eine menge anderer urspr. juxtapositionen, die jetzt nur éinen fortis verwenden, hatten natürlich früher zwei fortis-accente, wenn auch diese ältere acc. in den jetzigen lautverhältnissen keine spur hinterlassen hat. Dies ist z. b. gewiss der fall mit den meisten oben 313 angeführten urspr. juxtapositionen mit der acc. 1, z. b. *afvelsgård* 'meierhof' aschw. *a¹fls ga¹rþer*.

S. betr. der anwendung von zwei fortis-accenten in der alten sprache Kock in Sv. landsm. XIII, no. 11 s. 12—29.

375. Wenn in dieser weise zwei selbständige wörter durch die reduction des einen fortis-accentes zu einem semifortis zusammenwachsen, wird die acc. auch in andern beziehungen nach den 258 f. dargestellten regeln verändert. So ruhte z. b. in dem ausdrucke *liū²sa sta²ki* levis auf der ultima beider wörter, während das compositum *lju²sastàke* den fortis 2 auf der ersten, starken semifortis auf der dritten, levissimus auf der zweiten (vgl. 372) und vierten silbe trägt.

376. Das ndän. bewahrt in dem stosse auf dem zweiten compositionsgliede von urspr. juxtapositionen wie *fårehjo·rd* 'schafherde', *åndsli·v* 'geistesleben', *olietræ·* 'ölbaum' etc. die erinnerung an die früheren zwei fortis-accente. Die ältere aussprache war nämlich *få²re hjo¹rd*, *å¹nds li¹v*, *o²lie træ¹*

mit zwei fortisaccenten und mit der acc. 1 (stoss) auf *hjord*, *liv*, *træ*, weil diese wörter einsilbig sind. Auch nachdem *få²re hjo¹rd* zu *få²rehjòrd* etc. mit semifortis auf *-hjord* geworden, erhielt das zweite compositions-glied den stoss. Kock in Sv. landsm. XIII, no. 11 s. 31 f.

377. Gewisse juxtapositionen sind aber schon früh in der alten sprache (wahrscheinlich schon in gemeinnord. oder gar urnord. zeit), wenigstens fac., zu éinem wort zusammengeschmolzen. Dies ist z. b. der fall mit den namen auf *-son*, deren erstes juxtapositionsglied ein genitiv ist, z. b. isl. *Sturlus'on* (mit verlust des *-ʀ* in *-son* < *-sonʀ* trotz des simplex *sonr* mit erhaltenem *ʀ* [neben *son*]), aschw. *Biornsson*. Kock in Ark. nf. VIII, 260 ff., IX, 189 ff., 314 f.

378. In gewissen fällen sind jedoch juxtapositionen ohne zweifel nicht unmittelbar aus einer satzverbindung von zwei worten mit fortis entstanden, sondern aus einer satzverbindung von einem worte mit fortis und einem worte mit infortis. Dies ist z. b. bei dem zusammenwachsen des artikels mit einem voraufgehenden subst. der fall. So ist z. b. *húset* 'das haus' aus verbindungen wie *hū's ĕt hwī'ta* 'das weisse haus' (wo *et* als praepositiver artikel zu *hwīta* den infortis hatte) entstanden, nicht aus *hū's ét hwī'ta*.

Der platz des fortis in wörtern mit éinem fortis-accent.

379. In abschnitt IV ist dargelegt worden, dass der fortis um 1800 auf dem zweiten compositions-glied einer menge wörter ruhte, die jetzt in der rspr. (in der hauptstadt) auf dem ersten comp.-glied den fortis haben. Während des 19. jhs. ist also der fortis in einer menge wörter von dem zweiten auf das erste comp.-glied versetzt worden. Dies ist nur eine fortsetzung einer schon längst angefangenen entwickelung; auch während der vorigen jahrhunderte ist der fortis in massen von composita von dem zweiten auf das erste comp.-glied versetzt worden. D. h. mit andern worten: in der älteren sprache (und auch in gemeinnord. zeit) lag der fortis in einer menge composita, die in der jetzigen rspr. den fortis auf dem ersten comp.-glied haben und schon um 1800 (in Westes sprache) den fortis

auf dem ersten comp.-gliede hatten, ausschliesslich oder fac. auf dem zweiten comp.-gliede.

Zur beleuchtung jener älteren acc. will ich erst einige aufschlüsse über den platz des fortis in gewissen modernen nordischen dialekten geben.

Der platz des fortis in modernen nord. mundarten.

380. Für den *dialekt von Süd-Schonen* (im gau Skytt) gelten wesentlich folgende regeln. S. ausführlicher Akc. II, 238—45.

1. Composita, die in der rspr. den fortis 1 auf dem ersten comp.-glied tragen (bez. tragen können), haben auch in dem dialekt den fortis 1 auf diesem comp.-glied, z. b. *li¹sspong* (rspr. *li¹spund* 'liespfund' aschw. *līfspund* mnd. *līspund*, *līves pund*; vgl. 325).

2. Einfach zusammengesetzte wörter, die in der rspr. den fortis 2 auf dem ersten comp.-glied haben, werden in folgender weise accentuiert:

I. Wenn das erste comp.-glied in der alten sprache mehrsilbig ist, bekommt es den fortis (ebenso wie in der rspr.), z. b. *ha²vre-grȳn* (rspr. *ha²fre-grȳn* 'hafergrütze'; vgl. isl. *hafri*).

II. Wenn das erste comp.-glied einsilbig ist, bez. wenn es in der alten sprache (im isl.) einsilbig war, ruht der fortis auf dem zweiten comp.-glied. Dies ist eine feste regel. Diese grosse und wichtige wörtergruppe wird also in dem dialekt und in der jetzigen rspr. ganz verschieden accentuiert.

Beispiele: A. Das erste comp.-glied ist eine partikel. Das compositum ist a) ein verb, z. b. *anggå'* (rspr. *a²ngå`* 'angehen') b) ein subst., z. b. *udslä'tt* (dän. rspr. *údslæt* 'ausschlag') c) ein adjektiv, z. b. *ovíss* (rspr. *o²vìss* 'ungewiss') d) eine partikel, z. b. *inghýses* (rspr. *i²nhỳses*; *bo i. hos ngn* 'bei einem einwohnen'). — B. Das erste cómp.-glied ist ein anderes wort. Das compositum ist a) ein subst., z. b. *lerfád* (rspr. *le²rfàt* 'thönerne schüssel'), *gövlväddj* (rspr. *ga²fvelvägg* 'giebelwand', isl. *gaflveggr*), *fingeränne* (rspr. *fi²ngerända* 'fingerspitze'; vgl. isl. *fingr*), *våvnhús* (dän. rspr. *vå'benhùs* 'kirchenhalle') b) ein adjektiv, z. b. *storóri* (rspr. *sto²ròrdig* 'prahlerisch', vgl. isl. *stōr-orþr*),

c) ein verb, z. b. *vålúe* (rspr. **vå²ldlöpa* 'durchgehen' (von pferden)).

381. Wörter mit langen ableitungsendungen folgen denselben acc.-regeln wie die gewöhnlichen composita, z. b. wörter auf *-skav* (rspr. *-skap*) : *sälskáv* (rspr. *sä²llskàp* 'gesellschaft') etc., *-dåmm* (rspr. *-dom*) : *lärdå'mm* (rspr. *lä²rdòm* 'gelehrsamkeit') etc., *-samm* (rspr. *-sam*) : *tjisámm* (dän. rspr. *kédsom* 'langweilig') etc. Auch *arvinge* (rspr. *a'rfvinge* 'erbe').

382. Wenn der fortis auf dem zweiten comp.-glied ruht, bekommt die wurzelsilbe des ersten comp.-gliedes den semifortis z. b. *ùdslätt*; dieser accent kann jedoch bei wörtern mit einsilbigem erstem comp.-glied bedeutend reduciert werden (bisweilen bis zum levissimus).

383. Es ist selbstverständlich, dass die regel für den platz des fortis in diesem dialekt zu einer zeit durchgeführt wurde, als die wörter der alten sprache auf *-r*, *-l*, *-n* (isl. *fingr*, *gafl*, *vāpn* etc.) noch einsilbig waren; sonst würde man nämlich in dem dialekt jetzt nicht *fingeränne* etc. mit fortis auf dem zweiten comp.-gliede accentuiert haben. In dem dialekt finden sich aber auch einige wenige nunmehr formal einfache wörter, die in der alten sprache composita waren, z. b. *vi'ngu* (dän. *vindue* 'fenster' aschw. *vindogha* < [isl.] *vindauga*), *å'ppled* (isl. *upphlutr* 'the upper part of a kirtle'). Die acc.-regel muss nach der zeit durchgeführt worden sein, als diese wörter mit dem fortis 2 auf dem ersten comp.-glied formal zusammengesetzt waren, denn sonst würden sie jetzt den fortis auf dem zweiten comp.-glied getragen haben.

384. Der schonische dialekt nimmt eine übergangsstufe zwischen dem dän. und dem schw. ein. Bis 1658 war Schonen wie bekannt dänisch, aber schon während des mittelalters stand der schonische dialekt (das ost-dän.) in gewissen beziehungen dem schw. näher als dem west-dän. (der sprache auf Seeland, Fünen und Jütland).

385. Auch die dialekte mehrerer andern schwed. gegenden haben in grosser ausdehnung den fortis auf dem zweiten comp.-glied. Dies ist wenigstens in Uppland, in gegenden von Norrland und Finnland (im westlichen Nyland) sowie auf Gotland der fall.

386. In dem *mittleren Uppland* (z. b. in dem kirchspiel Skuttunge) ruht der fortis auf dem zweiten comp.-glied einiger zweisilbigen composita, z. b. *näsduk* 'taschentuch', während jedoch die meisten solcher wörter den fortis auf der paenultima haben, z. b. *fårstek* 'hammelbraten'; andere schwanken, z. b. *hustak* 'hausdach'. Die musicalische acc. ist jedoch bei diesen verschiedenen lagen des fortis dieselbe. — Die mehr als zweisilbigen composita haben (wenigstens fac.) den fortis nicht auf dem ersten comp.-glied, sondern auf der silbe des zweiten comp.-gliedes, welche in der rspr. den semifortis bekommt. Dies ist der fall bei so wohl einfach als doppelt zusammengesetzten wörtern, sei es dass sie in der rspr. die acc. 1 oder die acc. 2 verwenden, z. b. *höbärjning* 'heuernte', *undergǻ* 'untergehen', *förberedelse-tíd* 'vorbereitungs-zeit'.

Wörter mit den ableitungsendungen *-skap*, *-het* bekommen dieselbe acc., z. b. *egenskáp* 'eigenschaft', *vänli[g]hét* 'freundlichkeit'; man accentuiert auch *främánde* 'fremd', *mänı́scha* 'mensch' (K. P. Leffler in Sv. landsm. XVIII no. 2).

Dass diese acc. wenigstens schon in der zweiten hälfte des 18. jhs. verwendet wurde, geht aus einer äusserung von Sven Hof (1772) hervor; nach ihm accentuierten 'Uplandici, Gestricii et Helsingi' (d. h. die bewohner von Uppland, Gestrikland und Helsingland) *kyrkohérde* 'pfarrer', *jägmästare* 'förster', *påskdágen* 'der ostertag', *högméssa* '(hochmesse) vormittagsgottesdienst' (vgl. Kock: Akc. II, 285).

387. In *Ångermanland* ruht der fortis, auch nach der aussprache der gebildeten klasse, sehr oft auf dem zweiten comp.-glied (bez. kann auf dem zweiten comp.-glied ruhen). Dies ist besonders der fall bei einer menge composita (so wohl eigentl. composita als urspr. juxtapositionen), deren erstes comp.-glied zweisilbig ist, sei es dass es schon in der alten sprache zweisilbig war oder erst in späterer zeit zweisilbig geworden ist, z. b. *hafresóppa* 'hafersuppe' (isl. *hafri*), *uteslúta* 'ausschliessen' (isl. *ūti*), *häradshöfding* 'amtsrichter' (isl. *heraþ*). — In übereinstimmung hiermit werden auch wörter auf *-dom*, *-skap*, *-het* accentuiert, z. b. *helgedóm* 'heiligthum', *köpenskáp* 'handel', *uselhét* 'elend'. Schon der 1693 in Gefle (in Gestrikland) geborene Alrot accentuierte *rikedómarna* 'die reichthümer', *läkedómarna* die heilmittel', *räkneböckerna* 'die rechenbücher'. Akc. II, 306 f., 305.

388. Auch in den dialekten von Öfver- und Neder-Kalix ruht der fortis in grosser ausdehnung auf dem zweiten comp.-glied, aber dies ist nicht in allen norrländischen dialekten der fall; z. b. nicht in dem dialekt von Burträsk (in Westerbotten).

389. In dem dialekt des *westlichen Nyland* (in Finnland) kann der fortis auf dem zweiten comp.-glied ruhen, so wohl wenn das erste comp.-glied einsilbig, als auch wenn es zweisilbig ist, bez. in der alten sprache zweisilbig gewesen ist, z. b. *brugúmm* 'bräutigam', *rävórm* 'flechte', *styfár* 'stiefvater', *stymór* 'stiefmutter'; *ögomblíkk* 'augenblick', *sundágur* 'sonntag' (aschw. *sunnodagher*).

Gewisse ableitungsendungen, die in der rspr. mit semifortis accentuiert werden bez. worden sind, können auch in diesem dialekt den fortis bekommen, nämlich *-dom*: *unggdóm* 'jugend'; *-(h)et*: *fri(h)ét* 'freiheit', *mykel(h)éten* 'die ganze menge'; *-lek*: *väderlék* 'witterung'; *-lig*: *trolígen* (und *tróligen*) 'wahrscheinlich', *säkerlígen* (und *säkerligen*) 'sicherlich'; *-(n)ing*, *-ung*: *tvilíng* 'zwilling', *sigelníng* 'segeln' etc., *tjykelúng* 'küchlein'. S. Vendell: Ordaksenten i Raseborgs härads svenska folkmål in Finska Vetenskaps-soc.:s Öfversigt XXXIX.

390. Über die acc. der composita in dem dialekt von Gotland (Lau) s. M. Klintberg in Sv. landsm. VI, no. 1 s. 1 ff.

391. Die tendenz dem zweiten comp.-glied den fortis zu geben findet sich auch in mehreren *norwegischen dialekten*, besonders wenn das erste comp.-glied zweisilbig ist. Dies ist vorzugsweise in den alterthümlichsten dialekten der fall, und zwar in dem Westlande, in gewissen gebirgsgegenden südlich vom Dovrefjeld (besonders in Gudbrandsthal aber auch in Valdres und Telemarken), teilweise aber auch in den dialekten nördlich vom Dovrefjeld. Beispiele: *kyrkegā'l* (norw. rspr. *kirkegård* 'kirchhof'), *bärgetröll* (norw. rspr. *bérgtrold* 'berggeist'), *reggesā'kke* (norw. rspr. *raggesokker* 'eine art socken'), *grånbā'r* 'fichtennadel'. S. Joh. Storm in Norvegia I, 38.

392. Auch der westnord. dialekt, welcher früher und zwar noch vor etwa hundert jahren auf den *Shetland-Inseln* gesprochen wurde, wurde dadurch charakterisiert, dass der fortis oft auf

dem zweiten comp.-glied ruhte. Eine grosse menge nord. wörter leben noch immer in dem schottländischen dialekt dieser inseln fort. In vielen solchen composita ist der accent auf beiden comp.-gliedern gleich stark. In sehr vielen ruht der fortis auf dem zweiten comp.-glied bez. kann diesen platz haben, z. b. in mehreren composita auf *ber-* (isl. *berg-*): *bersö'di* (vgl. isl. **bergsāt*, **bergsǣti*) 'felsensitz', *lomō'l* (isl. **hliōþmāl*, *hliōþmǣli* 'geflüster'), in mehreren mit dem negierenden praefix *ū-*, *ō-* zusammengesetzten wörtern: *usóndali* (vgl. isl. *ūsȳniligr*) 'unsichtbar' etc. — *sjoni-bösni* (isl. **siōnarbȳsn*) 'ein ungeheuer anzusehen', *togemö'* (vgl. isl. *þoka* 'nebel' und norw. *moe* 'sonnenrauch') 'nebel'. In dem shetländischen hat der fortis auf dem zweiten comp.-gliede ruhen können, so wohl wenn dies zweisilbig, als besonders wenn es einsilbig war. Vgl. Jakob Jakobsen: Det norrøne sprog på Shetland s. 144 f. und im übrigen sein wörterverzeichnis s. 158 ff.

393. Unter den *dänischen dialekten* haben die auf Fünen und Ærö den fortis in recht grosser ausdehnung auf dem zweiten comp.-gliede, z. b. auf Fünen *muldvárp* 'maulwurf', *skorstén* 'schornstein', *stakå'l* (< *stafkarl* 'ein alter mann, der des stockes zum gehen bedarf, bettler', dän. rspr. *stakkel*) 'armer mensch', *kakkelóvn* 'ofen', *skamskǿnde* 'verunzieren'. Dies ist z. t. auch mit den dialekten von Jütland, Schleswig und Bornholm der fall. Diese acc. wird dagegen auf Låland und Falster nur wenig und noch weniger auf Seeland verwendet. Dyrlund: Udsigt over de danske sprogarter 20, 36, Ark. nf. IX, 80.

Der platz des fortis im schwedischen während des 17. jahrhunderts.

394. Andreas Arvidi Strengnensis, dessen dialekt der hauptstädtischen sprache hat nahe stehen müssen*, gibt in 'Thet Swenske Poeterij' (1651) folgende wichtige aufschlüsse über die accentuierung jener zeit:

'Mit dissyllabis oder den wörtern, die in sich zwei silben fassen, ist es meistenteils so beschaffen, dass die erste silbe lang ist, die letzte kurz . . . Doch werden hier alle die wörter ausgenommen, die aus zwei monosyllabis zusammengesetzt sind, welche dieselbe

---

* Geboren in Strengnäs (in Södermanland), wurde er dort erzogen, später oberlehrer daselbst.

art wie die monosyllaba haben, aus welchen sie zusammengesetzt werden, so dass sie betreffs beider silben entweder lang oder kurz gesetzt werden, oder aber betreffs einer von beiden erhoben und betreffs der anderen gesenkt werden können, wie zum beispiel Husgŭ̄dh ['hausgott'], Bĕrgtrā̆ll ['berggeist'], Snŏorlēef ['rotzlöffel, schnöder bube'], Trăfăat ['hölzerne schüssel'], Skīnnbrŏ̄ok ['lederhose'], Öŏltŏ̄ok ['betrunkener toller mensch'], Hā̆lmhă̄tt ['strohhut'], Blē̆cktră̄tt ['blecherner trichter'] etc. . . . Die wörter, die ihren ursprung aus der griechischen sprache haben, item diejenigen, welche mit diesen vorsilben zusammengesetzt sind be, för, ge, j, in, sam, till, o, wan, vnd etc., machen die erste silbe kurz. Wie zum beispiel: Bĕlāgd ['belegt'], fŏrgā̆s ['untergehen'], ... gĕstālt ... ĭtăndă ['zünden'], ĭnsōmpnă ['einschlafen'], Sămdrā̆chtĭgh ['einträchtig'], Sămhällĭgh ['gesellschaftlich'], tĭllkōmmă [zukommen'], tĭldrāgă ['zuziehen'], ŏpāsslĭgh [unpässlich'], ŏtwūngĕn ['ungezwungen'], wănmăcktĭgh ['ohnmächtig'], wănārtĭgh ['ungeraten'], v̆ndslīppă ['entschlüpfen'].

Betreffs doppelt zusammengesetzter wörter gibt Arvidi s. 32 folgende auskunft: 'der dritte teil [von den wörtern, die in sich mehr als zwei silben fassen] ist so beschaffen, dass er die beiden vordersten silben kurz macht, und so nachher folgt er der art der anderen mehrsilbigen wörter nach, wie Ŏfŏrtrūtnĕ ['unverdrossene'], ŏfŏrmārckt ['unvermerkt'], Ŏgŭdāchtĭgh ['gottlos'], ŏbĕflā̆ckiăd ['unbefleckt], ŏrĕgērlĭgh ['unbändig'], ŏfŏrgā̆ngĕlĭgh ['unvergänglich'], bĕlĕdsāgădĕ ['begleitete']. . . Doch beachtet man hier nicht ungern, dass diese zwei letzten teile der polysyllaba und trisyllaba dem ersten teil angepasst werden können, so dass jede zweite silbe lang, und jede zweite kurz gesetzt wird, wie auch die deutschen beachten. Aber am allerrechtesten werden solche wörter in die dactylischen und antidactylischen verse eingerückt, wo sie ihr rechtes mass und quantität, die aus ihrem tone herfliesst, halten und haben können.'

Die ähnlichkeit mit der jetzigen acc. in mehreren dialekten, besonders in dem heutigen südschonischen ist augenscheinlich. Vgl. Kock in TfF. N. R. III (1878) s. 247 anm., Akc. II, 249 ff.

395. Diese angaben Arvidi's werden durch folgende gleichzeitige in metrischer form abgefasste werke bestätigt: Georg Stiernhielm: Musæ Svethizantes (1668), Gustaf Rosenhane: Vittra skrifter, Samuel Columbus: Den Bibliske Werlden (1674) und Odæ Sveticæ (1674), Lasse Lucidor: Helicons Blomster (1688*). Der grösste teil dieser poetischen

---

* Stiernhielm ward 1598, Columbus 1642 geboren, beide in Dalekarlien. Rosenhane ward 1619 in Södermanland, Lucidor 1638 in Stockholm geboren.

schriften ist gleich wie der grösste teil der poesie des 17. jhs. überhaupt in jambischem oder trochäischem versmasse abgefasst. Sie können deshalb im allgemeinen nur über die acc. der zweisilbigen composita aufschluss geben (Akc. II, 254 ff.).

Eine prüfung der erwähnten poetischen schriften, der von Arvidi angeführten verse sowie seiner oben mitgeteilten angaben ergibt folgendes resultat betreffs der acc. des 17. jhs. Vgl. Akc. II, 247—279, wo die belege angeführt sind.

396. I. Grosse massen zweisilbiger composita, die in der heutigen sprache den fortis ausschliesslich auf dem ersten comp.-gliede haben, konnten im 17. jh. fac. das erste oder das zweite comp.-glied mit fortis accentuieren.

A. In zweisilblern, die aus partikel + verb zusammengesetzt sind, ruhte der fortis etwa noch einmal so oft auf dem zweiten als auf dem ersten comp.-gliede, z. b. *aftwå'* 'abwaschen' etc. (aber auch z. b. *áftwå*) — *antógh* 'nahm an' (aber auch z. b. *ánsijr* 'ansieht') — *bijstå'å* 'beistehen' — *borttógh* 'nahm weg' etc. (aber z. b. *bórtgår* 'geht weg') — *erhölt* 'erhielt' — *fortgå'* 'fortgehen' etc. — *framgå'* 'hervorgehen' (aber z. b. *frámtees* 'aufgewiesen werden') — *hopfäst* 'zusammengeheftet' — *ingå'* 'eingehen' etc. (aber z. b. *íngeck* 'ging ein') — *kringgå'* 'umgehen' (aber z. b. *kríng̈går* 'umgeht') — *misstýdt* 'missdeutet' etc. — *motstå'* 'wiederstehen' (aber auch *mótstå*) — *nedlágt* 'niedergelegt' etc. (aber auch *néerlagt* 'niedergelegt') — *samfäst* 'zusammengeheftet' — *tillbée* 'anbeten' etc. (aber auch z. b. *tíllbeer*) — *umgå'* 'umgehen' (aber auch z. b. *ómgå* 'umgehen') — *undflý* 'entfliehen' etc. (aber auch z. b. *úndfly*) — *upgå'r* 'geht auf' etc. (aber auch z. b. *úpgå*) — *uthgö't* 'goss aus' etc. (aber auch z. b. *úth draar* 'zieht aus') — *åtrå'r* 'ersehnt' (aber auch z. b. *på'kräfs* 'wird gefordert') — *åthléer* 'belächelt' (aber auch z. b. *å'tskildt* 'getrennt').

B. In andern zweisilbigen composita ruhte der fortis öfter auf dem ersten als auf dem zweiten comp.-gliede. Doch kann er auch auf dem zweiten comp.-gliede ruhen, wenn das erste comp.-glied ist

a) eine partikel; das compositum substantiv (die proportion für den platz des fortis auf dem ersten und auf dem zweiten comp.-gliede ist ungefähr $5^{1}/_{2}$: 1). Beispiele: *afgrúnd* (und *áfgrund*) 'abgrund', *framgå'ng* (und *frámgång*) 'erfolg', *kring-lóp* 'umlauf', *miskúnd* 'barmherzigkeit' etc. (aber auch z. b. *mískund*), *samwét* (und *sámweet*) 'gewissen'.

b) das praefix *o-*. Das compositum ist α) ein substantiv (ungefähre proportion 3 : 1), z. b. *omáak* (und *ómak*) 'ungemach' etc. β) ein adjektiv, z. b. *osäll* (und *ósäll*) 'unglücklich' etc. γ) ein particip, z. b. *ospárd* (und *óspard*) 'ungespart'.

c) ein substantiv. Das compositum ist α) ein substantiv (ungefähre proportion 7 : 1), z. b. *hemwíst* 'wohnsitz', *klöff-sáal* 'saumsattel', *brudgúm* (und *brúdgum*) 'bräutigam', *knä-fáll* 'kniefall', *bookwétt* 'buchgelehrsamkeit', *siö-hámpn* 'seehafen', *siö-nődh* 'seenot', *ord-prúnk* 'wörter-prunk', *diurkréss* 'tierkreis', *skolfúxs* 'schulfuchs'; die personennamen *Sigríd*, *Gustáf* — β) ein adjektiv, z. b. *wetlőss* 'unverständig', *ijs-kált* 'eiskalt', *trofást* 'treu' — γ) ein verb, z. b. *landstég* 'stieg ans land', *bönhőr* 'erhöre'.

d) ein adjektiv. Das compositum ist α) ein substantiv, z. b. *svart-sóot* 'eifersucht', *alltíng* (und *állting*) 'alles', *alltíd* (und *álltid*) 'immer' — β) ein adjektiv, z. b. *rättsínt* (und *rättsint*) 'ehrlich', *gladlýnt* (und *glädlynt*) 'heiter', *full-trőtt* 'ganz müde'.

e) ein verb, z. b. *tving hánd* 'zwingende hand'.

397. II. Obgleich man aus dem zeugnisse der jambischen und trochäischen verse die lage des fortis in wörtern mit einsilbigem erstem und mehr als einsilbigem zweitem comp.-gliede nicht erschliessen kann, ist es doch unzweifelhaft, dass der fortis in solchen wörtern öfter auf dem zweiten comp.-gliede ruhte, als es in wörtern mit zwei einsilbigen comp.-gliedern der fall ist. Es ist nämlich eine allgemeine tendenz der rspr., den fortis um so lieber auf das zweite comp.-glied zu verlegen, je länger dieses ist (271, 273). Hiermit ist zusammenzubringen, dass nach Arvidi die composita auf *i-*, *in-*, *sam-*, *till-*, *o-*, *van-*, *und-*, deren zweites comp.-glied zweisilbig ist (*itända* etc.), den fortis wenigstens am liebsten auf dem zweiten comp.-gliede hatten. In Akc. II, 274 f. sind aus dem reimverzeichnis Arvidi's viele composita mit fortis

auf dem zweiten comp.-glied von dem typus *samtýcke* 'einwilligung' angeführt worden.

398. III. Doppelt zusammengesetzte wörter auf *oför-*, *obe-* hatten den fortis auf der dritten silbe (394).

399. IV. In wörtern mit den ableitungsendungen *-dom*, *-het*, *-sam*, *-skap* konnte der fortis auf diesen endungen ruhen, wenn das erste 'comp.-glied' einsilbig war, z. b. *spådóom* 'wahrsagung', *rijkdóm* 'reichtum' (vgl. betreffs solcher acc. in modernen dialekten 381, 387, 389); *wijsshét* 'weisheit', *frijhéet* 'freiheit' (ähnliche acc. in modernen mundarten 387, 389); *selsám* 'seltsam', *nogsám* 'sattsam' (vgl. 381), (*wänskápen* 'die freundschaft'; vgl. 381, 386, 387). — Man konnte *kiärlék* 'liebe' (vgl. *väderlék* 'witterung' im nyländischen 389), *dylík* 'ähnlich' accentuieren.

Auch wörter mit den ableitungsendungen *-lig*, *-ing*, *-ung* sowie substantive in der bestimmten form auf *-enom* (*-ena*) konnten den fortis auf diesen endungen tragen. In der alten sprache waren wörter mit den endungen *-līker* (*-lig*), *-ing*, *-ung* formale composita, und spuren davon finden sich noch im nschw. (353). Beispiele: *kostlígt* 'köstlich', *rättlíg* 'richtig' (Lucidor), *nylígh* 'neulich' (Rosenhane); *hedníngar* 'heiden', *fägríngs-förstinnor* 'schönheits-fürstinnen' (Lucidor). Diese acc. wird durch Fabian Törner: Observationes in poesin svecanam (handschrift von 1703) vollständig bestätigt.* Aus seinen angaben geht hervor, dass er so wohl die aussprache *konúngarna* 'die könige' als *kónungarna* kannte, so wohl *hedníngarna* 'die heiden' als *hédningarna*, so wohl *timmelíga* 'zeitliche' als *tímmeliga*, sowohl *kejsarénom* 'dem kaiser' als *kéjsarenom*, so wohl *fiénderna* 'die feinde' als *fíenderna*, dass die kürzeren formen aber *hedningar* 'heiden', *hedningen* 'der heide', *timliga*, *andliga* 'geistige', *fiender* 'feinde', *fienden* 'der feind' nach seiner erfahrung den fortis nur auf der ersten silbe hatten. Vgl. das nschw. *konúngslig* (82), das nyländische *tjykelúng*, *tvilíng* etc. (389), das südschonische *arvínge* (381), das dalekarlische *djetíng* (rspr. *géting* 'wespe'), das nyländische *säkerlígen* etc. (389); noch im nschw. kommt die acc. *läraréna*

* T. ward 1666 in Östergötland geboren.

etc. 'die lehrer' (best. form zu pl. *lärare*) bisweilen vor. Die acc. *kejsarénom, läraréna* etc. beruht darauf, dass diese urspr. simplicia, weil sie wesentlich veraltet und für das sprachgefühl isoliert waren, formale composita mit semifortis auf der paenultima geworden sind (*ke*^{2}*jsarḕnom, lä*^{2}*rarḕna* etc.). Da in vielen wörtern von dem typus *óbarmhèrtig* : *òbarmhértig* 'unbarmherzig' der fortis fac. auf der ersten und der dritten silbe ruhte, entstand nach solchen mustern neben der acc. *kéjsarḕnom* auch fac. die acc. *kèjsarénom* etc. Siehe 219, 220 betreffs der wechselnden acc. *fíende* und *fiénde* in der älteren sprache und ihre erklärung.

Nils Tiällmann (geboren in Ångermanland 1652) accentuiert in der Grammatica suecana *vädúr* 'widder' (so noch im südschonischen ausgesprochen; vgl. aschw. *væþur*). Diese acc. ist wesentlich wie die acc. *kejsarénom* zu erklären. Aus einer bestimmten angabe Swedbergs (1716) geht die acc. *mennískia* 'mensch' (noch *meniskja* in den dialekten von Uppland und Helsingland), *menntsklig* 'menschlich' hervor; die aussprache *mennískia* wird durch die poesie des 17. jhs. bestätigt. Vgl. Kock: Fsv. ljudl. I, 50, Akc. II, 311 ff.

400. Die hier besprochenen wörter mit einsilbigem erstem comp.-gliede und mit fortis fac. auf dem ersten oder auf dem zweiten comp.-gliede während des 17. jhs., haben im allgemeinen heutzutage den fortis 2 auf dem ersten comp.-gliede. Natürlich verwendeten sie den fortis 2 auch, als sie in der etwas älteren sprache den fortis fac. auf dem ersten comp.-gliede trugen. Wörter mit dem fortis 1 auf dem ersten comp-gliede z. b. *middag* 'mittag', *stridshäst* 'streitross' etc. (312 ff.) konnten dagegen in der älteren sprache den fortis nicht fac. auf dem zweiten comp.-gliede haben (Akc. II, 498).

Da zweisilbler auf *-het* (*wijshet* 'weisheit' etc.) im 17. jh. bisweilen den fortis auf diese endung bekommen, müssen sie also, obgleich sie lehnwörter sind, schon damals fac. die acc. 2 verwendet haben.

401. Siehe betreffs der acc. des 18. jhs. nach dem zeugnis der renmarckschen hs. 'Prosodia Suecana' (1745) Akc. II, 302—311.

Der platz des fortis im dänischen während des 17. jhs.

402. Im dän. des 17. jhs. fiel der fortis, gleichwie in dem gleichzeitigen schw., in weit grösserer ausdehnung auf das zweite comp.-glied, als es in der ndän. rspr. der fall ist. Durch eine untersuchung der werke der damaligen metrischen und grammatischen autoren gelangt man nämlich zu folgendem resultate. Die betreffenden autoren sind Severin Pauelsen Gotlender*: Synopsis prosodiæ danicæ (1650) und Prosodia danica (1671), Joh. Mich. Corvinus**: Ex Rhythmologia danica msc. Epitome brevissima (1649), Erik Pontoppidan***: Grammatica danica (1668). S. Kock in Ark. III, 56 ff., wo die belege aus den alten autoren angeführt werden.

I. Das erste comp.-glied ist ein einsilbiges praefix oder eine einsilbige partikel.

1. *Be-*, *ge-*, *er-* haben den infortis ebenso wie in der jetzigen rspr., z. b. *belagt* 'belegt', *gevinst* 'gewinn', *erlange* 'erlangen'. Wenigstens in den zweisilblern bekam *för-* den fortis hauptsächlich nach denselben regeln wie im ndän.

2. Das zweite comp.-glied kann den fortis bekommen, auch wenn das erste comp.-glied eine der folgenden partikeln ist:

a. Das compositum ist ein verb; *af-*: *afdráger* 'zieht ab' etc. — *i-*: *ifýlder* 'füllt' etc. — *ind-*: *indbýder* 'ladet ein' etc., part. *indtágen* 'eingenommen' — *mod-*: *modsíge* 'widersprechen' etc. — *om-*: *omlö́be* 'umlaufen' — *op-*: *oplǽse* 'vorlesen' — *på-*: *påfö́re* 'verursachen' — *sam-*: *samtýcker* 'willigt ein' etc. — *til-*: *tilbýder* 'bietet an' etc., part. *tillágt* 'hinzugefügt' — *ud-*: *udskríffve* 'ausschreiben' etc. — *und-*: *undgiélde* 'entgelten' etc. — (*vel-*: part. praes. *velsmágendis* 'wohlschmeckend').

b. Das compositum ist ein substantiv oder ein adjektiv; *mis-*: *misbrúg* 'missbrauch' etc. — *mod-*: *modgáng* 'missgeschick' — *sam-*: *samdréctig* 'einträchtig' etc. — *til-*: *tilflúct* 'zuflucht' — *van-*: *vanártig* 'unartig' — *vel-*: *velvíllig* 'wohlwollend'.

Viele composita mit dem negativen praefix *ū-* haben

---

* Geboren auf Gotland 1599, 'hörer' in Kopenhagen 1624, priester in Slangerup. ** Geboren auf Jütland 1610. *** Geboren auf Fünen 1616.

den fortis auf dem zweiten comp.-gliede: *umág* 'mühe' etc.; *uhéldig* 'unglücklich' etc. (part. *utvúngen* 'ungezwungen'). — Auch das lehnwort *aarsáy* 'ursache' wird in dieser weise accentuiert.

II. Das erste comp.-glied ist einsilbig, aber weder praefix noch partikel. Das zweite comp.-glied kann den fortis bekommen, wenn das compositum ist

1. ein substantiv, z. b. *husgúd* 'hausgott', *brudgóm* 'bräutigam', *budórd* 'gebot', *viintrǽ* 'weinstock', *höjtíd* 'fest', *aldtíd* 'immer', *surdéi* 'sauerteig', *brendóffer* 'brandopfer'. — Auch das lehnwort *jomfru* 'jungfrau', pl. *jomfruer* konnte den fortis auf dem zweiten comp.-glied haben.

2. ein adjektiv, z. b. *trofást* 'treu', *rætvíis* 'gerecht', *stoermódig* 'hochgesinnt', *ildsíndet* 'übelgesinnt'.

Auch das mit *-dom* abgeleitete *mandóm* 'mannhaftigkeit' (und auch *arbéid* 'arbeit') kann diese acc. verwenden.

Wenigstens in den meisten hier besprochenen wörtern (mit ausnahme derjenigen auf *be-*, *ge-*, *er-* und z. t. *for-*) konnte der fortis fac. auch auf dem ersten comp.-gliede ruhen, und bei vielen war diese acc. die gewöhnlichere.

403. Aus den accentuierten texten in Höysgaards grammatischen werken (aus der mitte des 18. jhs.) geht hervor, dass er den fortis öfter auf dem ersten comp.-gliede ruhen liess, als es nach den obigen regeln im 17. jh. der fall war, dass aber der fortis in seiner sprache in vielen composita, in welchen diese acc. nunmehr in der rspr. durchgeführt ist, noch nicht von dem zweiten auf das erste comp.-glied versetzt worden war. Dies ist bei Höysgaard besonders der fall in mehreren wörtern auf *-else*, z. b. *omgǽngelse* 'umgang' (vgl. 270), auf *-ing*, *-ning*, z. b. *undervísning* 'unterricht' (vgl. 271,4), auf *-ende*, z. b. *tilkómmende* 'künftig' (vgl. 271,1), und ohne zweifel auch in subst. auf *-er*, z. b. *opfínder* 'erfinder' (vgl. 271,2). S. Kock in Ark. III, 75.

404. Hieraus erklärt sich die ndän. acc. von wörtern wie *ómgængelse*, *óverhöring* 'prüfung', *ópdæmning* 'aufdämmen', *védkommende* 'betreffend', *ópfinder* mit fortis auf dem ersten, aber stoss auf dem zweiten comp.-gliede (369). Als diese aus zusammengesetzten verben abgeleiteten subst. in der

älteren sprache den fortis noch auf dem zweiten comp.-glied hatten, bekam dieses comp.-glied natürlich den stoss, weil im dän. der stoss dem fortis 1 zukommt. Nunmehr ist der fortis auf das erste comp.-glied verlegt worden; die frühere fortis-silbe, welche jetzt den semifortis trägt, hat aber den stoss beibehalten (*omgǽ·ngelse* > *ómgæ̀·ngelse* etc.); vgl. dass *hukommelse* 'gedächtnis' noch immer so wohl den fortis wie den stoss auf dem zweiten comp.-gliede hat. Die ndän. acc. von *stendæmning* 'steindamm' etc. mit fortis auf dem ersten und keinem stosse auf dem zweiten comp.-gliede (369) bildet die regelmässige fortsetzung der älteren acc. *sténdæ̀mning* etc. ohne stoss auf der semifortis-silbe.

In übereinstimmung hiermit ist die verwendung und die nicht-verwendung des stosses auf dem zweiten comp.-gliede auch anderer composita zu erklären. So reflektiert der stoss auf dem zweiten comp.-gliede von *bágtanke* 'hintergedanke', *índhegne* 'einfriedigen', *fritænker* 'freidenker', die ältere acc. *bagtánke*, *indhégne*, *fritǽnker*, während *bágtanke*, *frítænker* ohne stoss auf dem zweiten comp.-gliede (369) die ältere aussprache *bágtànke*, *frítæ̀nker* vertreten.*

Wörter, deren zweites comp.-glied den stoss (z. b. *víntræ·* 'weinstock') in übereinstimmung mit der aussprache des zweiten comp.-gliedes als simplex (*træ·*) bekommt, sind in folgender weise aufzufassen. Während des 17. jhs. accentuierte man fac. *víntræ̀* und (mit stoss auf der ultima) *vintrǽ*. Wenn das ndän. ausschliesslich die acc. *víntræ̀* mit fortis auf der paenultima und mit semifortis und stoss auf der ultima benutzt, ist der auf dem zweiten comp.-gliede früher nur fac.

* In Dania IV, 229 spricht Jespersen die vermuthung aus, dass der stoss auf dem zweiten comp.-gliede sich aus dem musicalisch hohen tone entwickelt habe, der früher (ebenso wie noch im schw.) der wurzelsilbe des zweiten comp.-gliedes zukam, wenn das erste comp.-glied den fortis und das ganze wort die acc. 2 hatte. Dies ist nicht wahrscheinlich. Denn wenn dem so wäre, müssten alle solche composita im ndän. den stoss auf dem zweiten comp.-gliede lautgesetzlich gehabt haben. Aber nur gewisse composita bekommen den stoss auf dem zweiten comp.-gliede, und zwar besonders solche, von welchen man auch auf grund anderer thatsachen annehmen muss, dass sie früher den fortis auf dem zweiten comp.-gliede hatten.

verwendete stoss, besonders durch den einfluss des simplex *træ'*, vollständig durchgeführt worden; dabei haben aber auch urspr. juxtapositionen wie *ólietrǽ'* 'ölbaum' (früher *ólie trǽ'* 376) eine rolle gespielt. S. Kock in Ark. III, 74 ff., Sv. landsm. XIII no. 11 s. 32.

Der platz des fortis im altschwedischen sowie in der gemeinnordischen sprache.

405. Charakteristisch für die acc. des schw. und dän. im 17. jh. ist, wie wir oben erfahren haben, dass der fortis in grosser ausdehnung auf dem zweiten comp.-gliede ruhte, sowie dass massen von composita fac. den fortis auf dem ersten oder auf dem zweiten comp.-gliede haben konnten. Diese verhältnisse finden sich hauptsächlich im aschw. und in der gemeinnord. sprache wieder.

406. Die lautverhältnisse der composita geben recht oft aufschluss betreffs des platzes des fortis in der alten sprache. Ich will mehrere solche composita besprechen. Nachher werden wir mit hülfe aschw. metrisch abgefasster gedichte und z. t. auch mit hülfe westnord. texte die ansicht von der lage des fortis auf dem zweiten comp.-gliede in grosser ausdehnung zu erhärten versuchen — eine acc., die das grösste interesse hat, weil sie von der in den neugerm. sprachen gewöhnlichsten abweicht.

Ich will erst solche composita hervorheben, deren durch die acc. bedingte lautverhältnisse nur im aschw. oder im ält. nschw. (bezw. in den ostnord. sprachen überhaupt) dargethan worden sind, später solche composita, deren durch die acc. hervorgerufene lautverhältnisse so wohl im west- als im ost-nordischen (bez. nur im westnord.) constatiert sind. Wenn die lautentwickelungen sich sowohl im west- als im ost-nord. finden, ist man im allgemeinen berechtigt die schlussfolgerung zu ziehen, dass sie schon in gemeinnord. zeit eingetreten sind. Hierdurch kann also die lage des fortis in mehreren composita in gemeinord. zeit dargethan werden.

Lautverhältnisse im aschw. sowie im ostnord. überhaupt, welche den platz des fortis darlegen.

407. Gemeinnord. *ă* bleibt im allgemeinen im aschw. unverändert, z. b. *taka* 'nehmen'. Dies ist auch der fall in den Dala- und Westmanna-gesetzen, die z. t. den dialekt in Dalekarlien und Westmanland während des mittelalters wiedergeben, z. b. *nam* 'nahm', *sami* 'derselbe', (*iamn* 'eben'). Doch ist in diesen gesetzen vor *m* das *a* im zweiten comp.-(bez. juxtapositions-)gliede mit semifortis zu *o* (bisweilen sogar zu *u*) geworden, z. b. *licomi* (< normal aschw. *līkami* 'körper'; vgl. *lékamen* bei Weste), *ènzoman* 'allein' (vgl. normal aschw. *ēnsaman*). Dies ist auch der fall in ortsnamen auf *-sta(þu)m* in Westmanland, Uppland, Södermanland, z. b. *Darrastom* (< *Darrasta[þu]m*), *Kætilstom* (< *Kætilsta[þu]m*). Die entwickelung ist im dän. dieselbe gewesen, z. b. adän. *līkomæ*, dial. *ensumæn* (normal adän. *ēnsamæn*), ndän. *-som* in *langsom* 'langsam' (vgl. isl. *-samr*, aschw. *-samber*), ä. ndän. *balsum* 'balsam'.

Wenn in den Dala- und Westmanna-gesetzen die lautverbindung *-am-* im ersten comp.-gliede in *-om-* (*-um-*) übergegangen ist, hat der fortis auf dem zweiten comp.-gliede geruht, z. b. in wörtern mit dem praefix *iom-*: *iomdȳr* 'gleich teuer', *iommykit* 'gleich viel', *iomgōþer* 'gleich gut' etc. (< normal aschw. *iamdȳr* etc.), in *somanlæggia* (und *samanlæggia*) 'zusammenlegen', *somankoma* (und *samankoma*) 'zusammenkommen', *somanhæmta* 'zusammenholen', *somanwīghias* 'getraut werden', *somankalla* 'zusammenrufen'. Vgl. mit der aschw. acc. *iamdȳ'r* > *iomdȳ'r* etc., dass Otfrid *ebanéuuig*, sowie dass man im nschw. noch *jämväl* 'auch' accentuiert. Durch diese acc. erklärt sich auch, dass im adän. *fn* zu *m*(*n*) in **æfngō'þer* > *æmgōþær* 'gleich gut' etc. geworden ist, obgleich *fn* in *iafnæ* 'ebnen' etc. erhalten bleibt, sowie dass auch im isl. *fn* in *m*(*m*) in *iafnstérkr* > *iamstérkr* 'gleich stark' etc. übergegangen ist. Diese acc. wird noch dadurch bestätigt, dass der lange *m*-laut im aschw. *æm*(*m*)*ýkit* verkürzt worden ist. Kock in Ark. nf. II, 36 ff.

408. Bei der acc. *sámanlæ̀ggia* wurde der *a*-laut beibehalten. Das bisweilen neben einander vorkommende *soman-*:

suman- kann aus etwas verschiedenartigen dialekten herrühren, kann aber auch auf folgende weise aufgefasst werden. *Samanlǽggia* wurde zu *somanlǽggia*; in *somanlǽggia* wurde der fortis facultativ auf die erste silbe verlegt, wonach *sómanlæggia* unverändert blieb aber *somanlǽggia* sich weiter zu *sumanlǽggia* entwickelte. Das simplex *soman*, *suman* (nebenform zu *saman* 'zusammen') hat den vocal von *ē'nzomæn*, *sumankálla* etc. bekommen. S. Kock: Akc. II, 338 ff., Ark. nf. VI, 336 mit anm.

409. Gemeinnord. *ā* ist in der fortis-silbe zu nschw. ndän. *å* geworden, z. b. [isl.] *gāta* : schw. *gåta*, dän. *gåde* 'rätsel'. Dagegen geht gemeinnord. *ā* in nschw. ndän. *a* über, wenn das *ā* in der infortis-silbe vor dem übergang *ā* > *å* verkürzt worden ist, z. b. isl. *frā* : ndän. *fra* 'von' (s. über die geschichte dieses wortes Kock in Ark. nf. II, 31 ff.), aschw. *fæmtān* > ä. nschw. dialektisch *fämtan* '15' etc.

Eine verkürzung des *ā*-lautes ist im ersten comp.-gliede folgender wörter eingetreten, weil der fortis auf dem zweiten comp.-gliede ruhte: adän. *Ską̄nør* > jetzt *Skanör* (aber isl. *Skāney*, ostnord. *Skānø*, *Skāne* > jetzt *Skå'ne*), aschw. *Ālingsās* > jetzt *Alingså's* (aber ä. nschw. *Ålings ådsz* < *A'lings ā's* mit zwei fortis-accenten), aschw. *vārs hærra træ* 'das holz unseres Herrgotts (das kreuz Christi)' > nschw. *vasérra tré* 'gewiss, ja wohl' (aber aschw. *vār* > nschw. *vår* 'unser'), isl. *vārkunna* : nschw. *varkunna sig* 'sich erbarmen' (Weste *varkúnna*, jetzt *várkunna*), aschw. *āminnilse* nschw. *åminnelse* : ndän. *amindelse* 'erinnerung' (Höysgaard *amíndelse*, jetzt *ámindelse*). Der *a*-laut in nschw. *Arboga* (aschw. *Ārbogha*, juxtaposition aus *ār*, gen. sg. von *ā* 'fluss', und *boghi* 'biegung') zeigt die ältere acc. *Ārbógha*. Aschw. *nābo*, isl. *nābūi* 'nachbar' hat den fortis fac. auf dem ersten oder dem zweiten comp.-gliede gehabt; bei dieser aussprache entstand nschw. ndän. *nabo*, bei jener ä. nschw. *nåboo*. Die acc. von *vāþmāl* 'grobes wollenzeug' ist dieselbe gewesen; *vā'þmāl* sollte zu **vådmal*, **vāþmā'l* aber zu **vădmål* werden, während nschw. *vadmal* eine compromiss-form ist (über die wechselformen dieses wortes s. Kock in Beitr. XV, 261 anm.).

Obgleich *ă* im aschw. vor *ng* in der fortissilbe verlängert und später zu *å* wurde (z. b. *langer* > *lānger* nschw. *lång* 'lang'), verwendet das ä. nschw. *langmodugh*, *langmodugheet* 'langmütig(keit)'. Man hat also *langmódug(heet)* accentuiert; vgl. *lå'ngmodig* aber *långmódighet* bei Weste.

Vgl. Kock: Akc. II, 331 ff., Beitr. XV, 260.

410. Gemeinnord. *e* geht ostnord. in der fortis-silbe der regel nach in *æ* über, z. b. isl. *vegr* : aschw. *vægher*, adän. *vægh*. Dagegen werden *e*, *æ* vor *gh* (und *k*) in der semifortis- bez. infortis-silbe zu *a*. Hieraus erklärt sich der wechsel isl. *þegar* 'gleich', aschw. *þæghar*, adän. *thæghær* (voll accentuiert) : aschw. *þaghar*, adän. *thaghar* 'gleich, als' (rel. unaccentuiert). Diese lautentwickelung ist in dem mit semifortis accentuierten zweiten comp.-(juxtap.-)glied folgender wörter eingetreten: aschw. *hinvagh* (neben *hinvægh*) 'jenseits', *annanvagh* (neben *annanvægh*) adän. *annærvagh* 'andererseits', aschw. *ī miþvaghu* (neben *miþvægho*), *miþvakt* (neben *miþvæght*), *ī miþvaghonne* 'in der mitte', *høghra-vaghin* 'zur rechten', *vinstra-vaghin* 'zur linken', *aldravaghna* 'überall', adän. *bæggiævaghæ* 'auf beiden seiten', *ā mōthær-vagh* 'von mütterlicher seite', run. **himþaki** (d. i. *hē'mþaghi*) : **himþiki** (d. i. *hēm-þéghi*) 'hausgenosse'. Die wörter auf *-vægh* trugen den fortis auf dem zweiten comp.-gliede oder sind von dem simplex *-vægher* beeinflusst worden. Das aus *mikill* entwickelte adän. *meghel* 'gross' ist wahrscheinlich nach derselben regel behandelt worden; so hat z. b. der ortsname *Egeslevmegle* > *Egeslevmagle* den semifortis, das adän. (aschon.) *Magleheem* aber den fortis auf dem zweiten comp.-gliede gehabt. Vgl. Kock im Ark. nf. VII, 142 ff., Fsv. ljudl. I, 129.

411. Das aus gemeinnord. *æi* entwickelte ostnord. *ē* bleibt in der fortissilbe unverändert, z. b. aschw. adän. *lēr* (isl. *leir*) 'lehm'. In einer infortis-silbe geht aber die lautverbindung *-ēm-* (später *-ĕm-*) wenigstens dialektisch in *-om-* (bisweilen sogar in *-um-*) über. So ist *-hēm* (vgl. isl. *heimr* 'heimat') als zweites comp.-glied in mehreren ortsnamen zu *-om*, *-um* geworden, z. b. aschw. *Randhēm* > *Rannom* (in Westergötland), aschw. *Vaxēm* > jetzt *Våxåme* (in Uppland), adän. *Akēma*, *Okeem* > jetzt *Okome* (in Halland), adän. *Barhēm* > jetzt *Barum* (in Schonen) etc. Eine ähnliche entwickelung von ortsnamen auf *-heimr* findet sich in gewissen gegenden Norwegens. In dieser weise ist auch der wechsel aschw. dat. pl. *þēm* (zu *sā* 'der', isl. *þeim*) : jüng. aschw. *thom* nschw. *domm* (in der conversationssprache; urspr. nur rel. unaccentuiert) aufzufassen. Vgl. Kock: Fsv. ljudl. I, 209 f., Akc. II, 335, Falkman: Ortnamnen i Skåne 46.

412. Wenn ein aus *g* entwickeltes *gi̯-* dem *ē* vorangeht, wird dies in einer semifortis-silbe zu *ī*, z. b. aschw. *ōgēn* > nschw. *ogīn* 'undienstfertig' mit fortis auf dem ersten comp.-gliede (neben simplex *gēn* 'kurz'; durch den einfluss von *gēn* auch *ōgēn*, und umgekehrt, durch den einfluss von *ōgīn*, auch *gīn*). Der wechsel aschw. *gīngœrþ* : *gēngœrþ* 'bewirtung des königs oder seiner beamten', *Gīrmunder* : *Gērmunder* erklärt sich daraus, dass der fortis fac. auf dem ersten oder auf dem zweiten comp.-gliede ruhte. Auch das nebeneinander aschw. *gēnom* : *ginom* 'durch' kann darauf beruhen, dass das wort teils mit fortis, teils mit infortis ausgeprochen wurde. Vgl. aber auch 413.

413. Bei verkürzung geht im aschw. und adän. das *ē* in *ĭ* über. Diese verkürzung tritt auch in einer silbe mit infortis ein, z. b. dialektisch in mehreren wörtern auf *-lēker* > *-liker, -lig* : jü. aschw. *rēnliker* 'reinheit', *langliker* 'länge' etc., dän. *veirlig* 'witterung'; dialektisch in mehreren ortsnamen auf *-hēm*, z. b. ä. nschw. *Warnim* (< *Varnhēm*), nschw. *Askim* (< *Ask(h)ēm*).

Dies ist auch der fall im ersten comp.-gliede von adän. ndän. *ihvo* 'wer auch', ndän. *ihvad* 'was auch', *ihvilken* 'welcher auch', *ihvordan* 'wie auch' (< *ēhwō* etc.), *imedens* 'während' (< *ē mœþœn es*) noch mit dem fortis auf der zweiten silbe, sowie in jü. aschw. *hilbrigdho* 'gesund' (< *hēlbrigdho*), ä. nschw. *illak* 'schlecht' (< **ilak* [z. t. durch *illa* 'übel' beeinflusst] < *ēlak*), welche den fortis früher auf dem zweiten comp.-gliede gehabt haben müssen. Die 412 angeführten aschw. *gingœrþ*, *Girmunder*, *ginom* sind vielleicht nach dieser regel zu beurteilen. In diesem falle war der *i*-laut kurz in *gingœrþ* und *Girmunder*. Vgl. Brate: Äldre Vestmannalagens ljudlära 81 anm., Kock: Sv. språkhist. 39 f.

414. Langes isl. aschw. *i* wird im allgemeinen auch im

jü. aschw. und im nschw. bewahrt, z. b. isl. aschw. nschw. *bīta* 'beissen'. Es ist jedoch zu *e* geworden in einem mit infortis accentuierten ersten comp.-(bez. juxtap.-)glied, wenn der fortis noch immer auf dem zweiten comp.-glied ruht, z. b. aschw. *līkami* > jü. aschw. *lekame* nschw. *lekámen* 'körper', aschw. *īmōt* > jü. aschw. *emot* nschw. *emót* (und *imót*) 'gegen', aschw. *īgēn* > jü. aschw. *egiæn* nschw. *igén* 'wieder', aschw. *īmællom* > *emællan* nschw. *eméllan* 'zwischen', aschw. *īgēnom* > ä. nschw. *egenom* (jetzt *igénom* 'durch'), aschw. *ī førstonne* > *e førstonne* 'anfangs', nschw. *imellertíd* > *emellertíd* 'inzwischen' (*i* in *imot* etc. durch den einfluss der praep. *i* 'in'), aschw. *līkvæl* > *leqwæl*, *līkovæl* > *lekovæl* (vgl. nschw. *likväl* und *líkväl* 'jedoch', mnd. *likewol*).

Man ist deshalb berechtigt anzunehmen, dass der fortis in der älteren sprache auch auf dem zweiten comp.-gliede liegen konnte in aschw. *bītīdha* : *beti(j)dha* 'früh' (vgl. mnd. *bī tīden*; im 18. jh. *bittíd*, dän. *betíds*; nschw. jetzt *bíttida*), aschw. *bīstand* > jü. aschw. *bestand* 'beistand' (in der poesie des 16. jhs. *bestónd* accentuiert), aschw. *līnlakan* > *lenlakan*, **līnlak* > *lenlak* 'leinenlaken', *līfsdaghar* > *leffsdaghar* 'lebenstage'. Hierhin scheint auch der personenname isl. *Tȳlaugr* aschw. **Tīløgher* : altjämtländisch *Telaugr* (aber auch *Tilloger* mit fortis auf dem ersten comp.-gliede) zu gehören. Vgl. Kock: Akc. II, 343 f.

415. Gemeinnord. kurzes *o* bleibt im ostnord. in der fortissilbe der regel nach unverändert, z. b. isl. aschw. *koma* adän. *komæ* 'kommen'. In einer silbe mit semifortis geht es aber dial. in *a* über, wenn die vorhergehende silbe einen *a*-laut enthält, z. b. in ortsnamen auf *-þorp*: aschw. *Spakaþorp* > **Spakatharp* > *Spakarp* (Östergötland), adän. *Tostathorp* > **Tostatharp* > *Tostarp* (Schonen), in ortsnamen auf *-holt*: adän. **Yxnaholt* > **Yxnahalt* > *Ysnalt* (Schonen) etc. Gustaf Billing in Sv. landsm. X, no. 2, s. 98, Kock in Skandinavisches Archiv I, 40 anm.

416. Gemeinnord. langes *ō* wird im ostnord. in der fortissilbe erhalten, z. b. isl. *fōtr*, aschw. *fōter*, adän. *fōt* 'fuss'. Bei verkürzung von *ō* entsteht *ŭ*, und diese verkürzung konnte dadurch hervorgerufen werden, dass die silbe den

infortis hatte. Dies ist z. b. der fall gewesen im zweiten comp.-gliede der ortsnamen aschw. *Westraarus* (< *Væstra Ārōs*, aus *ār*, gen. sg. von *ā* 'fluss', und *ōs* 'mündung' zusammengesetzt), ä. nschw. *Östra Arus*, adän. *Āus* (< *Āōs*), *Simbrus* (< *Simberōs*), mit *ōs* zusammengesetzt, sowie in den ortsnamen aschw. *Térnabulstàd*, *Brénnabulstàd*, *Hø̍ga-bulstàd* (: *bōlstaþer* 'wohnung').

Wenn der übergang *ō* > *ŭ* im ersten comp.-gliede eingetreten ist, hat der fortis auf dem zweiten gelegen, z. b. aschw. *gōþvili* > dial. aschw. *gudwilia* 'wohlwollen'; vgl. auch ä. nschw. *godt åhr* eigentl. 'gutes jahr' > *gutt åhr* nschw. *gutå'r* 'prosit' (wo jedoch kurzes *o* (vgl. isl. *gott*) nach *g* in einer infortis-silbe zu *u* geworden ist). Kock in Ark. IV, 176 ff., IF., II, 334 anm. 1.

417. Die praep. *um* 'um' hat diese form in dem Södermanlands-gesetz. Eine ausnahme macht *omæghn* (*omæghnom*) 'ein grundstück gewisser art', weil der fortis auf dem zweiten comp.-gliede ruhte (R. Larsson: Södermannalagens språk I, 34, Kock in Ark. nf. IV, 388).

S. 441 betreffs der entwickelung *ū* > *ō* (mit erhaltener länge) in der semifortis-silbe.

418. Gemeinnord. kurzes *y* wird im ält. aschw. in der fortissilbe erhalten, z. b. isl. *skyldr* : aschw. *skylder* 'verwandt'. Dagegen geht es wenigstens dialektisch (in Westergötland) in einer semifortis-silbe unmittelbar nach einem *ki̯*- (und *gi̯*-) in *i* über, z. b. *ōskilder* 'unverwandt', *iamskilder* 'gleich verwandt'. Die behandlung des *æ*-lautes ist hiermit analog, z. b. aschw. *gærþa* 'umzäunen' mit *æ* in der fortis-silbe, aber z. b. *halfgirþi* (< *halfgærþi* 'halbzaun', d. i. ein pfahlzaun, den man zur hälfte zu errichten hat) mit dem übergang *æ* > *i* in der semifortis-silbe. Wenn *y* in *ōskylder* und *æ* in *halfgærþi* fac. erhalten bleiben, so beruht das darauf, dass die wörter fac. den fortis auf dem zweiten comp.-gliede hatten, oder darauf dass sie durch die simplicia *skylder*, *gærþi* beeinflusst worden sind. Kock in Ark. nf. II, 19; VII, 332 ff. Über ä. nschw. *enskyld* : *enskild* s. ib. s. 334.

419. Der durch *i*-umlaut aus *a* entwickelte *æ*-laut bleibt ostnord. im allgemeinen in der fortis-silbe bewahrt, z. b. isl.

vekia aschw. *vækkia* nschw. *väcka* 'wecken'. In einer semifortis-silbe geht aber *æ* in *i* über, wenn ein palataler consonant + *i*, *i̯* darauf folgt, z. b. aschw. *āsikkia* 'donner' (< **āsækia*, aber isl. *ekia* 'fuhre' nschw. *äcka*), *annatt(w)iggia* : *annattwæggia* 'eines von beiden', *hwārtigia* : *hwārtwæggia* 'jeder von beiden', *bāþet(w)iggia* 'beide' (: *twæggia*, gen. pl. von *twēr* 'zwei'), agutn. *wagnicil* pl. *wagniclar* 'personen, die bei einer hochzeit auf wagen die mitgift der braut fuhren' (< *-ekil*; vgl. *aka* 'fahren'), adän. (aschon.) *dødzdighi* (< *dødzdæghi*, dat. sg. von *dødzdagh* 'todestag'; vgl. isl. dat. *degi*). Im nisl. ist diese lautentwickelung eingetreten, auch wenn nur *i* (kein palataler consonant) auf die semifortis-silbe folgt, z. b. *einberni* 'einziges kind' > nisl. *einbirni*, **eingerni* (vgl. *garn* 'garn') > nisl. *eingirni* 'nicht gezwirntes garn'. Kock in Ark. IV, 171 ff., nf. I, 84 anm., Skandinavisches Archiv I, 29.

420. Der in späterer gemeinnord. zeit verwendete diphthong *æi* entwickelte sich im agutn. in der fortissilbe zu *ai*, z. b. isl. *bein* : agutn. *bain* 'bein'. In einer semifortis- bez. infortis-silbe bleibt aber der diphthong *æi* (*ei*) z. b. in *framreida* (acc. sg. fem. vom part. *framreidr* 'herbeigeführt') mit fortis auf dem ersten comp.-gliede stehen. Die erhaltung des *ei* im ersten comp.-gliede von *einloyptri* (dat. sg. fem. von *einloyptr* eigentl. 'allein laufend', 'unverheiratet'), zeigt, dass der fortis auf dem zweiten comp.-gliede ruhte. Kock in Sv. landsm. XI, no. 8 s. 46 f.

421. Nach einem vocal mit fortis bleibt der *k*-laut im aschw. erhalten, z. b. aschw. *løker* nschw. *lök* 'zwiebel', aschw. *staki* nschw. *stake* 'staken'. Dagegen geht er nach einem vocal mit infortis bez. semifortis in *gh* (nschw. *g*) über, sofern nicht ein tautosyllabischer stimmloser consonant auf ihn folgt, z. b. aschw. *taka frám* > ä. nschw. *tagha frám* 'hervorholen', das rel. unaccentuierte aschw. *mik* > ä. nschw. *migh* 'mich'. Dies ist auch der fall in composita mit dem fortis auf dem ersten comp.-gliede, z. b. aschw. *Swē(a)rīke* > *Swērighe*, *himerīke* > *himerighe* 'himmelreich' (aber *rīke* 'reich'), **grønakarn* > *grønagharn* 'grüne eichel' (aber *akarn* 'eichel'), aschw. *þiænista-pīka* > ä. nschw. *tjänstepigha* 'dienstmagd'. Eine entsprechende entwickelung (d. h. *kk* > *gg*) findet sich in aschw. **arghbikkia* eigentl. 'arge hündin' > nschw. *argbigga* 'zänkerin' mit fortis auf dem ersten comp.-gliede.

Wenn der übergang *k* > *gh* im ersten comp.-gliede eingetreten ist, hat der fortis auf dem zweiten comp.-gliede geruht (bez. hat er diesen platz noch), z. b. aschw. *Stœkeborgh* > nschw. *Stegebórg*, aschw. **bōkfinke* (vgl. mnd. *bōkvinke*) > **bōghfinke* > ä. nschw. *boofinke* (Arvidi accentuiert *bofínk* 'buchfinke'), ä. nschw. *bokhwete* (vgl. mnd. *bōkwēte*) > **bōghhwete* > nschw. *bohvete* 'buchweizen', aschw. *līkvœl* > *ligwœll* (noch fac. *likväl* 'jedoch'; vgl. 414), anorw. *stiūkbarn*, *stiūkfaðer* : aschw. *stiūgbarn*, *stȳgbarn* 'stiefkind', *stiūgfadher*, *stȳgfadher* 'stiefvater' (vgl. noch dialektisch *styfár* in Nyland 389). Hierher gehört auch nschw. *skafföttes* (in dem ausdrucke *ligga skafföttes* 'so liegen, dass ein jeder die füsse am kopfe des andern hat') aus **skaghfóttes* aschw. **skak(k)fø̄tis* (vgl. ndän. dial. *at ride skagfods* 'mit beiden füssen nach einer seite oder in quersattel reiten', isl. *skakkr* 'schief'*). Da man noch im 17. jh. *bokhvete* begegnet, hat der fortis in diesem worte fac. auf dem zweiten und auf dem ersten comp.-gliede geruht. Es ist zweifelhaft, ob (wie Tamm: Etym. ordb. annimmt) nschw. *babord*, ä. nschw. *bagbord* 'backbord' aus einem aschw. **bakbórþ* entstanden ist. Die acc. 1 des nschw. *ba¹bord* spricht nämlich dafür, dass das wort mit fortis auf dem ersten comp.-gliede eingeführt worden ist (vgl. mnd. *backbord*, dän. *bagbord*, auch franz. *babord* 400).

Auch im anorw. findet sich *stiūgbarn* etc. neben *stiūkbarn* etc. Dies zeigt, dass auch im anorw. der fortis in diesen wörtern auf dem zweiten comp.-glied hat ruhen können. Da die entwickelung *k* > *g* aber in westnord. composita sehr selten ist, dürften anorw. *stiūgbarn* etc. nur als selten entwickelte dialektformen aufzufassen sein, und man dürfte nicht annehmen können, dass der übergang *stiūkbarn* > *stiūgbarn* etc. gemeinnord. sei. Ich habe deshalb das anorw. *stiūgbarn* in diesem zusammenhange angeführt.

---

* Noreens auffassung (Aschw. gramm. § 80, 4,a) dieses wortes ist unrichtig.

Vgl. Kock in TfF. nr. III, 249, IX, 160; Fsv. ljudl. I, 37, Akc. II, 346.

422. Gemeinnord. ʒ bleibt im aschw. nach einem vocal mit fortis, z. b. isl. *laug* : aschw. *løgh* 'bad'. Zwischen *u* mit semifortis bez. infortis und einem folgenden *u* (vielleicht jedem vocal) wird es aber zu *w*; dieses *w* geht vor einem *u* mit levissimus verloren, wird sonst aber zu *v*. In übereinstimmung mit dieser regel hat der fortis auf dem ersten comp.-gliede gelegen z. b. in *bruttughu-mø* (aus **brūði-tuʒō*) > **bruttuwu-mø* > *bruttumø* 'brautjungfer', *ēldtiūgha* (obl. casus *ēldtiūgho*) > *ēldtiūwa* (*ēldtiūwo*) 'feuergabel', *þrætiughunde* > **þrætiuwunde* > *þrætiunde* '30ste'. In einer späteren periode ist *gh* im ersten comp.-gliede wenigstens vor gewissen consonanten (*f*, *k*, *hw*, *l*) verloren gegangen (sei es unmittelbar, sei es nach einem übergang in *w*), wenn der fortis auf dem zweiten comp.-gliede ruhte, z. b. aschw. *bōghlīna* (*på en løso boglina*) : nschw. *bolín* 'eine art tau', *på lösa boliner* 'leichtsinnig' (81), ä. nschw. *Skogh closter* > jetzt *Skoklóster*. Auch nschw. *táfatt* 'täppisch' ist wohl aus einem älteren **taghfátt* entstanden. Über *bohwete*, *bofink*, *skafföttes*, (*babord*) s. 421. Vgl. Kock in Ark. nf. VII, 150 ff., Sv. språkh. 20 anm., Sv. landsm. XII, no. 7 s. 15.

423. Ält. aschw. *gh* wird im jü. aschw. nach einem vocal mit fortis erhalten, z. b. *lagh* 'gesetz'. Nach einem vocal mit semifortis bez. infortis ist es wenigstens dial. im jü. aschw. (um 1450) zu *g* geworden, z. b. *køpslaga* 'feilschen', *iordǣgande* 'grundbesitzer' mit semifortis auf dem zweiten comp.-gliede. Der wechsel *laghsaga* : *laghsagha* 'gerichtsbezirk', *almōge* : *almōghe* 'volk' kann darauf beruhen, dass der fortis fac. auf dem ersten oder zweiten comp.-gliede ruhte; *laghsagha*, *almōghe* können aber auch durch die simplicia *sagha*, *mōghe* beeinflusst worden sein. Kock in Ark. nf. VII, 146 f.

424. Aschw. *dh* wird nach einem vocal mit fortis in der sprache des 16. jhs. erhalten, z. b. *fridh* 'friede'. Dagegen ist es nach einem vocal mit semifortis bez. infortis in *d* übergegangen, z. b. in dem mit semifortis accentuierten zweiten comp.-gliede von *allestedes* 'überall', *sommestedes* 'an einigen orten'. Wenn *dh* im ersten comp.-gliede zu *d* geworden ist, hat der fortis auf dem zweiten comp.-gliede geruht, z. b. *niderlegia* 'niederlegen', *niderslagen* 'niedergeschlagen'. Kock ib. s. 152 f.

425. Die lautverbindung *nd* bleibt im aschw. unverändert nach einem vocal mit fortis, z. b. isl. aschw. nschw. *land* 'land'. Schon im ält. aschw. wird sie aber nach einem vocal mit semifortis zu *nn* assimiliert, z. b. in wörtern auf *-lændinge* > *-lænninge* : *ālændinge* : *ālænninge* 'bewohner von Åland', *smālændingiar* : *smālænningar* 'bewohner von Småland' etc., aschw. *skaplynde* > nschw. *skaplynne* 'charakter'. Die formen *ālændinge* etc. mit *nd* haben den fortis auf dem zweiten comp.-gliede gehabt oder sind durch das simplex *land* beeinflusst worden. Kock: Sv. språkh. 20 anm.

426. Die lautverbindung *mn* wird nach einem vocal mit fortis im jü. aschw. und im nschw. erhalten, z. b. *namn* 'name'. Wenigstens auslautend geht sie aber nach einem vocal mit semifortis in *m*(*m*) über, z. b. in dem zweiten comp.-gliede von nschw. *framstam* 'vordersteven', *bakstam* 'hintersteven' (vgl. aschw. *stamn* 'steven'), *fiskrom* 'fischrogen', *torskrom* 'dorschrogen' etc. (vgl. aschw. *romn* 'rogen'); auch dial. im aschw. *cristnam* 'christname' (: *namn*). Kock in TfF. nr. IX, 155 f., R. Larsson: Södermannalagens språk I, 155.

427. Nach einem vocal mit fortis wird die aschw. lautverbindung *tl* im jü. aschw. zu *tsl*, nschw. *ssl*, z. b. aschw. *nætla* > ä. nschw. *nätsla* > nschw. *nässla* 'nessel', aber nach einem vocal mit semifortis wird *tl* zu *ll* assimiliert, z. b. aschw. *Væstergøtland* > nschw. *Véstergỳllen*, aschw. *Ōstergøtland* > nschw. *Ö'stergỳllen*. Ält. nschw. *Vestergötzland*, *Östergötzland* sind aus aschw. *Væ'stra Gø'tland, Ō'stra Gø'tland* (mit je zwei fortis-accenten) oder aus *Væstergø'tland*, *Ōstergø'tland* mit fortis auf der dritten silbe entstanden. Kock in Ark. nf. II, 45 f. Über die entwickelung *ø* > *y* in diesen wörtern s. ib. s. 16 f.

428. In schw. dialekten (z. b. in Södermanland) lebt das compositum *lemús* 'krampfhafte zuckungen in den muskeln' fort. Dass der fortis auch in der alten sprache auf dem zweiten comp.-gliede ruhte, wird dadurch wahrscheinlich, dass in diesem worte *nm* zu *m(m)* assimiliert worden ist (aschw. *lenmus*, wahrscheinlich aus *liþer* 'glied' und *mūs* 'muskel' zusammengesetzt; vgl. Noreen in Sv. landsm. I, 190, Kock in Beitr. XV, 261 betreffs des überganges *ðm* > *nm*). Auch im nnorw. findet sich *lemus* (aber in derselben bedeutung auch das wohl durch volksetymologie entstandene *livmus*).

429. Nach einem kurzen vocal mit semifortis wird ein kurzer consonant im aschw., besonders in dem jüngeren aschw. verlängert, z. b. im zweiten comp.-gliede von aschw. *næsabora* 'nasenloch': jü. aschw. pl. *næsaborrar*, aschw. *bruþgumi* > jü. aschw. *brūdhgumme* 'bräutigam'. (Noreen in GgPh. I[1], 487, Aschw. gr. § 298). Auch nach einem langen vocal mit semifortis wird im aschw. (besonders im jüngeren aschw.) ein kurzer consonant verlängert; dies ist z. b. der fall in dem mit semifortis accentuierten zweiten comp.-gliede von aschw. *Ēri(k)ker*, *framlutter* 'vorüber gebeugt' (aber *lūter* 'gebeugt'), *maktløss* 'machtlos' (aber *løs* 'los'), *hælvīte* > *hælvitte* 'hölle'. Vgl. auch nschw. *Jönköp(p)ing*, *Linköp(p)ing* etc. Kock in Ark. nf. V, 160, Noreen: Svenska etymologier 31.

Den anord. sprachen gemeinsame lautverhältnisse sowie westnord. lautverhältnisse, welche den platz des fortis darlegen.

430. Die umlautverhältnisse des ersten comp.-gliedes geben oft über die lage des fortis in gemeinnord. zeit auskunft. Dies ist besonders der fall, wenn ein *i*- oder *u*-laut im ersten comp.-gliede verloren gegangen ist. Bei solchem verlust von *i* oder *u* hat das erste comp.-glied meistenteils keinen umlaut; bisweilen hat es aber umlaut.

431. So findet sich im allgemeinen kein *i*-umlaut im ersten comp.-gliede, wenn dies ein lang- oder kurzsilbiger *i*- oder *i̯a*-stamm ist, z. b. isl. *ātt-runnr* 'nachkomme' (: *ǽtt*, *ātt* 'familie'), *kvān-fang* 'heirat' (: *kvǽn*, *kvān* 'frau'), *siōn-hagr* 'scharfsichtig' (: *sȳn*, *siōn* 'gesicht'), aschw. *marfyl* 'mutterfüllen' (: isl. *merr* aschw. *mær* 'stute'), *Haraldr* (< **Hari-waldaʀ* : *herr* 'heer'), *Brunolfr* aschw. lat. *Brunulphus* (< **Bruni-wulfaʀ*), isl. *alvītr* 'wesen aus einer andern welt' (< **aliwihtiʀ*). In solchen composita ruhte der fortis auf dem ersten comp.-gliede, und dessen *i* ging vor der älteren *i*-umlautsperiode verloren (**kwāni-fang* > *kvān-fang*).

Bisweilen findet sich jedoch *i*-umlaut im ersten comp.-gliede, z. b. isl. agutn. *bryllaup*, aschw. *brylløp*, *brȳdløp* : isl. *brullaup*, *brūþlaup*, aschw. *brulløp*, *brūþløp* 'hochzeit' (< **brūði-hlaupa*) — agutn. *bryttugha*, aschw. *bryttu-mø* (< **bryttughu-mø*) : *bruttu-mø* (< **bruttughu-mø* aus **bruði-tuȝō*) 'brautjungfer' — *mylløgh* : *mullogh*, *mulløgh*, isl. *mullaug*, *mundlaug* (< **mundi-laugu*) 'waschbecken' — *elligar* aschw. (awestgöt.) *ællighær* 'sonst' (< **alilīkōʀ* **aljalīkōʀ*, vgl. got. *aljaleikōs*) — aschw. *rynþiūwer* : *runþiūwer* 'fliehender (eig. laufender) dieb' (vgl. ags. *ryne* 'lauf') — isl. *Heriulfr* (< *HariwulfaR*), *Bryniulfr* aschw. *Bryniulwer* : isl. *Brunolfr* aschw. lat. *Brunulphus* (< **Bruni-wulfaR*), isl. lat. *Herioldus* : *Haraldr* (< **HariwaldaR*). In diesen wörtern hat der fortis auf dem zweiten comp.-gliede geruht, bez. dort ruhen können. So blieb das *i* z. b. in **mundi-láug* noch während der jüngeren *i*-umlautsperiode erhalten, und dann trat der *i*-umlaut in der mit semifortis accentuierten antepaenultima von **mundi-láug* > **myndi-láug* > aschw. *myllø'gh* ein. Aschw. adän. *mullogh* hat sich aus **múndi-laug* mit fortis (fac.) auf dem ersten comp.-gliede entwickelt oder den *u*-laut von dem simplex *mund* 'hand' entlehnt. **Brūði-hláup* wurde zu **brȳði-hláup*; in diesem wurde der fortis teils auf die erste silbe zurückgezogen, wonach **brȳ'ði-hlaup* sich in **brȳð(h)laup bryllaup* entwickelte, teils blieb der fortis fac. auf der ultima von **brȳði-hláup*, das dann zu **brīði-hláup* (vgl. isl. *fyrir* > *firir* 'für' etc.) > **briðláup*, **brilláup* anorw. *brilaup* wurde (mit verkürzung von *ll* zu *l*, weil der fortis auf der ultima ruhte). *Bryttugha* ist aus **brūði-túȝō*, **bruttugha* (vgl. *bruttu*[*ghu-*]*mø*) aus **brū'ði-tuȝō* entstanden; dieses kann aber den *u*-laut der ersten silbe auch von *brūþr* entlehnt haben. Der wechsel *rynþiūwer* : *runþiūwer* bekundet wahrscheinlich wechselnde acc., da es wenigstens in den anord. sprachen kein simplex **run*, **ryn* gibt, welches das compositum hätte beeinflussen können. In *Hariwúlfaʀ* blieb das *i* bis nach dem verlust von *w* erhalten, wonach **Hariulfʀ* zu *Heriulfr* wurde. So erklärt sich auch *Bryniolfr* im gegensatz zu **Brúniwolfʀ Brúnolfr*.

432. Im allgemeinen findet sich kein *u*-umlaut im ersten comp.-gliede, wenn dies ein *u*- oder *wa*-stamm ist, oder wenn es sonst einen *u*-laut enthalten hat, z. b. isl. *vall-grōinn* 'mit gras bewachsen' (: *vǫllr* 'ebene'), *spānnȳr* 'nagel-neu' (: *spōnn* 'span'), *lagdȳr* 'wasserthier, schiff' (: *lǫgr* 'nass, wasser'), anorw. *sang[h]ūs* 'gesanghaus, chor' (: *sǫngr* **sang-waʀ* 'gesang'), isl. *sparhaukr* 'sperber' (< **sparuhaukr*, **sparwahaƀukaʀ*, aber *spǫrr* 'sperling'), aschw. *Skaþwi* (< **Skaðu-wī*). Der fortis ruhte in solchen wörtern auf dem ersten comp.-gliede. Siehe über *Harþangr* (< **Haruðangʀ* aber *Hǫrþar* < **Haruðaʀ*) 479, aber auch Kock im Ark. nf. VIII, 258 f.

Der wechsel isl. *Ōleifr* (< **Ānuláiƀʀ*) : *Alāfr* (< **A'nu-laiƀʀ*) beruht darauf, dass der fortis fac. auf dem zweiten oder ersten comp.-gliede ruhte. Dass der fortis auf dem ersten comp.-gliede liegen konnte, wird durch die entwickelung *ai* > *ā* in *Ālāfr* bestätigt (442).

S. betr. der umlautsverhältnisse im ersten comp.-gliede Kock in Ark. nf. VIII, 249 ff.; vgl. auch Falk in Ark. III, 297 f., Bugge: Bidrag til den ældste skaldedigtnings historie s. 8 ff.

433. Wenn das zweite comp.-glied keinen *i*-umlaut enthält, obgleich er in den entsprechenden simplicia eingetreten ist, zeigt dies, dass der fortis auf dem ersten comp.-gliede ruhte, und dass der endvocal *i* im zweiten comp.-gliede vor der älteren *i*-umlautsperiode verloren gegangen ist. Dies ist der fall gewesen sowohl, wenn das zweite comp.-glied kurze, als auch wenn es lange wurzelsilbe hatte, z. b. aschw. *Ingwar* (< **Ingw(h)ariʀ*; vgl. isl. *herr* aschw. *hær* 'heer'), isl. *illūþ* 'feindschaft', *āst(h)ūþ* 'liebe' etc. (< *-*huȝði*-), isl. aschw. *Ingemar(r)* (< **Ingimāriʀ*; vgl. isl. *mǣrr* 'berühmt' < **māriʀ*), isl. *vesall* (< **vesāliʀ*) aschw. *ūsal* 'elend' (< **un-sāliʀ*; vgl. isl. aschw. *sǣl(l)* 'glücklich' < **sāliʀ**).

* Streng lautgesetzlich wurde **áitra-natilō* 'urtica urens' zu **aitr-natla*, ehe das *i* im simplex **natilō* syncopiert wurde. Durch den einfluss vom simplex **natilō* blieb aber wenigstens fac. das *i* in **aitra-natilō* erhalten, bis der ältere *i*-umlaut eintrat, und **aitra-natilō* wurde dann zu **aitr-netla* (aschw. *ētr-nætla*). Das simplex **natilō* entwickelte sich lautgesetzlich in **natla* (das möglicherweise im jütländ.

434. Wenn das erste comp.-glied einen durch einen laut des zweiten comp.-gliedes bewirkten umlaut enthält, hat der fortis auf dem ersten comp.-gliede geruht (ein mit fortis accentuierter laut bewirkt nämlich keinen umlaut), z. b. isl. *Ǫgmundr*, *ǫndvegi* 'hochsitz', *ǫndverþr* 'entgegengekehrt', *ǫlūþ* 'aufrichtigkeit' (< **al(h)ugþ*), *ǫfund* 'neid', *Rǫgnvaldr*, *Ǫgvaldr*, *Sǫxolfr*, *Fǫstolfr*, *Ǫrnolfr*, aschw. *ænlite* 'antlitz'. Wenn das isl. neben den angeführten formen auch *andvegi*, *andverþr*, *alūþ*, *afund*, aschw. auch *anlite* (isl. *andlit*) verwendet, kann dies darauf beruhen, dass der fortis fac. auf dem zweiten comp.-gliede ruhte, aber in diesen wörtern kann der nicht umgelautete vocal sehr leicht auch durch einfluss von andern wörtern auf *and-*, *al-*, *af-* : *andfang* 'empfang', *almennr* 'allgemein', (*af* 'von'), *afreiþa* 'abfertigen' etc. erklärt werden. Auch z. b. *alvaldr* 'herrscher' kann auf beide weisen aufgefasst werden. Kock in Sv. landsm. XII, no. 7 s. 77, Ark. nf. VI, 327.

435. Wenn in gegenden, wo der einfache umlaut in der fortis-silbe nicht durch ein noch erhaltenes *u* bewirkt wird (d. i. im ostnord. und in gewissen gegenden Norwegens), das zweite comp.-glied einen durch ein noch erhaltenes *u* hervorgerufenen umlaut enthält, muss dies comp.-glied den semifortis gehabt haben, d. h. der fortis hat auf dem ersten comp.-gliede geruht. Beispiele: anorw. *þiōð-gata* 'offene landstrasse' (obl. casus *þiōðgotu*), *sunnudagr* 'sonntag' (dat. pl. *sunnudogum*), *spāsaga* 'wahrsagung' (pl. *spāsogur*). So auch in aschw. *īføroklǣdhe* 'kleider' (neben *īfaruklǣþe*) mit entweder combiniertem oder einfachem umlaut. Kock in Ark. nf. VIII, 138, 165.

436. Das praefix got. *tuz-* kommt in den nord. sprachen teils in der form *tor-*, teils in der form *tør-* vor, z. b. isl. *torbønn* 'schwer durch bitten zu bewegen', *torkenna* 'unkenntlich machen', aschw. *torkænder*, adän. *torkiendes* : aschw. *tørkænna* (nschw. dial. auch *ty(r)kännas* 'schüchtern sein').

---

nall fortlebt), während *netla*, *nætla* in den anord. literatursprachen den (*e*-) *æ*-laut von den sehr zahlreichen composita auf *-netla* (vgl. Kock in Beitr. XVIII, 426) bekommen hat. — Dagegen ist der *u*-laut im zweiten comp.-gliede zu einer zeit verloren gegangen, als der ältere *u*-umlaut eintrat, z. b. isl. nom. acc. pl. neutr. *vesǫl* (< **vesālu*), aschw. *ūsul*; aschw. *gamul* 'alte' (< **gamālu*).

Da *s* (vgl. gr. δυς-) nach dem vernerschen gesetze im germ. *tuz-* (nord. *toʀ-*) in *z* übergegangen ist, hat der fortis urgerm. auf dem zweiten comp.-gliede gelegen; dies wird dadurch bestätigt, dass die ai. composita auf *dush-* diese acc. anwenden (Kluge in Beitr. zur gesch. der germ. conjug. s. 131 f., Kock: Akc. II, 378). In einer silbe mit infortis wird gemeinnord. *u* vor *ʀ* zu *o*, und die composita mit *tuʀ-* > *toʀ-* hatten also zu jener zeit den infortis auf dem ersten, den fortis auf dem zweiten comp.-gliede. Diese acc. blieb in den wörtern mit *tor-* (isl. *torbǿnn* etc.) ohne *ʀ-* umlaut erhalten; der *ʀ*-umlaut tritt nämlich in einer infortis-silbe nicht ein. Da das aschw. aber *tørkænna* mit *ʀ*-umlaut hat, muss dieses wort schon vor der *ʀ*-umlautsperiode fac. (oder in gewissen gegenden) den fortis auf die erste silbe bekommen haben. Die nschw. dialektform *ty*(*r*)*kännas* zeigt vielleicht, dass diese accentveränderung in irgend einer gegend schon vor der entwickelung *tuʀ-* > *toʀ-* eingetreten ist. In übereinstimmung hiermit erklärt sich der wechsel *or-* : *ør-* aus *us-* z. b. in aschw. *orgrander* 'ohne schaden', isl. *ørhilpr* 'hülflos' sowie die wechsęlnde vocalisation der praepos. isl. *ōr*, *ūr* : *ør*, *ȳr* 'aus'. Kock im Ark. nf. XI, 354 f.

437. Der *y̆*-laut geht gemeinnord. in einer semifortis- und infortis-silbe in *i* über, wenn die nächste silbe *i*, *į* enthält, z. b. isl. *ifir* aschw. *iwir* (rel. unaccentuiert) : isl. *yfir* aschw. *ywir* (mit fortis) 'über'. Diese lautentwickelung ist auch eingetreten in dem mit semifortis accentuierten zweiten comp.-gliede z. b. von *dalminni* 'eingang eines thales', *fiarþarminni* 'mündung eines meerbusens', anorw. *ārminni* 'flussmündung' (< *-mynni*), isl. *innifli* : *innyfli* 'eingeweide', ndän. *åminde*, nschw. *Åminne* : aschw. *āmynne* 'flussmündung', *ōsini*, *ōsinom* agutn. *ōsinom* : isl. *ūsyniu*(*m*) aschw. *ūsyni ūsyniom* 'ungebührlich' (vgl. got. *sunja* 'wahrheit'), aschw. praes. sg. *misfirmir* : *misfyrmir* 'verunglimpft', *misfirmilse* : *misfyrmilse* 'verunglimpfung' (vgl. isl. *misþyrma**), *samþikkia* : *samþykkia* 'einwilligen', nschw. *Rospiggar* < aschw. *Rosbyggiar*, *Nȳbīli* :

*Der *f*-laut in *misfirma* ist wohl aus aschw. *firnarorþ* 'schmähwort', *firnarværk* 'scheussliche that', [isl.] *firna* 'vorwerfen' übertragen worden.

Nȳbȳli. Der fortis hat auf dem zweiten comp.-gliede geruht, wenn *ȳ̆* dort fac. erhalten ist und das compositum nicht von einem simplex hat beeinflusst werden können: isl. *innyfli, ūsyniu(m),* aschw. *ūsyniom (misfyrmilse), Nȳbȳli.* Kock in Ark. IV, 163 ff.

438. In gemeinnord. zeit ist die lautverbindung *i* + nasal bei dem verluste des nasalen consonanten mit ersatzdehnung in der fortis-silbe zu *ī* geworden (sofern nicht ein *a* mit infortis in der nächsten silbe folgte), z. b. isl. aschw. *ī* 'in' (< *in*), isl. *fīfl* 'thor' (< **fīmfl*); dagegen geht diese lautverbindung in einer semifortis-silbe in *ē* (aschw. *ǣ*) über. Der fortis hat also geruht auf der ersten silbe von isl. *īviþia* 'hexe' (vgl. asächs. ags. *inwid* 'bosheit'), *Īvarr* (< **InwāRR* [vgl. das ags. aus dem anord. entlehnte *Inwær*] < **InuȝaiRaR*), isl. *sīvalr* aschw. *sīval* 'ganz rund' (vgl. ahd. *sinawël, sinuwël,* ags. *sinewealt*), — auf dem zweiten comp.-gliede aber von aschw. *sǣvinter* 'langer strenger winter' < **sēvinter* < **sinwintr*). Der wechsel isl. *līript* (selten) : *lērept* aschw. *lǣript* 'leinwand' (< **līnript*) ist in übereinstimmung hiermit zu erklären; jene form hat den fortis auf dem ersten, diese auf dem zweiten comp.-gliede gehabt. S. Kock in Ark. nf. XI, 339 ff.

439. Langes *ī* ist in der semifortis- und infortis-silbe zu *ē* (aschw. *ǣ*) geworden, auch wenn kein nachfolgender nasal verloren gegangen ist. Agutn. *suēverþa* aschw. *sǣvyrþa* 'entehren', *sǣvørdhning* 'unehrerbietigkeit' haben den fortis auf dem zweiten; aschw. *sīvirþa, sīvirþning* aber auf dem ersten comp.-gliede gehabt (vgl. isl. *svīvirþa, svīvirþing*). Kock in Ark. nf. V, 145, XI, 344.

440. In gemeinnord. zeit geht die lautverbindung *u* + nasal bei dem verluste des nasalen consonanten mit ersatzdehnung in der fortissilbe in *ū* über (wenn nicht ein *a* mit infortis in der nächsten silbe folgt), z. b. **funsR* (vgl. ahd. *funs*) > isl. *fūss,* aschw. *fūs* 'begierig'; in der semifortissilbe aber wird diese lautverbindung zu *ō*. Also hat der fortis geruht auf dem ersten comp.-glied von aschw. *framfōs* 'eifrig', isl. *Ǫlfōss,* agutn. (run.) **roþfos** (: *fūss*), isl. ***Ratatoskr*** (< **-tōskr*; vgl. ags. *tūsk* 'canine or molar tooth', got. ***tunþus*** 'zahn').

In übereinstimmung hiermit erklärt sich der wechsel *ū-* : *ō-* (vgl. got. *un-*) in dem negativen praefix, z. b. isl. *ūvitr* : *ōvitr* 'unverständig', aschw. *ūgilder* : *ōgilder* 'ungültig'. Das im isl., anorw., aschw. und adän. verwendete *ū-* ist aus *un-* entstanden, als das erste comp.-glied den fortis hatte, z. b. **unsāliʀ* > aschw. *ūsal* 'elend' (vgl. nschw. *usel* nnorw. *ussel* mit der acc. 1 sowie 400); die isl. und aschw. form *ō-* entwickelte sich dagegen, wenn der fortis auf dem zweiten comp.-gliede ruhte, z. b. **unsā'liʀ* > aschw. *ōsæl* 'unglücklich, elend' (noch ä. nschw. *osäll* 396 I, B, b). Diese acc. wird dadurch bestätigt, dass isl. composita auf *ō-*, *ū-* oft mit ihrem zweiten comp.-gliede alliterieren (Bugge: Norroen fornkvæđi s. 36 anm.), sowie dadurch, dass wörter auf *ō-* im ä. nschw. und wörter auf *ū-* im ä. ndän. den fortis oft auf dem zweiten comp.-gliede tragen (396 I, B, b; 402 I, 2, b); dies war auch in aschw. poetischen werken der fall (465). Hiermit ist der wechsel aschw. *ūs* : *ōs* isl. *oss* 'uns' (vgl. got. *uns*) zusammenzubringen; *ūs* ist die voll accentuierte, *ōs oss* die rel. unaccentuierte form. S. Kock in Ark. nf. XI, 323 ff. (und I, 57 ff.).

441. In den anord. (besonders in den altostnord.) sprachen ist *ū* in einer semifortis-silbe zu *ō* geworden, auch wenn kein nachfolgender nasal verloren gegangen ist. Dies ist der fall z. b. in mehreren aschw. personennamen auf *-niōter* wie *Gwdeniōt*, run. **sikniot** (d. i. *Sighniōt*; aber *niūta* 'geniessen'), aschw. *ōliōwer* 'unlieb' (: *liūwer* 'lieb', seltener *liōwer* mit *iō* von *ōliōwer* entlehnt), **nauthūs* (aschw. *nøthūs*) > *nøtōs* 'viehstall', auch in dem deutschen lehen aschw. *hūsfrū*, *hūstrū* > *hūsfrō, hūstrō*; adän. *hūstrō* 'hausfrau'. Der fortis ruhte also in diesen wörtern auf dem ersten comp.-gliede. Dies war urspr. der fall auch in isl. *fiōs* < **fēhūs* 'viehstall'; **fēhūs* wurde zu **fē(h)ōs*, **fēōs* > *fiōs* (das durch eine dem s. g. umspringen des accentes und der quantität ähnliche entwickelung entstand).

Dagegen ruhte der fortis wenigstens fac. auf dem zweiten comp.-gliede von aschw. adän. *hōsbōnde* : *hūsbōnde* 'hausherr' (vgl. 451), *hōsfrū* : *hūsfrū*, aschw. *hōsprēa* : *hūsprēa* 'hausfrau', *Hōsæbȳ* : *Hūsabȳ*.

Kock: Akc. II, 345 f., Ark. nf. I, 57, Beitr. XXIII, 535.

442. Der diphthong *ai* wird in späterer gemeinnord. zeit in der fortis-silbe zu *æi* (isl. *ei*, aschw. *ē*), z. b. **raiða* > isl. *reiþa*, aschw. *rēþa* 'bereiten'. In einer semifortis- (bez. infortis-)silbe ging dagegen gemeinnord. *ai* in *ā* (später in der infortis-silbe in *ă*) über, z. b. in der negation **aitt* > *at*, z. b. **ne rīs-ait* > [*ne*] *rīs-at* 'erhebe dich nicht' (vgl. got. *ainata*, Kock: Om några atona (1879) s. 13 ff., ZfdA. XL, 194). So auch im zweiten gliede von composita, z. b. isl. aschw. *afrāþ* : aschw. *afrēþ* (und *afrēzla* 'abgabe'; vgl. isl. *reiþa fram* 'auszahlen'), anorw. aschw. *afrǣdhe* 'abgabe' (< **afraiði*), isl. **forāþ foraþ* 'unanwendbare passage' (< **foraið*; vgl. *eiþ* 'passage'), *nafarr* aschw. *nawar* 'bohrer' (< **naƀaʒaiʀaʀ*, vgl. das finn. lehen *napakaira*), isl. aschw. *līnklǣþe* 'leinwandkleider' (< **-klāði* < **-klaiði*) : aschw. *klēdhe* 'kleid' (< **klaiði*; isl. aschw. *klǣþe* ist aus composita wie *līnklǣþe* abstrahiert worden), anorw. aschw. *anlǣte* (vgl. auch aschw. *anlǣt*, *anlāte*) (< **andlāti* < **andwlaiti*, vgl. got. *wlaitōn* 'spähen') — isl. *Ālāfr* (fem. *Ālǫf*; < **Ā'nulaiƀʀ*) : *Ōleifr* aschw. *Ōlēfsson* (isl. *Ōlāfr*, aschw. *Ōlāwer* sind durch contamination entstanden, Kock in Ark. nf. VIII, 259), aschw. *Ēlāwer* : *Ēlēwer*, *Torlāf* (fem.) : isl. *Þorleifr* aschw. *Þorlēwer* (mask.), run. **ikilaf** : **ikilaif**, aschw. (lat.) *Gerlauus* adän. *Gērlof* : aschw. *Gērlēwer*, (lat.) *Gudlauus* : isl. *Guþleifr* aschw. *Gudhlēwer*, isl. *Þorlākr* run. **þurlakr** : isl. *Þorleikr* aschw. *Þorlēker*, isl. *Āslākr* aschw. *Āslāker* : isl. *Āsleikr*, agutn. run. **sirafʀ** : *Sihraifr*, aschw. *Ōnās* : isl. *ūneiss* 'angesehen', isl. *Ivarr* aschw. *Īwar* (< **InugaiʀaʀR*; vgl. das ir. lehen *Imhair*), aschw. (lat.) *Asgarus* adän. *Esgār* : isl. *Āsgeirr* aschw. (lat.) *Esgerus* adän. *Esgēr*, aschw. run. **ufakr** : isl. *Ūfeigr*, aschw. run. **lifstan** (lat.) *Lifstanus* : run. **lifsten**, **sikstan** (lat.) *Sigstanus* : *Sighstēn*, *Thorstān* : isl. *Þorsteinn* aschw. *Þorstēn*; noch mehrere namen mit lat. endung in aschw. schriften, z. b. *Gudstanus* : *Gudstēn*, *Gunstanus* : *Gunstēn*, *Frøstanus* : *Frøstēn*, *Halstanus* : *Halstēn* etc.

In den wörtern mit *ā* im zweiten comp.-gliede hat der fortis auf dem ersten comp.-gliede geruht; die wörter mit *ei* bezw. *ē* im zweiten comp.-gliede haben den fortis auf diesem gehabt oder sind wohl öfter von den entsprechenden simplicia beeinflusst worden (z. b. *Þorsteinn* von *steinn* 'stein').

Dass personennamen auf *-steinn* in etwas späterer, aber doch vorliterarischer zeit den fortis auf dem ersten comp.-gliede hatten, bez. haben konnten, geht aus der entwickelung *-steinn* > *-stin* (d. i. *-stēnn* oder *-stinn*) in mehreren runeninschriften hervor, wo der alte diphthong *ai* sonst erhalten ist, z. b. **þurstin** (aber **stain** 'stein', **raistu** 'errichteten'), **sikstin** (aber **stain, raistu**); vgl. auch jü. aschw. *Halstin*, *Thorstinsson*. Kock: Sv. språkh. 37 f.

Der übergang *ai* > *ā* (*ă*) im ersten comp.-gliede zeigt, dass der fortis auf dem zweiten ruhte. Dial. (in Bohuslän) wird noch immer *ållå'ffte* 'elfte' (vgl. engl. *eléven*, *eléventh*) accentuiert, das aus aschw. **āllófte* (vgl. aschw. *ællofte*), gemeinnord. **ainlófti* (s. 443 betreffs **einlífu* > isl. *ellífu*) entstanden ist. So erklären sich auch aschw. *Qwālduluer* (*quallulfsson*) : isl. *Kveldulfr kveld* aschw. *kwæld* 'abend' (< **kwaild*, Kock in Ark. nf. III, 175; vgl. nnorw. dial. *igjǽrkvald* 'gestern abend' (< **ī gā'ʀkwàild*) aber *kvæld*), isl. aschw. *ālīk(e)r* eig. 'sehr gleich', 'von derselben beschaffenheit' (< **ailī'kr*; vgl. *eilītill* 'sehr klein'), isl. *āmāttigr* 'sehr mächtig' (> **aimahtīgr*), *āfastr* 'fest' (auch *ā meþan* 'stets' < **ai méþan* : aschw. *æ mæþan**), *ārhialmr* 'bronzehelm' (: *eir* 'erz'), nnorw. dial. *åmyrja* **āmyria* : isl. *eimyria* 'glühende asche'.

Die juxtaposition **bai-þái[ʀ]* > **bāþéi[ʀ]* > **bā'þeiʀ* > *bā'þir* 'beide' hat den fortis früher auf der zweiten silbe gehabt. **Newait'khwárįiʀ* 'ich weiss nicht welcher' hat sich bei dieser acc. zu **nākkwerr* isl. *nakkverr* 'irgend ein', bei der acc. **newáit'khwarįiʀ* aber zu **newéitkhwarr* isl. *nekkvarr* entwickelt (isl. *nakkvarr* ist durch contamination entstanden).

Vgl. Kock: Om några atona (1879) s. 16 ff., Bidrag till svensk etymologi (1880) s. 1 ff., Akc. II, 341, Beitr. XV, 253, Ark. nf. III, 177 ff., VII, 326 anm. 1, Sv. landsm. XIII, no. 8 s. 5 ff., Falk in Ark. nf. II, 114 anm., Bugge: Rune-

* Doch haben die composita auf *ā-* vielleicht auch aus einem mit fortis accentuierten **aiw* (vgl. got. *aiws*) entstehen können, da früher ein *w*-laut auf *ai* folgte.

indskriften paa ringen i Forsa kirke s. 25, M. Lundgren in Uppsalastudier 18 mit anm.

443. Jü. gemeinnord. *æi* bleibt in einer fortis-silbe im isl. vor einem consonanten als *ei* erhalten und wird in dieser stellung im aschw. zu *ē*, z. b. isl. *reiþa* aschw. *rēþa* 'bereiten'. In einer infortis- bez. semifortis-silbe geht dagegen *æi* in *æ* (*e*) über, z. b. anorw. *ægi egi* 'nicht' (neben *eigi*; vgl. Wadstein: Fornnorska homil.-bokens ljudlära 58). Aschw. *rēf-ormber* 'flechte' ist aus **ræiformr* (vgl. isl. *reifar* 'windel') mit fortis auf dem ersten comp.-gliede entstanden, isl. *reformr* aschw. *ræformber* dagegen aus **ræifórmr* mit fortis auf dem zweiten comp.-gliede (vgl. noch im nyländischen dial. *rävórm* 389; Kock in ZfdA. XL, 206). Isl. *ellifu* '11', *ellipti* (aschw. *ællowo*, *ællofte*) haben sich aus **æinlífu* etc. entwickelt (vgl. engl. *eléven*, *eléventh*, noch *ällå'ffte* im bohuslänischen dialekte). Der wechsel *æi* (jüng. *æ*, *e* in *ellifu* etc.) : *ā* (jüng. *å* im dial. *ållå'ffte* **āllófte* 442) erklärt sich auf folgende weise. Obgleich **ainlǫ́fti* lautgesetzlich in **ānlǫ́fti* überging, wurde durch den einfluss von **einʀ* **einn* 'ein' der diphthong *ei* auf **einlǫ́fti* fac. übertragen. Später wurden **einlífu*, **einlǫ́fti* zu **enlífu ellífu* etc. Es ist zweifelhaft, ob (wie Bugge in Ark. II, 227 meint) isl. *vesǣll* (*vesall*, aschw. *væsal*) aus **veisǽlʀ* entstanden ist, sowie ob sich (wie Noreen: Aisl.-gr.[2] § 122, 1 will) isl. *hvimleiþr* 'jedem verhasst' (vgl. aschw. *hwēmlēþer*) lautgesetzlich aus **hweimléiðr* entwickelt hat.

444. Der gemeinnord. diphthong *au* wird in der fortis-silbe im isl. und anorw. als *au* (*ou*) erhalten und geht im ostnord. in *ø̄* über, z. b. gemeinnord. isl. *auga* aschw. *ø̄gha* adän. *ø̄ghæ* 'auge'. Dagegen entwickelt sich in einer semi-fortis- bezw. infortis-silbe *au* gemeinnord. zu *o* (im aschw. und adän. vor *gh*, *v* und nach *g*, *k* bisweilen sogar zu *u*), z. b. in der rel. unaccentuierten conjunktion *auk* > isl. aschw. adän. *ok* 'und'. So auch in dem mit semifortis accentuierten zweiten comp.-gliede z. b. von anorw. *ertog ørtog* aschw. *ørtogh ørtugh* : agutn. *ertaug* aschw. *ørtø̄gh* 'eine kleine münze', aschw. *vindogha* ndän. *vindue* : isl. *vindauga* aschw. *vindø̄gha* 'fenster', aschw. adän. *mullogh* aschw. *mollugh* : isl. *mundlaug mullaug* (431) aschw. *myllø̄gh*, *mullø̄gh* 'waschbecken', aschw.

brūþlop : isl. *bryllaup* anorw. *brilaup* aschw. *bryllǿp* 'hochzeit', anorw. *valrof* aschw. *valrof* adän. *valruf* 'plünderung von leichen' : aschw. run. **ualraubaR** (ags. *wælrēaf* 'spolia') — personennamen: aschw. *Āsgoter Āsguter* : isl. *Āsgautr* aschw. *Āsgǿter*, *Thorgut* : isl. *Þorgautr*, aschw. *Tillogher* : *Telaugr*, *Thorlogher Thorlogh* : isl. *Þorlaug*, aschw. *Ingelogh* : *Ingilǿgh*, *Āslogh* m. : isl. *Āslaug* f., aschw. *Gislogh* : *Gislǿgh* anorw. *Gislaugh*, aschw. *Herloger* adän. *Herlogh* : isl. *Herlaugr* aschw. *Herlǿgher*, adän. *Allogh* : *Allǿgh*, *Kæthellug* : *Ketillǿgh*; aschw. ortsnamen in *-kopunger* : *-kǿpunger*, z. b. *Ionakopunger* : *Iunakǿpunger*; *Sudherkopunger* : *Sudherkǿpunger* etc.; beachte auch isl. *Hā'loga-lànd* : *Hāleygir*.

Die entwickelung *au* > *o* zeigt, dass der fortis auf dem ersten comp.-gliede ruhte. Die erhaltung von *au* (bez. dessen übergang in ostnord. *ǿ*) beruht darauf, dass der fortis auf dem zweiten comp.-gliede lag, oder darauf, dass *au ǿ* aus dem entsprechenden simplex übertragen worden ist. Dass der fortis in gewissen unter den angeführten wörtern diesen platz haben konnte, wird bisweilen durch andere lautverhältnisse bestätigt; s. über *bryllaup*, *myllǿgh* 431. Betreffs des wechsels aschw. *orar*, *ore* : *ǿrar*, *ǿre* s. Kock in Ark. nf. VIII, 88.

Die entwickelung *au* > *o* (*u*) im ersten comp.-gliede zeigt, dass der fortis auf dem zweiten comp.-gliede geruht hat, z. b. aschw. *Gotstawer* (*Gotzstafsson*) nschw. *Gustaf* (im 17. jh. und noch im schonischen *Gustáf* accentuiert; < *Gautstáfr*): ä. nschw. *Götstaff* nschw. *Gösta* (< *Gáutstafr* oder von *Gǿter* beeinflusst), aschw. *skotkonunger skutkonunger* : *skǿtkonunger* isl. *skautkonungr* 'schoss-könig' (ein beiname), aschw. *skutrā* : *skǿtra* 'eine art flurstein' (mit *skaut* 'ecke' zusammengesetzt), *loghokarl* (schreibfehler?) : *lǿghokarl* 'bader', *loghadagher* (selten) ä. nschw. *logerdag* (vgl. im jetzigen westgötischen *lorda*) : aschw. *lǿghardagher* nschw. rspr. *lördag* isl. *laugardagr* 'samstag', — aschw. *Odbiørn* (selten): *Ǿdhbiørn* (< *Auðbiorn*), anorw. *Odfinnr* : *Auðfinnr*, der nschw. ortsname *Hogland* : ä. nschw. *Högeland* (< *Haug*[*a*]*land*, Saxén in Fennia 14 no. 4 s. 19). Unsicher (vielleicht schreibfehler) sind die sehr seltenen aschw. *ostbytta* (vgl. isl. *austker* 'schöpfgelte'), *doþsøker* (< *dauð-*; 'anfall des todes').

Vgl. Kock: Tydning af gamla svenska ord (1881) s. 1 ff., Fsv. ljudl. II, 550, Akc. II, 329 ff.

445. Es ist selbstverständlich, dass das erste comp.-glied den infortis gehabt hat, wenn dessen vocal verloren gegangen ist. Dies ist der fall gewesen in

composita auf *ga-*, z. b. isl. *glīkr* 'gleich' (< **galīkaʀ*), *geyia* aschw. *gøia* 'bellen' (< **gawaujan* Kock in Ark. nf. VII, 344 f.), isl. *gandr* 'stock' (> **gawandaʀ* Wadstein IF., V, 30, Kock a. a. o.). Eine ausnahme machen isl. aschw. *gamal(l)* 'alt' (got. **ga-mēls*), *gaman* 'freude' mit fortis auf *ga-* (Kluge in KZ. XXVI, 70).

composita auf *bi-*, z. b. aschw. *brēþa* 'zahlen' < **biraiða* (Kock in Sv. landsm. X no. 3 s. 4 f.), agutn. *briska* 'vermehren' < **bi-wriska* (vgl. got. *gawrisqan* 'frucht bringen').

aschw. *tiughu* '20' < **tutēȝu* (vgl. dass man in Norrland noch die acc. 1 in *tju¹go* verwendet 333, Kock in Ark. nf. V, 148).

isl. *veill* 'elend' < **vehéill* **veiheill*? (Bugge in Ark. II, 227).

aschw. *frals* 'frei' (< **frīháls*, vgl. got. *freihals* 'freiheit'). Bei der acc. **frī́-hals* blieb aber das ī vorläufig erhalten, und **frī[h]als* ging später im aschw. in *frǣls* über. Kock in Ark. nf. VIII, 91. Über *slīkr* s. 452.

446. Die lautverbindung *-wĭ-* bleibt in der fortissilbe erhalten, z. b. isl. *svik*, aschw. *swik* 'betrug'. Gemeinnord. geht sie aber in einer semifortis-silbe in [*w*]*y̆* über, wenigstens wenn ein labialer oder labialisierter consonant auf diese lautverbindung folgt, z. b. in dem zweiten comp.-gliede von isl. *Ōsȳfr* : *Ōsvīfr*, *tordȳfill*, nschw. *tordyfvel* 'mistkäfer' : *vifvel* 'eine art käfer', isl. *andsyptir* pl. 'atemnot' (: *svipta* 'wegnehmen'), *Biorgyn* : *Biorgvin*, *Sigyn* (< **Sigwin*), *Hlōþyn* (< **Hlōþwin*), aisl. *flauta-þyrill*, nschw. dial. *kärnetörel* (< *-þyrill*) : nnorw. *tvirel* 'butterstössel'. Die wechselformen *Ōsȳfr* : *Ōsvīfr* zeigen, dass der fortis fac. auf dem ersten oder auf dem zweiten comp.-gliede ruhte; der name ist mit dem isl. *ōsvīfr* 'kühn' identisch (über den wechselnden platz des fortis in den mit *ū-*, *ō-* zusammengesetzten wörtern s. 440). Es ist jedoch zweifelhaft, ob der fortis auf

der ultima von *Biorgvin* gelegen hat, da die erhaltung von *-vi-* auch anders erklärt werden kann. Die entwickelung **hwinnōtt* (aschw. *hwin* 'jammer') > isl. *hynōtt* 'jammernacht' lehrt aber, dass der fortis in diesem worte auf dem zweiten comp.-gliede ruhte. S. Kock in Ark. nf. VI, 201 ff., X, 270, ZfdA. XL, 197 ff.

447. Die gemeinnord. lautverbindung *wă* bleibt in den anord. sprachen der regel nach in der fortis-silbe erhalten, z. b. acc. pl. m. isl. aschw. *tvā twā* 'zwei'. In einer semifortis-silbe geht sie aber gemeinnord. in [*w*]*ŏ* über, wenn die labialisierten consonanten *r*, *l* unmittelbar folgen. Dies ist der fall gewesen in dem mit semifortis accentuierten zweiten comp.-gliede von isl. *nǫkk*(*w*)*or*, anorw. *nokcor* aschw. *nakor* 'irgend ein' (< *nakkwarr*), aschw. *ennor* 'irgend ein' (< **einnhwarr*; aschw. auch *ēnhwar*; später mit infortis auf der ultima), isl. *griōt-hōll* 'steinhügel' (< *-hwāll*), *Reykiahōlar*. Diese lautentwickelung ist wahrscheinliah eingetreten im ersten comp.-gliede von isl. aschw. *tolf* '12' (< **t*(*w*)*olif* **twalif*): aschw. run. **twalf** (auf dem Rökerstein; < **twàlif*), isl. *horvetna* (vgl. agutn. *hurvitna*) : *hvarvetna* 'überall'. Kock in Ark. nf. VII, 339 f.

448. Wenn das erste comp.-glied mit einem stimmhaften laute schliesst, geht in den anord. sprachen ein anlautendes *þ* im zweiten comp.-gliede mit semifortis in *ð* über, z. b. aschw. *sāra-dhol* (: *sāra-þol* 'wunde', aus *sār* 'wunde' und *þol* 'leiden'), *sara-dhule* (: *sāra-þoli* 'wunde'), *lag-dhingsmānadagher* 'gerichts-montag' (: *lagh-þing* 'gericht'), isl. *al-ðingi* (: *al-þingi* 'landesversammelung'), *bryn-ðing* (: *brynþing* 'streit', aus *brynia* 'brünne' und *þing* 'zusammenkunft'), *hiorðing* (: *hior-þing* 'streit', vgl. *hiorr* 'schwert'), *al-ðȳða* (: *alþȳða* 'das volk'), *arf-ðegi* (: *arf-þegi* 'erbnehmer') — die namen *Svīðiōð* (: *Svīþiōð*), *Sigðir*, *Hamðir*, *Egðir* (< **-þewaʀ*), *Steinðōrr* (: *Steinþōrr*), *Halldōrr* aschw. *Haldōr* (< **Hallðōrr* : *Hallþōrr*), isl. *Halldōra* (: *þōra*), aschw. lat. *Hialmdorus* (die letzten mit späterer entwickelung *ð* > *d*); vgl. *kalla-ðu* 'rufe' : *þū* 'du' etc. Wenn sich wechselformen mit *þ* : *ð* im zweiten comp.-gliede finden, haben die formen mit *þ* ohne zweifel meistenteils das *þ* von den entsprechenden simplicia entlehnt, wenn auch der *þ*-laut in gewissen fällen darauf beruhen kann, dass der fortis auf dem zweiten comp.-gliede ruhte.

In übereinstimmung hiermit ist der wechsel isl. *Goðormr* aschw. *Gudhorm(sson)* : isl. *Guttormr* aschw. *Guttormbėr* zu erklären. **Goð-þormr* mit fortis auf dem ersten comp.-gliede wurde zu **Goððormr Goðormr*; der lange *ð*-laut (*ðð*) entwickelte sich nicht in *dd* (wie z. b. in **breiðða* > *breidda* 'breitete'), sondern in *ð*, weil das sprachbewusstsein den zusammenhang des wortes mit *goð* 'gott' noch fühlte. Bei der acc. **Guð-þǫ́rmr* wurde dagegen *þ* erhalten; *ðþ* wurde zu *þþ* (**Guþþórmr*) assimiliert, und nach der verlegung des fortis auf die paenultima ging **Gúþþormr* lautgesetzlich in *Guttormr* über *.

Auch isl. *īðrōtt* nschw. *idrott* (vgl. ndän. *idræt*) : isl. *īþrōtt* (vgl. aschw. *īþræt*) 'geschicklichkeit, sport' hat den fortis fac. auf dem ersten oder zweiten comp.-gliede gehabt. Bei der acc. *ī́ð-þrōtt* (vgl. *īð* 'that' und *þrōttr* 'kraft') entstand **īððrōtt īðrōtt*; *ðð* wurde zu *ð* (nicht *dd*), weil man den zusammenhang mit *īð* fühlte. Bei der acc. **īðþrṓtt* entwickelte sich aber **īþþrōtt īþrṓtt* (mit verkürzung von *þþ* vor consonanten + vocal mit fortis), und diese acc. wird durch isl. accentuierte texte bestätigt (466). Hiermit stimmt vollständig nschw. *idissla* : nschw. dial. (in Dalekarlien) *itässta* (< **itőssta*) 'wiederkauen'. Dieses *itässta* (**itőssta*) ist (vgl. Bugge in Sv. landsm. IV, no. 2 s. 88 anm. 4) aus **ið-þǿys(l)ta* entstanden, vgl. *ed-*, *ita-* in ags. *edrecan*, ahd. *itaruchjan* 'wiederkauen', sowie isl. *þeÿia* 'tauen' (eig. 'auflösen'); das nschw. *idissla* aber aus **ī́ð-þøysla* oder einer ähnlichen bildung (Westes *idísla* durch contamination).

Vgl. IED. 729, 320, Kock in NTfF. nr. III, 246, Falk in Ark. nf. I, 120.

449. Hier mag eine bemerkung über die urgerm. (vielleicht noch urnord.) acc. des personennamens *HaðulaikaR* platz finden. Das urnord. ***hadulaikaR*** (Strand um 550)

---

* Noreen ist in Aisl. gramm.[2] s. 32 der ansicht, dass *Goðormr* umgekehrt aus **Goðþórmr*, *Guttormr* aber aus **Gúðþormr* entstanden sei. Dies ist unmöglich; denn man kann natürlich nicht annehmen, dass man **Goðþ-órmr* oder **Gúðþ-ormr* abteilte. Eine solche silbengrenze wäre allzu sonderbar.

mit *d* (d. i. *ð*-laut), verglichen mit **haþuwolafʀ** mit *þ* auf dem Stentofta-steine, macht wahrscheinlich, dass das mit **haþuʀ* 'streit' zusammengesetzte **hadulaikaʀ** in urgerm. zeit den fortis nicht auf der ersten silbe hatte; das ältere *þ* ist nämlich in *ð* (geschrieben *d*) übergegangen. Der fortis ruhte also auf dem zweiten comp.-gliede oder vielleicht auf der zweiten silbe von *haðu-*; s. Bugge: Norges Indskrifter I, 274. Der wechsel isl. *einfaldr* aschw. *ēnfalder* 'einfach' mit *ld*: got. *ainfalþaba* etc. mit *lþ* zeigt, dass die silbe *-fald-* in urgerm. zeit nicht immer den fortis hatte; aus der entwickelung *-falþ-* > *-falð-* geht aber nicht hervor, ob der fortis zu jener zeit fac. auf dem ersten comp.-gliede oder auf der endung des zweiten comp.-gliedes ruhte.

450. Wenn das erste comp.-glied mit einem stimmhaften laute schliesst, geht in den anord. sprachen ein anlautendes *f* im zweiten comp.-gliede mit semifortis in *v* über. Der fortis hat also geruht auf dem ersten comp.-gliede z. b. von anorw. *tvēvalldr* 'zweifach' (: *tvēfaldr*), den personennamen isl. *Þorvastr* (: *Þorfastr*), aschw. *Gudhvaster* (: *Guþfaster*), *Holmvaster* (: *Holmfaster*), *Silvaster* (: *Silfaster*), *Kætilvaster* (: *Kætilfaster*) etc. Der übergang [agutn.] *ō-for-magi* > [aschw.] *ō-vor-maghi*, *ughurmaghi* 'minderjähriger' zeigt die acc. *ṓ-for-màghi* oder *ō-for-mághi*. Vgl. Bugge in TfF. nr. III, 267, Kock: Akc. II, 346 f.

451. Wenn das erste comp.-glied mit einem stimmlosen consonanten schliesst, geht in den anord. sprachen ein stimmhafter consonant (*b*, *d*, *g*, *ƀ*) als anlaut in dem mit semifortis accentuierten zweiten comp.-gliede in den entsprechenden stimmlosen (*p*, *t*, *k*, *f*) über. Das erste comp.-glied hat also den fortis gehabt z. b. in aschw. *brūþkomi* 'bräutigam' (< *brūþgomi*, mit *þ*, nicht *ð*, ausgesprochen), *hōspōnde* 'hausherr' (< *hōsbōnde*; fac. auch *hōsbṓnde* 441), *Veppȳ* (: *Væpbȳ*), *Werpȳ* (< **Werpby*), isl. *knēsfōt* 'kniehöhle' (< **-ƀōt* 'bucht'), *vēttfangr* 'kampfplatz' (: *vēttvangr*), anorw. *Mørtalr* (**Myrkdalr*); vgl. auch nschw. *Rospiggar* (< aschw. *Rō(þ)sbyggiar*; vgl. 437), ä. nschw. *Bisperg* (< *-berg*) etc. Wenn mehrere von diesen wörtern den stimmlosen consonanten im zweiten comp.-gliede fac. beibehalten haben, beruht dies im allgemeinen auf anschluss an die entsprechenden simplicia, kann aber bisweilen auch darauf beruhen, dass der fortis fac. auf dem zweiten comp.-gliede ruhte (vgl. z. b. *hōsbōnde*). Kock in Ark. nf. I, 61 f. anm. 2; V, 162 f.; Fritzner[2] s. 246; Noreen: Aisl. gramm.[2] § 182,1.

452. Die gemeinord. lautverbindung *sw* wird im allgemeinen in den anord. sprachen erhalten, z. b. isl. *svar* aschw. *swar* 'antwort'. Der wechsel isl. *svā* aschw. *swā* : isl. aschw. *sā* nschw. *så* 'so' beruht darauf, dass *swā* ursprünglich die mit fortis, *sā* (< *swā*) die mit infortis bez. semifortis accentuierte form war. In ähnlicher weise ererklärt sich der wechsel isl. *svīvirþa* 'entehren' isl. *svīvirþing* 'unehrerbietigkeit' : aschw. *sǣvyrþa*, *sǣvørdhning*; der fortis ruhte also in diesen aschw. wörtern auf dem zweiten comp.-gliede (vgl. 439; aschw. *sīvirþa, sīvyrþing*, agutn. *svēverþa* sind durch contamination entstanden). Die entwickelung **swēlīkaʀ* (vgl. got. *swē* isl. *svā*; thatsächlich aber got. *swaleiks*) > aschw. *selīker silīker* aschw. isl. *slīk(e)r* zeigt, dass der fortis auf dem zweiten comp.-gliede ruhte. Dies geht nicht nur daraus hervor, dass *sw*- zu *s*- wurde, sondern auch daraus, dass germ. *ē* (nicht zu *ā* wurde; vgl. got. *lētan* : isl. *lāta* 'lassen', sondern), ebenso wie in endungen mit infortis, in *e*, *i* überging. Nachdem **swēlīkʀ* zu *selīkr* (*silīkr*) geworden, wurde der fortis fac. auf die erste silbe zurückgezogen. *Sélīker*, *sílīker* blieb erhalten, *selī'kr* entwickelte sich aber weiter in *slīkr*. Vgl. Kock in Ark. nf. V, 145 f., 138, XI, 344, sowie oben 445.

453. In einer fortissilbe geht die lautverbindung *ht* gemeinnord. in *tt* über, z. b. isl. *sōtt* 'krankheit' (< **suht*). In einer semifortis- bez. infortis-silbe wird sie dagegen zu *t*, z. b. *þōta* (praet. zu *þykkia* 'scheinen'; rel. unaccentuiert): *þōtta* (mit fortis). Folgende wörter mit älterem *ht* haben also den fortis auf dem ersten comp.-gliede gehabt: isl. *knēsfōt*, *knēsbōt* 'kniehöhle' (< *-*buht*; vgl. 451), *kalfa-bōt* 'höhle an der wade' (vgl. auch *ǫlnboga-bōt* 'höhle am ellenbogen'), *brōþur-dōtir* (< *-*duhtar*) 'bruderstochter', *bana-sōt* (< *-*suht*) 'tödliche krankheit', *lȳritr* 'gesetzliches recht' (: *rēttr* 'recht'), *eyvit* 'nichts' (: *vēttr* 'wesen'). Kock in Ark. nf. IX, 162 ff.

454. Nach einem vocal mit fortis geht *nl* gemeinnord.

in *l* mit verlängerung des vorhergehenden vocales über, z. b. **AnulaiƀR* > isl. *Ālāfr*. Dagegen wird *nl* gemeinnord. nach einem vocal mit semifortis zu *ll* assimiliert; so z. b. im zweiten comp.-gliede von nschw. *Dalkulla* (< **Dalkunla*; **kunla* **kunilō* deminutiv von *kuna* 'weib'), isl. *friþkolla* 'friedbringendes weib' (< **friðkonla*; **konla* **konilō* deminutiv von *kona* 'weib'). Diese entwickelung im ersten comp.-gliede lehrt, dass der fortis auf dem zweiten geruht hat z. b. in isl. *ellifu* '11', *ellipti* 'der 11te' aschw. *ællowo*, *ællofte* < **einlífu*, **einlífti* etc. (noch dial. [in Bohuslän] *ällå'fte* und *ållå'fte* aschw. **āllófte* 'der elfte' < **ainlǫ́fti* 442; vgl. eng. *eléven*), aschw. *mylløgh* isl. *mullaug* 'waschbecken' < *mun*[*d*]*láug* < **mundilaug* (vgl. 431; isl. *mullaug* hat *u* durch einfluss von *mund* 'hand' bekommen), *Byleiptr* **Bylleiptr* 'name des blitzes' < **BynleiftR* (vgl. nnorw. *bynja* 'donnern' und isl. *leiptr* 'blitz'). Vgl. Kock in Från filologiska föreningen i Lund s. 1 ff., IF. X, 100, z. t. auch Noreen: Aisl. gramm.² § 207,4.

455. Gemeinnord. *-nR* wird nach kurzem vocal mit fortis im isl. als *-nr* erhalten, z. b. *sonr* 'sohn'. Dagegen geht diese lautverbindung nach kurzem vocal mit semifortis in *nn* (später *n**) über, z. b. *Sturluson* (< *-sonR*), *Halfdan* (< *-*danR*), *ūvin* (< -**vinR*); durch den einfluss solcher composita haben bisweilen auch die simplicia *son*(*r*), *dan*(*r*) 'däne', *vin*(*r*) 'freund' das *-r* verloren. Kock in Ark. nf. II, 52, VIII, 266, IX, 315, Akc. II, 452 f.

456. Mnd. *annamen* ist in das schw. entlehnt worden: aschw. *an*(*n*)*ama* nschw. *anámma* 'annehmen'. Das *nn* ist zu *n* verkürzt worden, weil die erste silbe den infortis gehabt hat und fac. noch immer hat, nämlich wenn der fortis auf dem zweiten comp.-gliede (*anámma*) ruht. In derselben weise wurde ags. *abbot* zu aschw. *ābōt* (neben *abbōte*) isl. *ābōti* 'abt' mit fortis auf der zweiten silbe; vgl. noch nschw. *abótt* (Kock in Ark. nf. V, 160). Eine ähnliche consonantenverkürzung muss in der alten sprache durch dieselbe ursache hervorgerufen worden sein; also hat der fortis gelegen auf dem zweiten comp.-gliede von isl. *spanȳ'r* (< *spānnȳ'r* 'nagel-

* Der übergang *-nn* > *-n* ist vielleicht durch den einfluss anderer casus mit kurzem *n* hervorgerufen worden.

neu'; diese acc. wird auch durch den platz des accentzeichens bestätigt 467; früher auch *spắnnȳr* accentuiert 432), *hynōtt* 'jammernacht' (< **hynnốtt*, **hwinnốtt*; diese acc. wird durch den übergang *wi* > *y* bestätigt 446), *Þurīþr* (< **Þur*[*f*]*rīðr*), *fosystir* (< **fōs*[*t*]*systir*; neben *fōstsystir*, *fostrsystir* 'pflegeschwester'), anorw. *malaus* (< *māllaus* 'stumm'), *Sigrið en storāða* (< *stōrrāða* 'facinorosa'), *ia*(*m*)*mikit* 'gleich viel', *brilaup* (< **brillaup* 'hochzeit'; vgl. 431), aschw. *maløs* (< *mālløs* 'stumm'), *skæl*(*l*)*øs* 'unvernünftig', *brøl*(*l*)*ø̄p*, *brul*(*l*)*ø̄p*, *brul*(*l*)*øpe* 'hochzeit' (vgl. 431), *æ*(*m*)*mykit* 'gleich viel' (vgl. 407), aschw. nschw. dän. *aborre* : nschw. *abborre* aschw. *aghborre* 'barsch' (vgl. got. *ahwa* und aschw. *borre* 'paliurus'). Über *pe*(*n*)*níngr* etc. s. 473,7.

457. Eine untersuchung aschw. lyrischer gedichte in metrischer form mit gefüllten senkungen sowie der reimwörter in aschw. erzählenden gedichten bestätigt vollkommen, dass der fortis in der alten sprache in grosser ausdehnung auf dem zweiten comp.-gliede ruhen konnte. Akc. II, 350—358.

458. Dies wird auch durch die alliterationen in isl. gedichten (Bugge: Norroen fornkvæði s. 36 anm.), sowie durch die verwendung der accentzeichen in gewissen isl. und anorw. hss. bestätigt. Die accentzeichen werden wie bekannt in der regel benutzt, um die länge eines vocals (bez. diphthonges) anzugeben. Bisweilen werden aber accentzeichen über kurze vocale in composita gesetzt, und dann kann das accentzeichen nichts anderes als die lage des fortis bezeichnen. Auch wenn ein compositum, das aus zwei wörtern, die beide langen wurzelvocal haben, besteht, das accentzeichen in irgend einer hs. ausschliesslich oder unbedingt hauptsächlich auf den wurzelvocal des zweiten comp.-gliedes bekommt, kann man die schlussfolgerung ziehen, dass der fortis auf diesem comp.-gliede gelegen hat, bez. hat liegen können. Vor vielen jahren schon hatte ich vermutet, dass das accentzeichen in einer isl. hs. bisweilen den platz des fortis angäbe. Jetzt haben Wadstein: Fornnorska homiliebokens ljudlära 122 und L. Larsson in Ark. nf. V, 117 ff., unabhängig von einander, diese beobachtung gemacht.

Dass die benutzung des accentzeichens unter umständen in verbindung mit der lage des fortis steht, geht besonders aus der schreibung des wortes *līkamr*, *līkame* 'körper' hervor. Als eine ziemlich allgemeine regel gilt, dass das zweite comp.-glied um so lieber den fortis bekommt, je länger es ist (vgl. z. b. 273). Nun wird das accentzeichen nach L. Larsson: Ordförrådet verhältnismässig oft (16 mal) auf *lík-* in zwei-silbigen formen von *likamr* (*likam*, *likams*) benutzt; nur selten (4 mal) aber in drei-silbigen formen von *likáme* (*likamr*). Also ist *līk-* besonders in den dreisilbigen formen zu *lik-* verkürzt worden, was nur dadurch zu erklären ist, dass vorzugsweise diese den fortis auf dem zweiten comp.-gliede trugen; vgl. dass aschw. *līkáme* zu *lĭkáme* > *lĕkáme* wurde (414).

Hiermit ist zusammenzubringen, dass *licámr* in dem Gammel norsk homiliebog 16 mal accentzeichen über dem kurzen *a* hat, und dass man im nschw. noch *lekámen* ausspricht (81).

459. Ich will im folgenden die früher besprochenen anord. wörter mit fortis auf dem zweiten comp.-gliede, nach wortklassen geordnet, aber mit ausschliessung einiger nicht sicherer beispiele, anführen. Bei den verschiedenen wortgruppen werden ausserdem beispielsweise aschw. wörter aufgenommen, wo nach dem zeugnis aschwedischer gedichte der fortis auf dem zweiten comp.-gliede ruhte (vgl. Kock: Akc. II, 356 ff., N. Bure: Rytmiska studier öfter knittelversen i medeltidens svenska rimverk (Lund 1898) s. 18 ff.), sowie westnord. composita, deren accentuierung mit fortis auf dem zweiten comp.-gliede aus der verwendung der accentzeichen in isl. und anorw. hss. hervorgeht (vgl. Wadstein a. a. o. und L. Larsson a. a. o.).

460. I. Eine partikel erstes comp.-glied.

Das compositum ein verb.

Gemeinnord. wörter auf *bi-*, z. b. aschw. *brēþa* 'zahlen' (< **biraiða*), agutn. *briska* (> **bi-wriskan* 445) — *ga-*, z. b. isl. *geyia* aschw. *gøia* (> **gawau̯ian* 445) — *iþ-*, z. b. **ið-þøys(l)ta* > nschw. dial. (Dalekarlien) *itässta* (448) — *swī-*, *swē-*, z. b. aschw. *sævyrþa* (< **sēvyrþa* 439, 452) — *tor-*, z. b. isl. *torkenna* aschw. *torkænder* (436). Wörter mit untrennbarem *for-* hatten wahrscheinlich den fortis auf dem zweiten comp.-gliede ebenso wie die ahd. und ags. wörter auf *far-* (*fir-*) bez. *for-* (vgl. 275).

Aschw. wörter auf *be-* < *bi-* (lehnwörter), z. b. *betala* < *bitala* (vgl. 414) — *soman-* < *saman-*, z. b. *somanlæggia* < *samanlæggia* (407 f.).

Nach aschw. gedichten: *ā-*, z. b. *āfan* 'erfand' — *af-*, z. b. *aftōk* 'nahm ab' — *at-*, z. b. *atskilia* 'trennen' — *bī-*, z. b. *bīstā*, *bīstanda* 'beistehen' (vgl. oben *bitala*) — *bort-*, z. b. *bortgār* 'geht weg' — *frā-*, z. b. part. *frāskilt* 'getrennt' — *fram-*, z. b. *framført* 'vorgeführt' — *in-*, z. b. *inganga* 'eingehen' — *kring-*, z. b. *kringskæra* 'scheren' — *mis-*, z. b. *misgār* 'geht schlecht' — *om-*, *um-*, z. b. *omgā* 'umgehen' — *op-*, *up-*, z. b. *opstōdh* 'stand auf' — *til-*, z. b. *tilsā* 'untersuchte' — *unt-*, z. b. *untfā* 'empfangen' — *ūt-*, z. b. *ūtgiwa* 'ausgeben'.

461. Das compositum ein substantiv.

Gemeinnord. wörter auf *ga-*, z. b. *gandr* (< **gawandaʀ* 445; eine ausnahme macht *gaman* ib.).

Adän. wörter auf *ā*: *āminnælsæ* (409); aschw. wörter auf *be-* < *bi-* (lehnwörter), z. b. *bestand* < *bistand* (414).

Nach aschw. gedichten: *ā-*, z. b. *ālit* 'zutrauen' — *af-*, z. b. *afund* 'neid' — *an-*, z. b. *anslagh* 'anslag' — *and-*, z. b. *anzwar* 'antwort' — *for-*, z. b. *fordēl* 'vorteil' — *fram-*, z. b. *framgang* 'erfolg' — *gin-*, z. b. *gingerdh* 'empfang von gästen' — *mis-*, z. b. *mistrō* 'misstrauen' — *up-*, z. b. *uphōf* 'ursprung' — *ūt-*, z. b. *ūtfærdh* 'ausfahrt' — *van-*, z. b. *vanhēdher* 'unehre' — *væl-*, z. b. *vælfærdh* 'wohlfahrt'.

Nach der westnord. accentbezeichnung: *ā-* : *aheít* 'bitte', *asióna* 'aussehen', *aleiþes* 'fort'. Nach der isl. alliteration *ofrgiald* (pl. *ofrgiold*) 'harte strafe'.

462. Das compositum ein adjektiv.

Gemeinnord. wörter auf *ai-* > *ā-*, z. b. isl. *ālīkr* aschw. *ālīker* (442, vgl. doch anm. ib.) — *ga-*, z. b. isl. *glīkr* (< **galīkaʀ*; ausnahme *gamall*; 445) — *swē-* : aschw. *selīker silīker slīker*, isl. *slīkr* 452 — *tor-*, z. b. isl. *torbønn* 436 — *or-*, z. b. aschw. *orgrander* ib. — *vei-* < *ve-*, z. b. isl. *veill* (< **veheill* **veiheill*? 445).

Im aschw. *ē-* > *i-* : nschw. *illak* (< **ilak ēlaker* 413). Nach aschw. gedichten *of-*, z. b. *ofstarker* 'zu stark' (vgl. auch Kock in ZfdA. XL, 193 f.) — *vǽl-* : *vællærdher* 'sehr gelehrt' — *ø̄þ-* : *ø̄þmiūker* 'demütig' — *ē-* 'immer' : *Ērīk(er)* (als nom. proprium verwendet).

463. Das compositum (die juxtaposition) ein pronomen: Im adän. *ē-* > *i*: *ihvo* etc. (413; vgl. nschw. *ehǫ́* etc. 276,1).

464. Das compositum (die juxtaposition) eine partikel. Aschw. prep. *ī* > *e-* : aschw. *egiæn*, nschw. *emot* etc., aschw. *bītīdha* > *betīdha* (lehnwort), *līkovæl* > *leqwæl* (lehnwort) (414) — adän. *ē-* 'immer' > *i-* : *imedens* (413).

465. *Ō-* (*ū-*) erstes comp.-glied. Gemeinnord. hat der fortis in verschiedenen wortklassen auf dem zweiten comp.-gliede ruhen können, z. b. subst. isl. aschw. *ōvin*; adjekt. isl. *Ósvīfr* (nom. propr. 446); partikel isl. *ōsyniu(m)* (*ūsyniu[m]*), aschw. *ōsyniom*. Vgl. 437, 440, 392.

Nach aschw. gedichten ist dies sehr oft der fall, z. b. in subst. *ōrō* 'unruhe', *ōsǣt* 'uneinigkeit' etc., in adj. *ōlǣt* 'schwer, schwanger', *ōsār* 'unverwundet' etc., in verben: *ōmaka* 'beunruhigen'. Nach der westnord. accentbezeichnung, z. b. subst. isl. *odǫ́þ* 'missethat', *okǿnska* 'unwissenheit', *oráþ* 'schlimmer rath', anorw. *uvínr* 'feind', *ugágn* 'schade'; adj. isl. *ofǿrr* 'unzugänglich', *osáttr* 'uneinig' etc., anorw. *uvítr* 'unklug', *urǽinn* 'unrein' (dat. *urǽinum*).

466. II. Das erste comp.-glied ein substantiv.

Das compositum ein substantiv.

Gemeinnord. **brūði-hlaup* > isl. *bryllaup* aschw. *bryllø̄p*; **brūði-tuʒa* > agutn. *bryttugha*; **runiþiufʀ* > aschw. *rynþiūwer*, **mundi-laug* > aschw. *myllø̄gh* isl. *mullaugh* (431); **skautkonungʀ* > aschw. *skotkonunger*, **skaut-rā* > aschw. *skutrā*, **ørtaug* > aschw. *ørtø̄gh* (444), **airhialmʀ* > isl. *ārhialmr*, **aimyria* > nnorw. dial. *åmyrja* (442), **ræiformʀ* > isl. *reformr* aschw. *ræformber* (443), **hwinnōtt* > isl. *hynōtt* (446). Die consonantenverkürzung zeigt, dass diese acc. noch in rel. später zeit fortlebte in isl. *hy[n]nōtt*, aschw. *brø(l)lø̄p*, anorw. *bri[l]laup* (456). Hierhin gehören noch die personennamen aschw. *Gotstawer*, *Odbiørn*, anorw. *Odfinnr* (444), aschw. *Qwaldulwer* (442), isl. *Heriulfr*, *Bryniulfr*, aschw. *Bryniulwer*, *Herioldus* (lat.; 431).

Aschw. *hūsbōnde* etc. > *hōsbōnde*, *hōsprēa* (adän. *hōsbōnde* 441), *līkame* > *lekame*, *līnlakan* > *lenlakan*, **līnlak* > *lenlak* (414), **līþmus* > *lenmus* (428), *vāþmāl* > nschw. *vadmal* (409), aschw. *bōghlīna* > nschw. *bolíner* (auch die ortsnamen *Skōgh kloster* > nschw. *Skoklóster*, aschw. *Stækeborgh* > nschw. *Stegebǫ́rg* 421), (ält. u. jü. nschw.) *abborre* > (aschw. ä. nschw.) *aborre* (456); die lehnwörter aschw. *hūsfrū* > *hōsfrū* (auch adän. *hōsfrū* 441), ä. nschw. *bōkhwēte* > nschw. *bohvete*, aschw. **bōkfinke* > ä. nschw. *boofinke* (421, 422); die juxtapositionen aschw. *līfsdaghar* > *leffsdaghar* 414, *Ārbogha*, *Ālingsās* 409. Der personenname *Gērmunder* > *Girmunder* (412, 413).

Nach aschw. gedichten z. b. *kø̄pman* ‘kaufmann’, *dōmstōl* ‘gericht’, *trǣkar* ‘hölzernes gefäss’, *lērkar* ‘thongefäss’, *gulfat* ‘goldene schüssel’, *lērfat* ‘thonschüssel’, *līkam* ‘körper’ (vgl. 414), *budhordh* ‘gebot’, *hogswal* ‘freude’, *rǣtvīsa* ‘gerechtigkeit’, *vindøgha* ‘fenster’, *Stokholm* (vgl. noch im nhd. *Stockhólm*); auch die lehnwörter *hūsfrū* (vgl. gleich oben) *hūsfrūgha* ‘hausfrau’ (mnd. *hūsfrowe*), *stalbrø̄dher* (pl. zu *stalbrōdher* ‘kamerad’, mnd. *stalbrōder*), *hofman* (mnd. *hofman*).

Isl. **īðþrōtt* > *īþrōtt* 448, *fō[s]systir* 456.

Nach der westnord. accentbezeichnung z. b. isl. *iþrótt* (vgl. gleich oben), *brauþleífr* ‘brot’, *galeýse* ‘unachtsamkeit’, anorw. *astvín* ‘busenfreund’ (in dat. pl. *astvínum*), *hugscót* ‘gedanke’, *hugvít* ‘verstand’ (in dat. *hugvíti*), *licámr* (458), *solskín* ‘sonnenschein’.

467. Das compositum ein adjektiv.

Aschw. *ma[l]lø̄s*, *skæ[l]lø̄s* (456).

Nach aschw. gedichten *rǣtvīs* ‘gerecht’, *sorghful* ‘traurig’, *mēnlø̄se* (pl. von *mēnlø̄s* ‘unschuldig’).

Isl. *spanȳr* (< *spānnȳ'r* 456, eine acc., die durch die isl. accentbezeichnung *spanýr* bestätigt wird; aber gemeinnord. mit fortis auf dem ersten comp.-gliede 432), anorw. *mā[l]laus* (456).

468. Das compositum ein verb.

Aschw. *vārkunna* : nschw. *varkunna sig* (409).

Nach aschw. gedichten *hēmføra* 'heimführen', *hughswala* 'trösten', *ransaka* 'untersuchen' (noch *rannsáka* 288, 1), part. *stadhfæst* 'bestätigt'.

469. III. Das erste comp.-glied ein adjektiv.

Das compositum ein substantiv.

Gemeinnord. **frī-hals* > aschw. *frals* (445).

Aschw. adän. *nābo* > nschw. ndän. *nabo* (409), aschw. *gōþvili* > *gudwilia* (416).

Nach aschw. gedichten *hwītskin* 'weisses fell, hermelin', *blāman* 'neger', *nȳmǣre* 'neuigkeit', *almōghe* 'volk', *høghvælde* 'hoheit', *gōdhvili* 'wohlwollen' (vgl. *gudwília* 416), *ælskoghe* 'liebe' (vgl. das isl. adj. *elskr* 'liebend' und das aschw. subst. *hoghi* 'sinn'). Auch die lehnwörter *saktmōdh* 'sanftmut' (mnd. *sachtmōt*), *iomfrū(a)* 'jungfrau' (mnd. *junkvrowe*).

Nach der westnord. accentbezeichnung isl. *hotíþ* 'fest' (auch *hotíþlegr* 'festlich').

470. Das compositum ein adjektiv.

Dass die composita mit *æm-*, *iafn-*, *iam(n)-* in den alten sprachen den fortis auf dem zweiten comp.-gliede trugen, zeigen aschw. *æ(m)mykit*, *iamdȳr* > *iomdȳr* etc., isl. *iafnsterkr* > *iamsterkr* etc., anorw. *ia(m)mikit* (407, 456).

Aschw. *hilbrigdho* 413.

Nach aschw. gedichten die composita mit *ful-*, z. b. *fulglaþer* 'ganz froh' etc.; *fāfænga* (zu *fāfænger* 'müssig').

Anorw. *storāða* (< *stōrrāða* 456).

Nach der westnord. accentbezeichnung isl. *fatǿkr* 'arm', *nalǽgr* 'anliegend'.

471. Das compositum eine partikel.

Gemeinnord. **ali-līkōʀ* > isl. *elligar*, aschw. (awestgöt.) *ællighær* (431).

Nach aschw. gedichten *fulgærna* 'ganz gern'.

472. IV. Das erste comp.-glied ein zahlwort.

Gemeinnord. **ainlófti* > aschw. **āllofte* nschw. dial. *ållå'fte* 442; spät gemeinnord. **æinlífu* > isl. *ellifu* 443. Urnord. **sehstéhan* > isl. *sextān*; so sind auch die wörter für '13', '15' accentuiert worden (317). Isl. aschw. *bāþir* (442), *tolf* (447), urnord. **tutéȝu* > aschw. *(t)tiughu* (333, 445). Über isl. *tvisvar* aschw. *twisvær* 'zweimal' vgl. Kock in Ark.

nf. VI, 298. Für die acc. *þrysvǽr*, *trøsvǽr* 'drei mal' spricht der reim *trøswær* : *nǣr* (Rim-krön. II, 7865, Bure: Rytm. studier 27).

Agutn. *einloyptri* (dat. sg. f. von *einloyptr* 420). Nach der isl. alliteration accentuierte man *einváldi* 'alleinbesitzer'.

Siehe über isl. *nakkverr* 442.

473. Auch verschiedene wörter, deren zweites 'comp.'-glied von gewissen ableitungsendungen gebildet wurde, konnten in der alten sprache fortis auf dem zweiten 'comp'.-gliede haben.

1. *-dōmr*, *-dōmber*. Nach aschw. metrischen gedichten *vīsdṓmber* 'weisheit', *guddṓmber* 'gottheit', *mandṓmber* 'männermut', *klærkdṓmber* 'klerisei'. Nach der westnord. accentbezeichnung isl. anorw. *hordómr* 'ehebruch', anorw. *guðdómr*. Über die acc. schw. *rijkdǿm* 'reichtum', dän. *mandǿm* während des 17. jhs. siehe 399, 402, II, über nschw. dial. *unggdóm* 'jugend' etc. siehe 381, 387, 389.

2. *-skaper*. Nach aschw. metr. gedichten *venskáper* 'freundschaft'. Über die acc. *wänskápen* im schw. des 17. jhs. siehe 399, über das nschw. dial. *sälskáv* 'gesellschaft' etc. 381, 386, 387.

3. *-hēt*. Nach aschw. metr. gedichten die lehnwörter *falskhḗt* 'falschheit', *vīshḗt* 'weisheit', *frīhḗt* 'freiheit', *kønhḗt* 'tapferkeit', *manhḗt* 'männermut' sowie die nach lehnwörtern neugebildeten *skørhḗt* 'leichtfertigkeit', *rēnhḗt* 'reinheit'. Über die acc. *wijsshéet*, *frijhéet* etc. im schw. des 17. jhs. siehe 399, über nschw. dial. *frihét* etc. 386, 387, 389.

4. *-samber*, *-bar* konnten ganz sicher im aschw. fortis haben, obwohl dafür keine direkten beweise herangezogen worden sind. Über die acc. *nogsám* 'genugsam' etc. während des 17. jhs. siehe 399, über nschw. dial. *tjisámm* (dän. *kjedsom*) 'langweilig' siehe 381.

5. *-līker*. Der umlaut in **alilīkōʀ* > isl. *elligar* aschw. *ællighær* zeigt, dass während der umlautszeit der fortis auf *-līk* lag (Kock im Ark. nf. VIII, 252 ff., vgl. 431). Nach aschw. metrischen gedichten die adverbien *sārlīk* (= *sārlīka*) 'schmerzlich', *sǣrlīk* 'besonders', *liōflīk* 'lieblich', *manlīk* 'männ-

lich', *smǣlīkt* 'schimpflich', adj. *thōlīkt* 'solches'. Über *dylīk*, *rättlīg* etc. während des 17. jhs., über *timmelīga* während des 18. jhs. siehe 399; über nschw. dial. *säkerlīgen* etc. 389.

6. *-lātr*, *-lǣti*. Nach der accentbezeichnung in westnord. hss. isl. *litellátr* 'herablassend', *litellǽte* 'herablassung' (nach L. Larssons Ordförrådet recht oft *litellátr* [besonders in flektierten formen], nur 2 mal *lítellátr*, nie *lítellatr*; oft *litellǽte*, nur 2 mal *lítellǽte*, nie *lítellæte*, aber oft *lítell*), anorw. *retlátr* 'gerecht'.

7. *-ing(er)*, *-ung(er)*, *-ang*. In wörtern mit diesen ableitungsendungen tritt, weil dieselben fortis hatten, bisweilen kein umlaut ein, z. b. aschw. *pan(n)inger* 'pfennig' (neben *pænninger* isl. *penninger*; das wort hat fac. fortis auf der zweiten oder ersten silbe gehabt)*, isl. *hunang* 'honig' ohne *a*-umlaut (aber aschw. *honagh* < **honang*). In aschw. *twinlíngiar* 'zwillinge' > *twillíngiar* ist *nl* zu *ll* assimiliert worden (vgl. 454). Gleichwie aschw. *annama* zu nschw. *anamma* 'annehmen' etc. mit éinem *n* wurde, weil der fortis auf der zweiten silbe lag (456), so beweist die consonantenverkürzung dieselbe lage des fortis z. b. in isl. *ten(n)ingr* 'würfel', *pe(n)ningr*, isl. anorw. *ke(n)ningar* (pl. zu *kenning* 'lehre'), anorw. *þreningar* (pl. zu *þrenning* 'dreieinigkeit'), aschw. *ha(n)ning* 'tactus', *pa(n)ninger*, *pæ(n)ninger*, nschw. *dronning* 'königin' (< *drotning*) : jü. aschw. *drønygh* ä. nschw. *droning*, *dråning*, nschw. *linning* 'preischen' : ä. nschw. *lining*, aschw. *Ri(b)bing*, nschw. *kä(r)ring* 'altes weib', aschw. *brullungar* 'cousins' : *brylungar*, *twi(l)lingiar* 'zwillinge', *mi(n)nung* 'erinnerung', adän. *thi(n)ning*, *pæ(n)ning*, *u(n)ningæ logh* 'fundgeld'. Nach aschw. metrischen gedichten *konúnger* 'könig', *peníngar*. Über die acc. *hedníngar* 'heiden' während des 17. jhs., über *hedníngarna* 'die heiden', *konúngarna* 'die könige' etc. während des 18. jhs. siehe 399; über dial. *tvilíng*, *tjykelúng* 'küchlein' etc. 381, 389. Im shetländischen wird nach Jakobsen: Det norrøne sprog på Shetland s. 145 noch immer accentuiert *helmå'nggin* (neben *hīl-*

* In den meisten fällen beruht jedoch das ausbleiben des umlautes in wörtern mit der endung *-ing*, *-ingi* auf der einwirkung von seiten nahestehender wörter, z. b. in isl. *armingi* 'unglücklicher mensch'; vgl. *armr* 'unglücklich'.

må'nggin mit zwei fortis-accenten), wahrscheinlich = isl. **himlung-inn*; vgl. nnorw. *himling* 'bewusstlose oder träumende person' (von *himla* 'wie im halbschlafe sein'). Nach K. B. Wiklund: Die nordischen lehnwörter in den russisch-lappischen dialekten s. 160 geht das lappische *konōkis* auf ein urnord. **konúngaz* (nicht **kónungaz*) 'könig' zurück. Dass wörter auf *-ing(er)*, *-ung(er)* in den alten nord. sprachen formelle composita (dial. jedoch formelle simplicia) waren, geht aus ihrer vocalisation hervor (353). Über die lage des fortis bei diesen wörtern in der älteren sprache s. Kock: Fsv. ljudl. I, 50 anm. 2; 227 ff.; Akc. II, 318 ff.; 496 f.; Ark. IV, 165 f., ib. nf. I, 67 f. anm., Beitr. XVIII, 459, Tamm im Ark. II, 345, N. Bure: Rytmiska studier 23.

8. *-ind*, *-und*. Diese acc. geht aus der consonantenverkürzung in aschw. *sa(n)nind* 'wahrheit', adän. *sa(n)nænd-mæn*, *-ēlh* hervor (Kock im Ark. nf. I, 68 anm.) und wird durch die acc. *Anúnd* in aschw. gedichten (Bure: Rytm. studier 29) gestützt. Die vocalisation dieser wörter zeigt, dass dieselben in der alten sprache formelle composita waren (355).

9. isl. *-ynia*. Isl. *āsynia* 'göttin', *apynia* 'affe' neben *apinia*, *vargynia* 'wölfin', aschw. *apinia*. In der semifortis- und infortis-silbe geht *y* in *i* über, wenn *i*, *i̯* in der nächsten silbe folgt (437); so auch in *apynia* > isl. aschw. *apinia*. Wenn das *y* in den andern wörtern auf *-ynia* erhalten geblieben ist, so verrät dies, dass der fortis fac. auf der paenultima der wörter ruhen konnte. Kock im Ark. IV, 185.

474. Hier mögen auch folgende wörter zur besprechung kommen:

mæ(n)niskia 'mensch'. Während des 17. und 18. jhs. und dial. noch immer wird accentuiert *me(n)nískia* (399); dass diese aussprache im aschw. angewandt werden konnte, geht aus aschw. *mæniskia* neben *mænniskia* hervor (vgl. 456).

aldregh, *aldrigh* 'niemals'. Nach der bestimmten angabe des dän. metrikers Severin Pavelsen Gotlender (1650) wurde in dem dän. des 17. jhs. *aldríg* neben *áldrig* accentuiert. Durch die schw. poesie des 17. jhs. wird die acc. *aldríg* belegt, und dass diese im aschw. vorhanden war, geht daraus hervor, dass aschw. *aldregh* (*aldrigh*) kurzes *a* beibehalten hat (nschw. *aldrig*), obwohl *a* sonst vor dentalem *l* + *d* zu *ā*, *å* wird (aschw. *alder* > *ālder* > nschw. *ålder* 'alter' etc.), sowie daraus, dass aschw. *aldregh* mit *e* in der ultima sich in einer schrift findet, die sonst *i* als endvocal in geschlossener silbe hat. Die acc. *aldrégh* ist wahrscheinlich uralt und deutet an, dass der dat. urnord. **aldrḗ* accentuiert wurde. Nachdem *-gi* hinzugefügt worden war, wurde die form *aldrégi* isoliert, und die alte acc. konnte darum beibehalten werden. Dass das wort *aldr* im urgerm. in gewissen casus fortis auf der endung gehabt hat, wird durch den grammatischen wechsel ahd. *altar* : *neo in aldere* bestätigt. Siehe Kock: Akc. II, 323 f., 497, Fsv. ljudlära II, 271 f.; vgl. auch Ark. nf. I, 83; VII, 139. Betr. der acc. der *a*-stämme im urgem. vgl. teils Osthoff: Morphol. untersuchungen II, 12; Noreen in Beitr. VII, 431 ff.; Kluge im GgPh. I², 456, teils Hirt: Akz. 258 ff., IF. VII, 125 ff., Streitberg: Urgerm. gramm. 196 ff.

Über isl. *fiándi*, aschw. *fiǽnde* 'feind' etc. siehe 219, 220.

Das lehnwort *armṓdh* 'armut' hat diese acc. nach aschw. gedichten; vgl. mnd. *armôt*, von mnd. *arm* abgeleitet.

In nschw. mundarten wird jetzt accentuiert *levärne* 'leben' (in Bohuslän), *k(j)öván* 'schosshund' (Ångermanland und Westerbotten in Norrland; im aschw. waren *liwærne* und *køwærne* (isl. *kofa*[*r*]*n*) formelle composita), *vädúr* 'widder' (in Südschonen wie ums jahr 1700 [399]; aschw. *væþur*), *abúll* 'apfelbaum' (nordöstl. Schonen; vgl. aschw. *apuld*, *apald* 359). Diese acc. kann damit zusammenhängen, dass jene wörter in der alten sprache kurze wurzelsilben hatten, während ihre ableitungsendungen lang waren bez. später verlängert worden sind. Wahrscheinlich konnten sie schon in der alten sprache wenigstens dial. diese acc. haben. Dass dies mit *liwærne* der fall war, wird durch die acc. *lavḗrni* 'lärm' im shetländischen (isl. *liferni*, vgl. Jakobsen: Det norrøne sprog på Shetland s. 145) bestätigt. Vgl. weiter Akc. II, 325 f.

475. Es ist sehr leicht möglich, dass auch gewisse andere in der alten sprache formell zusammengesetzte wörter (352 ff.) schon im aschw. resp. gemeinnord. den fortis auf einer andern als der ersten silbe haben konnten, obwohl keine direkten beweise dafür vorliegen.

476. Die meisten wörter, bei denen die lage des fortis auf dem zweiten comp.-gliede nachgewiesen werden kann, haben in den nord. literatursprachen einsilbiges erstes comp.-glied. Doch sind auch oben beispiele für diese aussprache in wörtern mit zweisilbigem erstem comp.-glied (z. b. isl. *lītellǣte* 'herablassung', aschw. *samankalla* 'zusammenrufen' etc.) angeführt worden. Hiermit ist zu vergleichen, dass composita mit zweisilbigem erstem comp.-gliede in dem altertümlichsten nnorw. sowie auch in gewissen nordschw., mittelschw. und finnländischen dialekten oft fortis auf dem zweiten comp.-gliede haben. Es ist wahrscheinlich, dass für diese aussprache noch mehr beispiele aus dem aschw. hätten angeführt werden können, wenn aschw. metrische gedichte überhaupt betr. der lage des fortis in wörtern wie z. b. *samankalla* hätten aufschluss geben können; dies ist aber nicht der fall.

477. Ganz sicher haben viele der oben angeführten wörter mit fortis auf dem zweiten comp.-gliede fac. diesen accent auf dem ersten comp.-gliede tragen können, gleichwie viele der oben angeführten composita mit fortis auf dem ersten comp.-gliede ihn auf dem zweiten ruhen lassen konnten. Eine derartige fac. acc. ist nämlich im schw. und dän. des 17. jhs. weit verbreitet (394 ff.) und leicht erklärlich: man hatte viele wörter mit fortis auf dem ersten und viele mit fortis auf dem zweiten comp.-gliede geerbt, und die beiden wortgruppen beeinflussten sich dann später gegenseitig.

In gewissen fällen geht aus dem eigenen zeugnis der alten sprache mit bestimmtheit hervor, dass beide acc.-arten zur verwendung kamen (obgleich man nicht immer mit gewissheit entscheiden kann, ob sie eine längere zeit hindurch gleichzeitig gebraucht wurden). Beispiele für fac. acc. bei nomina: isl. *bryllaup*, aschw. *bryllǿp* : *brūþlop* (431, 444), *rynþiūwer* : *runþiūwer* (431), *myllǿgh* isl. *mullaug* : aschw. *mullogh* (431, 444), isl. *Ōleifr*, aschw. *Ōlēfsson* : isl.' *Ālāfr* (442) u. a. m. auf *-leifr* : *-lāfr*, (*Hāleygir* : *Hālogaland*), agutn. *ertaug* aschw. *ørtǿgh* : anorw. *ertog*, aschw. *ørtogh* (444), *Got-*

stawer : *Gøtstawer* (ib.; möglicherweise beeinflusst von *Gøter*), isl. *Guttormr* : *Goðormr*, *īþrōtt* : *īðrōtt* (448), aschw. *ōsyniom* : *ūsini* (437, 440), *ōsǣl* : *ūsal* (433, 440, 396 B, b, β) und auch andere wörter auf *ō-* : *ū-* wie aschw. *ōlīker* : *ūlīker* etc. (440), aschw. *lekame* : *līkomi* (414, 407), *nābō* (409), *vaþmāl* (ib.), aschw. *vindø̍gha* (in gedichten) : *víndogha* (444), *afúnd* (in gedichten) : isl. *ǫ́fund* (434), das lehnwort aschw. *hōsfrū* : *hūsfrō* (441). Dass ableitungen auf *-ing(er)* fac. fortis auf der ersten silbe oder der genannten endung haben konnten, geht hervor aus gemeinnord. **panningʀ* > isl. *penningr*, aschw. *pænninger*, gemeinnord. *drotning* > aschw. *drøtning*, gemeinnord. **karling* > aschw. *kærling* mit umlaut : aschw. *pa(n)ninger* ohne umlaut und mit verkürzung des *nn*, ä. nschw. *dro(n)ning*, nschw. *kä(r)ring* (473,7).

478. Übrigens hat ohne zweifel der grösste teil der zusammengesetzten substantive und adjektive fortis ausschliesslich auf dem ersten comp.-glied ruhen lassen; nur eine geringere anzahl hat ihn auf dem zweiten comp.-glied gehabt oder haben können.

Zusammensetzungen (juxtapositionen) aus partikel + verbum hatten dagegen in sehr grosser ausdehnung fac. den fortis auf dem ersten oder zweiten comp.-gliede (vgl. 396, I, A). Ich erinnere hier nur an isl. *torkenna*, aschw. *torkænder* : *tørkænna* (436), aschw. *sīvirþa sǣvyrþa* : isl. *svīvirþa* (439, 452).

In Ark. nf. XI, 74 ff. hat Beckman durch prüfung der aisl. poesie darzuthun gesucht, dass der fortis in recht grosser ausdehnung auf dem zweiten comp.-gliede lag. Es ist wahrscheinlich, dass man auf ähnlichem wege die lage des fortis in einer grossen menge von composita wird konstatieren können. Vorläufig können jedoch, meiner ansicht nach, die aus der isl. poesie auf diese weise gewonnenen resultate nicht als sicher angesehen werden. [Vgl. jedoch jetzt auch Craigie im Ark. nf. XII, 360 ff.]

Semifortis und infortis auf ersten comp.-gliedern ohne fortis.

479. Wenn der fortis auf dem zweiten comp.-gliede lag (z. b. *skautkonungr* > *skotkonunger* 'schosskönig'; aschw. *lērfat* 'irdene schüssel', *samankalla* > *somankalla* 'zusammen-

rufen'), so hatte die wurzelsilbe des ersten comp.-gliedes wahrscheinlich in der regel semifortis, wie es noch heute bei entsprechender lage des fortis im nschw. der fall ist oder doch sein kann (365, 382). Besonders dürfte sich dies so verhalten haben, wenn das erste comp.-glied als simplex in der sprache vorhanden war (z. b. *lērfat* : *lēr*), und wenn es zwei- (oder mehr-)silbig war, z. b. *somankalla* (vgl. 365,1). Bisweilen wurde indess der semifortis des ersten comp.-gliedes zum infortis reduciert. Das fehlen des umlautes in isl. *torkenna*, aschw. *orgrander* 'ohne schaden' etc. zeigt, dass dies in composita mit *tor-*, *or-* der fall war. Aus dem übergange **swēlīkaʀ* > aschw. *selíker*, *silíker* 'solcher' mit der entwickelung *ē* > *e*, *i* (wie in endungen mit infortis) geht hervor, dass *swē-* infortis hatte oder doch haben konnte. Wenn der vocal des ersten comp.-gliedes ganz verloren gegangen ist, wurde er natürlich mit infortis accentuiert, z. b. in wörtern auf *ga-* (z. b. **galī-kaʀ* > isl. *glīkr* 'gleich'), *bi-* (z. b. **bi-raiða* > aschw. *brēþa* 'bezahlen'). Dies war sicher auch in ostnord. wörtern mit folgenden lautentwickelungen im ersten comp.-gliede der fall: *ī* > *ĕ*, z. b. aschw. *līkami* > *lekame* nschw. *lekámen* (414), *ō* > *ŭ* aschw. *gōþvili* > *gŭdwilia* 'wohlwollen' (416); *ā* > *ă* z. b. *nābō* > *năbō* 'nachbar' (409) sowie bei consonantenverkürzungen wie anorw. *ma(l)laus*, aschw. *ma(l)løs* 'stumm' etc. (456). Es bleibt zweifelhaft, ob das nicht-eintreten des *u*-umlautes in **Haruðangʀ* > isl. *Harðangr* daraus zu erklären ist, dass infortis schon während der umlautszeit auf der ersten silbe ruhte (vgl. jetzt *Hardánger*); anders Kock in Ark. nf. VIII, 258 f.

480. Überhaupt dürfte der in der älteren sprache auf der ersten silbe ruhende semifortis in der etwas jüngeren sprache nicht selten zu infortis geschwächt worden sein. Hiermit ist zu vergleichen, dass (siehe Beckman im Ark. nf. VII, 237) in Hofs sprache (westgötisch c. 1750) der semifortis auf der paenultima von *förmå* 'vermögen', *förstå* 'verstehen' etc. geruht zu haben scheint; desgl. in verschiedenen durch juxtaposition gebildeten partikeln: *bakom* 'hinter', *därhos* 'dabei' u. a. m. Heutzutage haben *förmå* etc. immer und *bakom* etc. wenigstens in der regel infortis (levissimus) auf der paenultima.

Die im späteren aschw. eingeführten lehnwörter auf *bi-*, *be-* (*betala* 'bezahlen' etc.), *for-* jüng. *för-* (*forsækra* 'versichern' etc.) dürften meistens infortis auf der ersten silbe gehabt haben. Desgleichen wohl auch die juxtapositionen mit *ē*, adän. *ēhvō* > *ihvo*, aschw. *ēhwār* 'wer auch' etc. In verschiedenen wörtern war übrigens, wie bei der entspr. acc. im nschw., eine bedeutende aussprache-latitüde vorhanden.

Über die reduktion des semifortis auf dem zweiten comp.-gliede s. 341 ff.

Das verhältnis zwischen der acc. von composita in nord. und verwandten sprachen.

481. Wir kommen nun zu der frage, in wie weit die in gemeinnord. bez. aschw. zeit sehr gebräuchliche acc. des zweiten comp.-gliedes mit dem fortis uraltes erbe ist oder nicht.

Zwei wörter, welche oft im satze zusammenstehen und urspr. zwei fortis-accente hatten, verschmelzen oft zu éinem begriff und bekommen nur éinen fortis-accent (*strídshäst* 'kampfross' < *stríds häst* etc.); solche juxtapositionen sind während aller sprachperioden gebildet worden und werden es noch heute (312).

Die verhältnismässig jüngeren juxtapositionen lassen wir bis auf weiteres unberücksichtigt und beschäftigen uns zunächst nur mit eigentlichen composita und verhältnismässig alten juxtapositionen.

482. Wir müssen zwischen zusammengesetzten verben (urspr. juxtapositionen) und zusammengesetzten nomina (eigentl. composita) scheiden. Diese sind aus idg. zeit vererbt oder nach composita neugebildet, welche aus idg. zeit stammen. Die zusammengesetzten verben dagegen sind meistenteils urspr. juxtapositionen, die in germ. zeit zusammengewachsen sind.

483. Die frage nach der *acc. von part. + verb* in urgerm. bez. idg. zeit ist in letzter zeit recht viel ventiliert worden; vgl. vorzugsweise Wackernagel in KZ. XXIII, 457 ff., Schröder ib. XXIV, 121, Kluge ib. XXVI, 78 ff., GgPh. I^2, 388 ff., Kock: Akc. II, 361 ff., Zimmer im Festgruss an Roth s. 173 ff., Hermann in KZ. XXXIII, 520 ff., Hirt:

Idg. Akzent 304 ff., Streitberg: Urgerm. Gramm. 154, 163 f. Wie bekannt, gilt für das sanskrit die regel, dass eine verbindung partikel + verb in hauptsätzen fortis auf der partikel hat, in nebensätzen auf dem verbum. Ganz sicher ist die annahme nicht berechtigt, dass diese ai. regel schon in der idg. ursprache gegolten habe, und besonders kann dies natürlich nicht der fall gewesen sein, wenn Hermann mit seiner ansicht, dass es in der idg. ursprache überhaupt keine nebensätze gegeben habe, recht hat. Indess unterliegt es keinem zweifel, dass das sskr. insofern die idg. acc. wiederspiegelt, als schon in der idg. ursprache verbindungen von partikel + verb teils auf der partikel, teils auf dem verbum den fortis hatten, ohne dass deshalb diese verbindungen zu wirklichen composita zusammengewachsen waren. Hiermit harmoniert, dass im keltischen orthotonierte und enklitische formen des verbums sowohl in haupt- als auch in nebensätzen vorkommen.

484. Wenn man im got. z. b. *andniman* aber *andanêms* etc. findet, so dürfte dies mit Hermann so aufzufassen sein, dass aus **anda niman* [es wird die got. orthographie gebraucht] in den germ. sprachen zu einer zeit *and niman* wurde, wo *anda* und *niman* noch zwei getrennte wörter waren. Dass man noch in gemeinnord. zeit verbindungen von partikel + verb als getrennte wörter auffasste, geht daraus hervor, dass dieselben im nnorw. (in gewissen gegenden) die acc. 1 bekommen, wenn das erste juxtap.-glied als simplex die acc. 1 erhält, z. b. *medföre* 'mitführen' von *meþ føra* (vgl. schw. *sko*^{1}*gseld* 'waldbrand' < *sko*^{1}*ghs ē*^{1}*lder* etc. 313,γ). Im nschw. erhalten part. pass. wie *afklädd* 'entkleidet' etc. noch heute aus demselben grunde (in gewissen gegenden) die acc. 1 (ib.).

485. Aber auch noch in einer andern beziehung haben die nord. sprachen einen altertümlichen zug bei der acc. der verben bewahrt. Die accentbezeichnungen in den Otfridhss. zeigen, dass im ahd. der fortis bei gewissen verben fac. auf der partikel oder dem verbum ruhen konnte, z. b. *úmbiscouwōn* : *umbiscóuwōn*, *úmbizerben* : *umbizérben*, *úbarfaran* (*úbar fuar*) : *ubarfáran* (*ubarfúar*); im nhd. sind, wie bekannt, noch heute beide acc.-arten in mit gewissen partikeln zusammengesetzten verben anwendbar. Auch im aschw. wurde z. b. *sámanlæggia* : *samanlǽggiu* (*somanlǽggia*) gebraucht, und noch im schw. des 17. jhs. hatte diese fac. acc. grosse ausdehnung, z. b. *áftwå* : *aftwǻ* 'abwaschen' (396, I, A). Da nun in idg. zeit die verbindung partikel + verb teils auf der partikel, teils auf dem verbum den fortis hatte, da dies auch im sskr. der fall war (wo die anwendung der beiden acc.-arten durch eine besondere feste regel bestimmt war), und da endlich nach dem zeugnis des keltischen das verbum teils fortis gehabt hat, teils nicht, so ist man zu dem schlusse berechtigt, dass in urgerm. zeit verbindungen von verschiedenen partikeln + verb fac. den fortis auf der partikel oder auf dem verbum haben ruhen lassen, sowie dass die alte nordische sprache (besonders das aschw.) und das ahd. diese wechselnde acc. bewahrt haben.

Hiermit ist zu vergleichen, dass im mengl. gewisse partikeln als erstes glied zusammengesetzter verben in dieser stellung fac. fortis haben oder nicht haben, z. b. *æt-*, *ed-*, *of-*, *ofer-* etc.; vgl. ten Brink: Chaucers sprache und verskunst s. 157, Morsbach: Mittelengl. gramm. s. 58 f., George J. Tamson: Wordstress in english (Studien zur engl. philologie III, 40 ff.).

486. Dagegen ist es wahrscheinlich, dass schon in urgerm. zeit gewisse partikeln mit dem verbum fest zusammengewachsen waren, und dass derartige composita schon damals nur éine acc.-art haben konnten (entweder fortis immer auf dem verbum, was wohl das gewöhnlichste war, oder fortis immer auf der partikel). Die entwicklung germ. *tus-* > *tuz-* (got. *tuzwērjan*, isl. *torkenna* 'unkenntlich machen' etc. vgl. sskr. *dush-*, gr. *δυς-*) lehrt uns, dass dieses praefix schon sehr früh (vor der wirkung des vernerschen gesetzes) keinen fortis hatte; und da dasselbe nicht als simplex gebraucht wurde, so hatten also wörter wie *tuzwērjan* etc. in urgerm. zeit fortis auf dem zweiten comp.-gliede. Da in den altgerm. sprachen auch mit den praefixen *ga-*, *fra-* zusammengesetzte nomina fast immer und die mit *bi-* zusammengesetzten meistenteils fortis auf dem zweiten comp.-gliede hatten (Lachmann: Kleinere schriften s. 367, Kluge in GgPh. I[2], 391 § 87), so verhielt es sich gewiss ebenso mit verben, die mit denselben praefixen zusammengesetzt waren; vgl. z. b. **gawauian* > isl. *geyia* 'bellen' (445), **biraiðan* > aschw. *brēþa* 'bezahlen' (ib.) (merke jedoch verbindungen wie got. *ga-u-hwa-sēhwi* Marc. 8, 23). Im mengl. haben verben, die mit *ă-*, *ʒe-*, *be-*, *bi-*, *for-*, *tŏ-*, *on-* zusammengesetzt sind, immer fortis auf dem verbum: *arīsen* 'aufstehen' etc. (siehe ten Brink a. a. o., Morsbach a. a. o., Tamson s. 31).

487. Das part. pass. nahm aber eine ausnahmestellung ein. Diese form hatte nämlich schon in urgerm. zeit oft oder am öftesten fortis auf der partikel, und zwar unabhängig von dessen lage in den übrigen verbalformen desselben wortes, z. b. ags. *fracoð* 'verachtet' (< *fracūð*) : *forcunnan*, got. *frakunnan* 'verachten' (vgl. Kluge in KZ. XXVI, 73, GgPh. I², 390 § 86, b, γ). Einen reflex dieser alten acc. hat man noch im nschw. bei der anwendung der acc. 1 und der acc. 2. In Süd-Schweden bekommen verben wie *utgå* 'ausgehen' (praes. *utgår*, praet. *utgick* etc.) ausschliesslich fortis 2 auf dem ersten comp.-gliede; eine ausnahme macht das part. pass. (*utgången*), welches fortis 1 (*ú¹tgången*; neben fortis 2) erhält. Das part. *utgången* hat schon seit alters fortis (fortis 1) auf dem ersten comp.-gliede gehabt; das praes. *utgår* etc. hatte dagegen in der alten sprache den fortis (oft) auf dem zweiten comp.-gliede (*utgå'r*). *Utgå'r* bekam in der späteren sprache auf dem wege der analogie den fortis 2 auf dem ersten comp.-gliede (*ú²tgår*), gleichwie die mehrzahl der composita mit fortis auf dem zweiten comp.-gliede. Das part. *ú¹tgangin* (*u¹t gangin*) *ú¹tgången* hat dagegen seine alte acc. behalten. Vgl. 313,γ; 400.

488. Was *zusammengesetzte nomina* betrifft, so ist es allgemein anerkannt, dass die meisten in der idg. ursprache eine feste acc. gehabt haben, dass aber der fortis in gewissen auf dem ersten, in andern auf dem zweiten comp.-gliede lag. So ist es auch im sskr. der fall.

489. Mehrere umstände zeigen, dass nicht nur in den anord., sondern auch in andern altgerm. sprachen der fortis mitunter auf dem zweiten comp.-gliede gelegen hat.

490. Got. *naudi-þaurfts*, *naudi-bandi* mit *d* (im gegen-

satz zu *nauþs*, *nauþai* etc. mit *þ*) lehrt uns, dass der fortis gleichwie in sskr. und griech. determinat. composita auf dem zweiten comp.-gliede lag (Joh. Schmidt im AfdA. VI, 126).

491. Das verhältnis zwischen sskr. *dush-*, gr. *δυς-* : germ. *tuz-* z. b. in isl. *torbønn* 'schwer durch bitten zu bewegen' ist schon erörtert worden (436), und das fehlen des *ʀ*-umlautes in isl. *torbønn* zeigt, dass die vom idg. geerbte acc. mit fortis auf dem zweiten comp.-gliede zur zeit des eintretens des *ʀ*-umlautes in den nord. sprachen noch immer angewendet wurde (ib.).

492. Bei der acc. des negativen *a-*, *an-* im sskr. herrscht besonders grosses schwanken (vgl. Knauer in KZ. XXVII,1 ff.), und dass das verhältnis in den altgerm. sprachen ein ähnliches war, geht aus verschiedenen umständen hervor. In ahd. gedichten (und bisweilen schon bei Otfrid) haben die composita mit *un-* bisweilen keinen fortis: *unrédihafto*, *ungilóubige* etc. (Lachmann: Kleinere schriften s. 377), und im nhd. wird noch heute accentuiert *unmöglich*, *unstérblich*, *ungláublich* etc. neben *únmöglich* etc. Im Heliand findet sich die acc. *unhólde* neben *únholde*, *unswǿti* neben *únswoti* und so auch in gewissen andern mit *un-* zusammengesetzten adjektiven; auch das subst. *unspúod* hat den fortis auf dem zweiten comp.-gliede (Behaghel im GgPh. I², 688). Die composita auf *un-* bekommen in ags. gedichten oft den fortis auf dem zweiten comp.-glied, z. b. *undýrne* (Rieger in ZfdPh. VII, 18, anm.). Im mengl. hat der fortis meistenteils diesen platz, z. b. *unháp* (ten Brink a. a. o. s. 157, Sweet: History of english sounds² s. 165, Morsbach a. a. o. s. 47, Tamson s. 8 etc.); im nengl. noch heute z. b. *unfrée.* In gemeinnord. zeit ist das praef. *un-* zu *ō-* geworden, wenn es keinen fortis hatte: isl. *ōglīkr* : *ūglīkr*, aschw. *ōlīker* : *ūlīker* 'verschieden', *ōsæl* : *ūsal* 'elend' etc. (440), und noch in der isl. und anorw. literatursprache, im aschw. (465) sowie im schw. und dän. des 17. jhs. (396, I, B, b; 402, I, 2) ruht der fortis in grosser ausdehnung auf dem zweiten comp.-gliede derartiger wörter (*okýsk* 'unkeusch' etc.). Es ist selbstverständlich, dass diese acc. in den altgerm. bez. nord. sprachen ein direktes erbe aus idg. zeit ist.

493. Da das mengl. und nengl. *e(l)léven* accentuiert, was mit dem kurzen vocal in der ersten silbe von ags. *ænd-leofan* harmoniert, und da im nschw. dial. noch heute *ållå'ffte* accentuiert wird, was aus gemeinnord. **ānlófti*, **ainlǫ́fti* entstanden ist (442), so hat das wort 'elf' urgerm. fortis auf dem zweiten comp.-gliede gehabt.

494. Aus accentuierten ahd. texten geht hervor, dass der fortis bisweilen auf dem zweiten comp.-glied lag bez. liegen konnte. Dies war in wörtern, die mit *ala-* zusammengesetzt waren, der fall: *alafésti, alawássaz* etc. Otfrid hat *leidlícho*, *baldlícho* (vgl. urnord. **alilīkōʀ* > isl. *elligar*, aschw. *sarlīk* etc. 431, 473,5) *ebanḗwīgan* (vgl. ostnord. *iọm-*, isl. *iafn-* > *iam-* etc. 407), *zwihóubito*, *thie wolawíllīgun man*, *woroltúnstātī*, *woroltríng* (Muspilli *weroltrehtwīson* mit allitterierender dritter silbe), *hellipórta*, *dagafrísti*, *ōtmúatīge* (vgl. aschw. *ødhmiúker* 'demütig' 462) [auch *fuazfállōnti*, *arabéitōtun* (und *árabeitōtun*, vgl. nschw. (Weste) *arbéta* und *árbeta* 'arbeiten' 289)] etc.

Vgl. Lachmann: Kleinere schriften 374 ff., Piper: Otfrids evangelienbuch I, 160 ff.; Sobel: Die accente in Otfrids evangelienbuch (QF. XLVIII), Kluge in Beitr. VI, 397 ff., Kock: Akc. II, 374 ff.

495. Im mengl. haben nominal-composita keinen fortis auf dem ersten comp.-gliede, wenn dieses *al-* (*almíghty*), *for-* (*forgétfulnesse*), *y-* (*ywís*), sowie vielfach, wenn es *mis-* (*misdéed*) ist; ten Brink a. a. o., Sweet: A history of engl. sounds² s. 165, Morsbach s. 46 f. Während des 14., 15. und 16. jhs. konnten überhaupt zusammengesetzte subst. im engl. oft fortis auf dem zweiten comp.-gliede tragen, z. b. *insíght*, *moonlíght*, *sun-ríse*; so auch ableitungen auf *-dom*, *-hood*, *-ship*, z. b. *thyrldóme* (vgl. isl. anorw. *hōrdṓmr* 'ehebruch', aschw. *vīsdóm* 'weisheit' etc. 473,1). Das ält. engl. konnte sowohl *churchyárd* als auch *chúrchyard* accentuieren; Shakspere hat *sweatheárt*. Noch heute heisst es *mankínd*, früher aber hiess es auch *mánkind*. Vgl. Guest: A history of english rhytms (1838) I, 100 (zweite aufl. 1882), ten Brink: a. a. o. s. 158 f., Schipper: Engl. metrik (1882) I, 127, 18, 138, 145; Ellis: On early english pronunciation 332 mit anm. 3, s. 930 sp. 2 ff.

Bisweilen ist von metrikern die lage des fortis auf dem zweiten comp.-gliede im älteren englisch fälschlich als willkürlichkeit der dichter aufgefasst worden (so z. b. teilweise auch von Morsbach a. a. o. s. 48 ff.).

496. In den altgerm. sprachen hatten die mit den praefixen *ga-* und *fra-* zusammengesetzten nomina fast immer, und die mit *bi-* zusammengesetzten meistenteils fortis auf dem zweiten comp.-gliede; vgl. ahd. *frá-sez*, *gábissa*, as. *bíhēt*, aber ahd. *firsëz*, *givësahi*, ags. *behát* etc. (Lachmann: Kleinere schriften s. 367, Kluge im GgPh I², 391 § 87).

497. Also haben sowohl die anord. als auch andere agerm. sprachen in recht bedeutender ausdehnung den fortis auf das zweite comp.-glied zusammengesetzter nomina fallen lassen können. Nur selten lässt sich nachweisen, dass diese acc. in einem bestimmten worte oder in einem worte mit einem bestimmten comp.-gliede (z. b. *tuz-*, nord. *tor-*) aus idg. zeit erhalten geblieben ist. Selbstverständlich aber ist, dass die acc.-art ein erbe aus jener zeit ist, wenn sie auch vermittelst analogieeinwirkung oft auf neue wörter übertragen worden ist.

498. Da dem aber so ist, so ist der meistens aufgestellte satz, nach dem schon gemeingerm. der fortis auf mechanische art und weise auf die erste silbe versetzt worden sein soll, und zwar in simplicia wie in composita, nicht richtig. Gerade die acc. von composita in den agerm. sprachen lehrt uns im gegenteil vollkommen unzweideutig, dass wir es bei der gemeingerm. accentversetzung nicht mit einer mechanischen versetzung des fortis auf die erste silbe des wortes zu thun haben, denn in diesem falle versteht man nicht, wie wörter wie isl. *torbǫnn* etc. etc. noch immer den fortis auf dem zweiten comp.-gliede ruhen lassen konnten. Dagegen ist bei der germ. accentverschiebung das hauptprincip geltend gewesen, den fortis auf die wurzelsilbe des wortes zu legen, d. h. auf die silbe, welche für das unmittelbare sprachgefühl trägerin der wesentlichsten bedeutung des wortes war. Hierbei ist ein logisches moment bestimmend gewesen, da es ja logisch berechtigt ist, die silbe mit dem fortis zu versehen, welche die hauptbedeutung des wortes enthält.

Zum teil hat aber auch ein analogisches moment mitgespielt: der grösste teil der simplicia (oder wenigstens ein sehr grosser teil derselben) hatte seit alters fortis auf der wurzelsilbe; diese acc. wurde z. t. darum in den simplicia durchgeführt. Dies hat jedoch ganz sicher eine sehr lange periode erfordert, und ganz dürfte das neue acc.-prinzip in den germ. dialekten erst ziemlich lange nach der spaltung der urgerm. sprache durchgeführt worden sein. Ja, z. b. in dem aschw. *aldrégh* und noch in dem *aldrígh* 'nie' des schwed. und dän. des 17. jhs. (474) hat man bis auf diese zeit einen rest der älteren acc. erhalten.

499. Wie aber wurden bei der germ. accentverschiebung composita behandelt, welche nicht eine sondern zwei wurzelsilben hatten, also zwei silben, welche die hauptbedeutungen des wortes enthielten?

Wenn der fortis seit alters auf der wurzelsilbe des ersten comp.-gliedes (x́◡ + x◡) oder auf der wurzelsilbe des zweiten comp.-gliedes (x◡ + x́◡) lag, so wurde diese lage beibehalten: die forderung der sprache eine wurzelsilbe mit dem fortis zu accentuieren, war schon erfüllt. Lag dagegen der fortis seit alters auf der endung des ersten comp.-gliedes (x◡́ + x◡) oder auf der endung des zweiten comp.-gliedes (x◡ + x◡́), so musste er auf eine der wurzelsilben des wortes versetzt werden. Hierbei hat die bedeutung der verschiedenen comp.-glieder sicherlich eine rolle gespielt, so dass man oft den fortis auf diejenige wurzelsilbe verlegt hat, welche die wesentlichste trägerin der bedeutung des compositums war, bez. auf diejenige wurzelsilbe, welche nach Behaghels terminologie die grösste variabilität hatte. Ganz sicher aber hat analogie-einwirkung von seiten anderer composita eine nicht geringere rolle gespielt. Hatte man z. b. ein (construiertes) wort **miní-taka-*, aber eine menge composita x́◡-*taka-* (mit fortis auf der wurzelsilbe des ersten comp.-gliedes), so nahm **miní-taka-* die acc. **míni-taka-* an. Wenn es dagegen neben **miní-taka-* viele composita x◡-*táka-* (mit fortis auf der wurzelsilbe des zweiten comp.-gliedes) oder viele composita **mini-*x́◡ (mit fortis auf der wurzelsilbe des zweiten comp.-gliedes) gab, so ging **miní-taka-* in **mini-táka-*

über. Hatte man neben (einem construierten) **lawa-ramá-* eine menge composita **lawa-*$\acute{\times}\smile$ (mit fortis auf der wurzelsilbe des zweiten comp.-gliedes), so nahm **lawa-ramá-* die acc. **lawa-ráma-* an. Wenn es aber neben **lawa-ramá-* viele composita **láwa-*$\times\smile$ (mit fortis auf der wurzelsilbe des ersten comp.-gliedes) oder viele composita $\acute{\times}\smile$*-rama-* (mit fortis auf der wurzelsilbe des ersten comp.-gliedes) gab, so wurde **lawa-ramá-* zu **láwa-rama-*.*

500. Nun war aber die wurzelsilbe der simplicia faktisch fast immer die erste, und die simplicia trugen somit nach der accentverschiebung fast immer fortis auf der ersten silbe.** Durch die eben angedeutete acc. und accentverschiebung bei composita hatten auch eine menge composita (und wohl die mehrzahl) fortis auf der ersten silbe bekommen. Ausserdem waren in den germ. sprachen durch juxtaposition im laufe der zeit massen von neuen composita mit fortis auf der ersten silbe entstanden; beisp. aus dem isl.: *vegar-lengd* 'strecke weges', *mōþur-briōst* 'mutterbrust' etc. Hierdurch bildete sich für das sprachbewusstsein in den germ. dialekten allmählich (aber erst jahrhunderte nach der zeit, wo die accentverschiebung in den simplicia begonnen hatte) die hauptregel aus, dass der fortis überhaupt nicht nur in simplicia, sondern auch in composita auf die erste silbe fallen musste.

Entsprechend dieser regel ist im laufe der zeit in verschiedenen germ. dialekten (aber in gewissen erst relativ spät) der fortis meistenteils von der wurzelsilbe des zweiten comp.-gliedes auf die erste silbe des wortes verschoben worden.

---

* Ich fasse also die accentversetzung in den composita wesentlich anders als Kluge in Beitr. VI, 397 f. auf.

** Die reduplizierten praeterita (z. b. **hehlaup*) wurden als composita (und auch sprachhistorisch betrachtet sind sie ursprünglich composita gewesen) teils mit fortis auf der zweiten silbe, teils mit fortis auf der ersten und semifortis (nicht infortis) auf der zweiten silbe accentuiert; vgl. besonders Kock in Btr. XXIII, 542 f. **Hehláup* 'lief' wurde lautgesetzlich agutn. *laup* aschw. *lø̄p*; **héhlàup* dagegen wurde **héhlòp*, welches hinwiederum durch accentverschiebung **hehlóp*, *(*h*)*hlop*, aschw. *lop* ergab.

Wie bekannt, ist aber noch heute die regel, die erste silbe mit dem fortis zu versehen, keineswegs vollständig durchgeführt, sondern massen von composita haben noch immer in den germ. sprachen den fortis auf dem zweiten comp.-gliede.

501. Umgekehrt ist der fortis in einigen aschw. wörtern auf dem wege der analogie von dem ersten auf das zweite comp.-glied versetzt worden.

Die verbal-abstracta zu zusammengesetzten verben haben in andern agerm. sprachen fortis auf dem ersten comp.-gliede, z. b. ags. *andswaru* as. *andswōr*. Wenn das aschw. *andswár* 'antwort', *framgáng* 'erfolg', *afúnd* 'neid' etc. accentuiert, so beruht das auf analogieeinwirkung (*framgáng* nach *framgá* etc.). Z. b. *spānnȳr* 'nagelneu' hatte in gemeinnord. zeit fortis auf dem ersten comp.-gliede (432), im aisl. konnte jedoch der fortis auf dem zweiten comp.-gliede von *spanȳr* ruhen (456).

Die aus dem deutschen eingeführten lehnwörter *vanhop* (mnd. *wanhop(e)*), *hūsfrū* (mnd. *hūsvrowe*), *iomfrū* (mnd. *junkvrowe*), *saktmodh* (mnd. *sachtmōt*), *endrækt* (mnd. *eindracht*) wie auch die mit langen ableitungssilben gebildeten *armōdh* (mnd. *armōt*), *falskhēt* (mnd. *falschheit*) konnten im aschw. das zweite comp.-glied mit fortis accentuieren. So fern nicht diese wörter bez. einige von diesen wörtern schon im mnd. jene acc. anwendeten (was vielleicht möglich ist), ist im aschw. der fortis auch bei diesen wörtern von dem ersten auf das zweite comp.-glied verlegt worden.

Résumé der entwickelung der nord. acc. in composita.

502. Diese zusammenfassende darstellung betrifft eigentlich die acc.-entwickelung im schwed., doch werden auch notizen über die verhältnisse in den andern nordischen sprachen mitgeteilt.

I. Die Lage des fortis.

503. In idg. zeit konnte man im satze in der verbindung partikel + verb (welche noch nicht zum compositum zusammengewachsen war) nach nicht näher bekannten regeln

den fortis auf die partikel oder das verbum fallen lassen. Diese acc.-art wurde von der urgerm. sprache noch immer in grosser ausdehnung angewendet, und die neunord. acc. norw. *me¹dföre* 'mitführen' (gemeinnord. *me¹þ fǿra*) etc. mit der acc. 1 erinnert an die zeit, als derartige verbindungen noch nicht zu composita zusammengewachsen waren (484); vgl. 487 über die im südschw. verwandte acc. *u¹tgången* 'ausgegangen' etc. mit der acc. 1 im part. pass. Die gemeinnord. sprache hatte indessen als erbe aus idg. und urgerm. zeit neben der aussprache *mé¹þ fǿra* auch die aussprache *meþ fǿ'ra*, und diese zwei acc.-arten leben im aschw. weiter und finden sich noch im älteren nschw. (17. jh.): *úpgå*: *upgå'* 'aufgehen' etc.

504. Jedes zusammengesetzte nomen hatte im allgemeinen in der idg. ursprache eine feste acc. mit fortis auf ein und derselben silbe, sei es auf der wurzelsilbe oder der endung des ersten comp.-gliedes sei es auf der wurzelsilbe oder der endung des zweiten comp.-gliedes. Im grossen gesehen lebte diese acc. noch in urgerm. zeit weiter, doch vollzog sich damals insofern eine accentverschiebung, als der fortis auf die wurzelsilbe entweder des ersten oder des zweiten comp.-gliedes zu fallen kam, wenn der fortis vorher eine andere lage hatte. Über den grund dieser neuen acc. s. 499.

505. Die so entstandene acc. der verben und nomina erhielt sich in den nord. sprachen (wie auch teilweise in andern germ. sprachen) bis auf eine relativ späte zeit und kommt in den nord. sprachen teilweise noch heute vor. Doch war es schon in der gemeinnord. sprache das gewöhnlichste, dass zusammengesetzte n o m i n a den fortis auf dem ersten comp.-gliede hatten. In vielen lag jedoch der fortis (fac. oder ausschliesslich) auf dem zweiten comp.-gliede.

506. Der fortis ist später in grosser ausdehnung vom zweiten comp.-gliede auf das erste zurückgezogen worden. Infolge von analogie-einwirkung von seiten der grossen masse mehrsilbiger wörter (simplicia und composita) mit fortis 2 auf der ersten silbe nahmen nämlich in den ost-nord. reichssprachen während der jüngeren periode der alten sprachen und der älteren periode der jüngeren sprachen die aller-

meisten composita, welche vorher (ausschliesslich oder fac.) fortis auf dem zweiten comp.-gliede gehabt hatten, fortis 2 auf der ersten silbe an, wobei die ältere fortis-silbe zur semifortis-silbe herabsank, z. b. aschw. *samankóma* > nschw. *sá²mmankòmma* 'zusammenkommen', ä. nschw. *tilltágsen* > nschw. *tí²lltàgsen* 'unternehmend', aschw. adän. *nabṓ* > nschw. ndän. *ná²bò* 'nachbar' (vgl. 306).

Bei dieser im wesentlichen durch analogie-einwirkung hervorgerufenen accentverschiebung in composita hat jedoch auch ein lautliches element eine rolle gespielt.

In der schwed. rspr. ist die accentverschiebung nämlich (im wesentlichen) in wörtern mit mehrsilbigem erstem comp.-glied (z. b. *samankómma* > *sámmankomma*) früher durchgeführt worden als in solchen mit einsilbigem erstem comp.-gliede (z. b. *tilltágsen*; so fac. noch Weste) (293). Dies hängt damit zusammen, dass der semifortis auf der ersten silbe von *sàmankóma* in gewissem grade stärker war als der auf der ersten silbe von *tìlltágsen* (365).

507. In dem nschw. des 19. jhs. (Westes sprache und dem heutigen sth.) haben besonders solche composita den fortis auf dem zweiten comp.-gliede beibehalten, deren erstes einsilbiges comp.-glied vormals infortis (nicht semifortis) gehabt hat und noch hat, z. b. wörter mit *be-* (*betála* 'bezahlen' etc.), *för-* (*försö́ka* 'versuchen' etc.), *e-* (*ehúru* 'obwohl' etc.), *o-* (*omö́jlig* 'unmöglich' etc.), *lekámen* 'körper' etc. (vgl. 366).

So ist also in der schw. rspr. die verschiebung des fortis auf das erste comp.-glied durchgeführt (resp. im wesentlichen durchgeführt) worden, vorzugsweise wenn dessen erste silbe semifortis hatte (und am zeitigsten, wenn dieser mehr ausgeprägt war), während der fortis oft noch immer auf dem zweiten comp.-gliede liegt, wenn das erste comp.-glied infortis hat. Zur bewahrung der acc. *begǻ* 'begehen' (trotz der entwickelung *utgǻ* > *útgå* 'ausgehen') etc. kann jedoch auch der umstand beigetragen haben, dass z. b. *utgǻ* seit alters als fac. aussprache *útgå* zur seite hatte, während das lehnwort *begå* (mnd. *begān*) mit der acc. *begǻ* als der einzig möglichen eingeführt wurde.

508. Die tendenz die erste silbe von composita mit

fortis zu versehen, hat sich erst allmählich mehr und mehr geltend gemacht.

Noch im 17. jh. hatten zusammengesetzte verba mit einsilbigem erstem comp.-glied (*utgå*) den fortis häufiger auf dem zweiten als auf dem ersten comp.-gliede (396, I, A), und wenn auch dazumal der fortis in zusammengesetzten nomina weit häufiger auf dem ersten comp.-glied lag als auf dem zweiten, so wurde doch (wenigstens fac.) diese letztere aussprache noch immer auch von einer menge solcher wörter gebraucht (396, I, B). Auch in dem dän. derselben zeit lag der fortis in grosser ausdehnung auf dem zweiten comp.-gliede (402).

Während des 18. jhs. wurde im schw. der fortis immer mehr und mehr auf das erste comp.-glied übergeführt, so dass etwa ums jahr 1800 der fortis in der schw. rspr. in einheimischen wörtern im wesentlichen bloss dann auf das zweite comp.-glied fallen konnte, wenn dieses von grösserer länge war als ein normales zweisilbiges simplex (*uppfóstrare* 'erzieher', aber *úppfostra* 'erziehen' etc.); vgl. 267 ff. Das hängt mit der allgemeinen tendenz zusammen, um so eher das zweite comp.-glied fortis erhalten zu lassen, je länger dasselbe ist (vgl. 273). Zu dieser zeit war der fortis in der rspr. bereits fast in allen wörtern mit mehr als einsilbigem erstem comp.-gliede auf die erste silbe versetzt worden (293). In der heutigen nschw. rspr. (dem sth.) ist die tendenz die erste silbe mit dem fortis zu versehen noch mehr durchgeführt worden (vgl. 265 ff.).

509. Im ndän. und nnorw. ist die entwickelung im wesentlichen gleichartig gewesen; vgl. 265 ff., 403.

Die fac. lage des fortis auf dem zweiten oder ersten comp.-gliede in einer menge von composita der älteren sprache wird noch heute im ndän. durch die anwendung und nicht-anwendung des stosses auf dem zweiten comp.-gliede reflektiert (404).

Im nisl. ist die acc. der ersten silbe mit dem fortis in grosser ausdehnung durchgeführt worden.

510. Verschiedene nnord. mundarten weichen jedoch in dieser beziehung wesentlich von den betr. rspr. ab, und in

gewissen mundarten erhält das zweite comp.-glied den fortis in besonders grosser ausdehnung (380 ff.). Dies ist z. b. im süd-schonischen der fall.

Wenn in diesem dialekte wörter vom typus *lerfad* (aschw. *lērfat*) 'thönerne schüssel' ausschliesslich fortis auf dem zweiten comp.-gliede bekommen (380, 2, II), so kann dies aber nicht genügend in der weise erklärt werden, dass die in der alten sprache fac. verwendete acc. *lērfát* auf dem wege der analogie die siegende geworden sei. Es hat sich vielmehr ein neues aussprachegesetz (neben der analogie-einwirkung) geltend gemacht, nach welchem in wörtern mit einsilbigem erstem comp.-gliede der starke semifortis des zweiten comp.-gliedes auf kosten des fortis verstärkt wurde, so dass sich der alte semifortis zu dem fortisaccent des wortes entwickelte. Wenn dies in dem genannten dialekt nur in wörtern vom typus *lērfat* eintraf, und nicht in solchen vom typus *hafregryn* 'hafergrütze' (380, 2, I), so hängt das damit zusammen, dass man den fortis in dem zweisilbigen ersten comp.-gliede nicht schwächen wollte; vgl. dass in der rspr. die acc. *sámmankomma* früher durchgeführt wurde als die acc. *tílltagsen* (506).

Umgekehrt ruht in gewissen norrländischen und mittelschwedischen mundarten der fortis vorzugsweise auf dem zweiten comp.-gliede, wenn dieses mehr als eine silbe hat (387 [und 386]).

511. Neben den aus idg. zeit ererbten und nach solchen mustern neugebildeten composita und neben den alten juxtapositionen haben die nord. sprachen auch relativ junge (aber zu verschiedenen zeiten entstandene) juxtapositionen (481).

Als solche juxtapositionen noch auf der grenze zwischen zwei wörtern und einem worte standen, wurden sie mit zwei fortis-accenten ausgesprochen, bez. konnten sie so ausgesprochen werden, z. b. *fára hús* 'schafstall', *ál þing* 'alles'. Diese aussprache erhielt sich in einer menge solcher wörter bis nach der zeit der aschw. entwickelung *a*, *o*, *u* > *e* in der levissimus-silbe (373). Das ndän. hat in dem stosse auf dem zweiten comp.-gliede von juxtapositionen wie *olietræ* 'ölbaum' etc. eine erinnerung daran, dass ursprünglich getrennte wörter vorlagen (376).

512. Die acc. der phrase im satze entscheidet, welche von den juxtapositionen beim zusammenwachsen der wörter den fortis bekommt.

1. Wenn das erste glied ein nomen (substantiv im gen. oder adjektiv) und das zweite auch ein nomen (subst. oder adj.) war, so bekam in der älteren sprache in der regel das erste glied den fortis, das zweite den semifortis, z. b. *al þing* > nschw. *állting*, *fāra hūs* > nschw. *få'rahùs*. Wenn das erste juxtapositionsglied in der alten sprache die acc. 1 bekam, so bleibt diese acc. oft im nschw. (fac.) in den composita weiter stehen (313, 516).

Hiermit ist zu vergleichen, dass, wenn in der agerm. alliterationspoesie zwei nomina neben einander stehen, das erste am stärksten accentuiert ist, z. b. im Heliand *gódes word*, *dróhtines engil*; bei Otfrid *gótes boto*; vgl. Rieger in ZfdPh. VII, 19 ff.; Sobel QF. XLVIII, 26 ff., Piper in Beitr. VIII, 226 ff.

Seltener hat in solchen juxtapositionen das zweite glied fortis bekommen, z. b. ä. nschw. *landshöfdinge* 'landeshauptmann', nschw. *allsvå'ldig* 'allgewaltig'. Diese acc. beruht meistenteils auf urspr. gegensatzacc., welche hinwiederum oft in einem gewissen verhältnis zu der verschiedenen 'variabilität' der juxtapositionsglieder steht (vgl. Behaghel im GgPh. I², 682 ff.). Die lage des fortis auf dem zweiten comp.-gliede in vielen ortsnamen beruht z. t. auf diesem umstand, z. b. *Karlshámn* (im gegensatz zu *Karlskróna*), *Mariefréd* (im gegensatz zu *Mariestád*) (vgl. Lyttkens och Wulff: Aksentlära s. 87, Kock im Ark. nf. VIII, 265; aber auch unten § 526,2). Man accentuiert z. b. *goddag* 'guten tag' im gegensatz zu *godnátt* 'gute nacht' etc., dial. (in Schonen) *juláfton* (< *júla áfton*) 'weihnachtsabend'. Andere ähnliche juxtapositionen s. Akc. II, 271.

2. Auch in juxtapositionen, deren erstes glied ein zahlwort und deren zweites glied das wort für 'dekade' (*tegr*) ist, lag der fortis auf dem ersten gliede, z. b. *fǽm-tighi*, nschw. *fémti* '50', weil in derartigen zusammenstellungen *fæm-*, *sæx-* etc. im gegensatzverhältnis zu einander standen (siehe auch

525); vgl. *éndèls* 'zum teil', *éndèra* 'einer von beiden', *tvägge-hànda* 'zweierlei', *tréggehànda* 'dreierlei'.

3. Juxtapositionen aus praep. + nomen haben in der regel den fortis auf dem zweiten gliede, z. b. aschw. *ī hæl*, nschw. *ihjäl* 'zu tode', aschw. *af staþ*, nschw. *åstád* 'fort, weg'.

4. Bei juxtapositionen von pron. + pron. bekommen *hvardera* 'jeder von beiden', *ingendera* 'keiner v. b.', *någondera* 'einer v. b.', *hvilkendera* 'welcher v. b.' (< *hwar þēra* etc.) fortis auf dem ersten gliede, weil dieses grössere variabilität hat; dagegen *hvarannan* 'jeder zweite' (teilweise im gegensatz zu *hvar tredje* 'jeder dritte', *hvar fjärde* 'jeder vierte' etc. verwendet), *hvarandra* 'einander', *enhvar* 'ein jeder', *densamme* 'derselbe' auf dem zweiten gliede. Bei juxtaposition vom adv. *ǣ* mit folgendem pron. erhält dieses fortis: *ǣ hwā*, nschw. *ehó* 'wer auch' etc. (276,1).

5. Bei juxtaposition von hilfsverb + hauptverb bekommt letzteres den fortis, z. b. *måhända*, *törhända*, *kanhända*, ä. nschw. *kanske*, nschw. *måntro* 'vielleicht' (< *må hända* etc.).

6. Juxtapositionen aus adverb + praep. oder adv. haben am häufigsten den fortis auf dem ersten gliede, z. b. *inför* 'vor', *utåt* 'nach aussen', *härmed* 'hiermit'. Doch können gewisse (z. b. *inför*) auch auf dem zweiten gliede den fortis haben.

513. Verschiedene juxtapositionen mit fortis auf dem zweiten gliede in der älteren sprache haben in der rspr. in späterer zeit durch einwirkung von der überwältigenden masse mehrsilbiger wörter mit fortis 2 auf der ersten silbe den fortis 2 auf dem ersten comp.-glied bekommen. Die frühere fortis-silbe erhält dann den semifortis. Dies ist z. b. der fall gewesen mit *landshöfding*, *julafton*; bei verschiedenen ortsnamen wie *Karlshamn* (neben *Karlshámn*); ferner bei *öfvermåttan* 'übermässig' (neben *öfvermå'ttan*), dial. *íkalf* 'trächtig (von kühen)', *íföl* 'trächtig (von stuten)' (in der rspr. *ikálf*, *iföl* [*kalf* 'kalb', *föl* 'füllen']; *öfvermorgon* ist deutsches lehn, vgl. nhd. *übermorgen*; vgl. ferner teilweise die lat. acc. *ílico* < *inloco*, *ántea* etc.). Ä. nschw. *kanské*

ist jetzt *ka^{2}nske* 'vielleicht', *måntró* fac. *må^{2}ntro* 'ob' geworden.

II. *Der semifortis und seine reduktion.*

514. In composita lag der semifortis in der regel auf der wurzelsilbe des comp.-gliedes, welches keinen fortis hatte. Aber gleichwie bei der entwickelung *fára hús* > *få'rahùs* eine reduktion des fortis zum semifortis eintritt, so hat auch in einer menge wörter eine reduktion des semifortis zum infortis stattgefunden, wodurch das betr. wort aus einem formellen compositum zu einem formellen simplex übergegangen ist. Sie steht meistens damit in verbindung, dass das sprachgefühl die erinnerung an den zusammenhang zwischen dem comp.-glied und dem entsprechenden simplex verloren hat.

Diese reduktion ist bisweilen auf der wurzelsilbe des ersten comp.-gliedes eingetreten (z. b. aschw. *lìkámi* > *likámi* > *lekáme* (nschw. *lekámen*) 'körper' 479).

Ihre grösste ausdehnung aber hat diese reduktion auf dem zweiten comp.-gliede, wenn das erste den fortis bekommt. Hier hat sie in den einzelnen wörtern und den einzelnen wortgruppen in sehr verschiedenen perioden stattgefunden (341 ff.). So ist z. b. schon in gemeinnord. zeit *gámàn* zu [isl. aschw.] *gáman* (nschw. *gamman*, ndän. *gammen*) 'fröhlichkeit' geworden. In andern wörtern ist die reduktion in einzelsprachlicher zeit eingetreten, z. b. isl. *éindəmi* > *éndemi* 'etwas alleinstehendes', aschw. *brýllòp* > nschw. *bröllop* 'hochzeit', adän. *bárnsəl* > ndän. *bársel* 'kindelbier'. Gewisse wörter und wortgruppen sind zur zeit gerade auf dem wege im nschw. aus formellen composita zu formellen simplicia zu werden, z. b. wörter auf *-sam* (*tácksàmma* und *tácksammà* 'dankbare' etc. 351). Mit dieser nschw. accententwickelung ist dieselbe neue verteilung der exspiratorischen und musicalischen accente verbunden, welche früher in seit alters einfachen wörtern vom typus *talade* 'sprach' eingetreten ist (362).

Die reduktion des semifortis des zweiten comp.-gliedes tritt vorzugsweise in wörtern mit der acc. 1 ein (d. h. wenn das zweite comp.-glied s c h w a c h e n semifortis hat), kommt aber auch in wörtern mit der acc. 2 vor (d. h. wenn das zweite comp.-glied **starken** semifortis hat). Siehe ausführlicher 342 ff., 347 ff.

III. Anwendung der acc. 1 und der acc. 2.

A. In wörtern mit fortis auf dem ersten comp.-gliede.

515. Composita, die als erbe aus idg. oder urgerm. zeit übernommen sind, sowie solche, die nach dem muster derartiger composita gebildet wurden, hatten in gemeinnord. zeit die acc. 1, wenn das erste comp.-glied als simplex die acc. 1 anwendete (z. b. *dagverþr* 'frühmahlzeit' < urnord. **daȝa-werðuʀ*; vgl. **daȝaʀ*, *dagr* 'tag'), dagegen die acc. 2, wenn das erste comp.-glied als simplex die acc. 2 hatte (z. b. *aftan-stiarna* < urnord. **aftana-sternō* 'abendstern'; vgl. **aftanaʀ*, *aftann* 'abend'). Die acc. 2 in wörtern vom typus *aftan-stiarna* ist bis heute erhalten geblieben (nschw. *á²fton-stjärna*, ndän. *á²ftenstjerne*). Die acc. 1 in den allermeisten wörtern vom typus *dagverþr* ist auf dem wege der analogie, und zwar in den meisten fällen wahrscheinlich schon in der alten sprache, infolge der einwirkung von seiten der grossen menge von simplicia und composita mit der acc. 2 mit dieser acc. vertauscht worden (vgl. 307--309).

516. Juxtapositionen, welche in gemeinnord. oder späterer zeit zu einem worte zusammengewachsen sind, hatten in der älteren sprache die acc. 1, wenn das erste juxtapos.-glied als simplex die acc. 1 anwendete, z. b. isl. *ā́¹rsdagr* aschw. *ā¹rsdagher* < *ā́¹rs dágr* 'jahrestag', *mé¹þføra* < *mé¹þ føra* 'mitführen' (313); aber die acc. 2, wenn das erste juxtapos.-glied als simplex die acc. 2 hatte, z. b. isl. *nīþings-vèrk* < *nī́²þings vérk* 'schandthat'.

Die acc. 2 in wörtern vom typus *nī²þingsvèrk* besteht noch heute (nschw. *ni²dingsvèrk*, ndän. *ni²ddingsvæ̀rk*). Die acc. 1 in wörtern vom typus *ārsdagr*, *meþføra* besteht auch noch teilweise (ndän. nschw. *å¹rsdag*, nnorw. *me¹dføre*), ist jedoch teilweise in folge der einwirkung von seiten der grossen menge mehrsilbiger simplicia und composita mit der acc. 2 durch die acc. 2 ersetzt worden (nschw. *å²rsdag* neben *å¹rsdag*, *me²dföra*); vgl. 313.

Auch lehnwörter, die mit der acc. 1 übernommen wurden (*körsbär*, mnd. *kersebere* 'kirsche' etc.), haben durch analogieeinwirkung in grosser ausdehnung die acc. 2 bekommen (nschw. *kö²rsbär* neben *kö¹rsbär* etc.); vgl. 324 ff.

Siehe übrigens die übersicht 302.

Durch diese weit getriebene analogieeinwirkung können nunmehr in der nschw. rspr. alle composita mit fortis auf der ersten silbe die acc. 2 bekommen (obwohl grosse mengen fac. auch die acc. 1 beibehalten können); vgl. 303.

B. In wörtern mit fortis auf dem zweiten comp.-gliede.

517. Wörter, welche aus idg. oder urgerm. zeit als erbe übernommen sind, bez. wörter, die nach dem muster solcher gebildet worden sind, hatten gemeinnord. die acc. 1 (333, 334), eine acc., welche von derartigen wörtern noch heute in den meisten gegenden Schwedens, Norwegens und Dänemarks angewendet wird, z. b. schw. *rannsa¹ka* 'prüfen'.

Urspr. juxtapositionen, deren juxtap.-glieder vor besonders langer zeit zu einem worte zusammengewachsen sind, verwenden auch in den meisten gegenden die acc. 1, z. b. verbindungen von partikel + verb, wie nschw. (Weste) *tille¹gna* 'aneignen' (ib.).

Ausländische lehnwörter haben durch den anschluss an oben angeführte wörter auch in den meisten gegenden die acc. 1, z. b. schw. *beta¹la* 'bezahlen', dän. norw. *beta¹le* (mnd. *betalen*), und diese acc. ist auch der acc. in den sprachen (dem deutschen), aus denen sie entliehen sind, am meisten ähnlich (334).

518. In relativ später zeit ist aber im sth. und in der sprache der Mälar-gegenden überhaupt die acc. 2 auf dem wege der analogie von solchen wörtern angenommen worden, deren zweites comp.-glied die acc. 2 bekommen würde, wenn es als simplex gebraucht würde, z. b. *beta²la* 'bezahlen' (nach *ta²la* 'sprechen' etc.; neben *beta¹la*). Eine ähnliche analogieeinwirkung hat sich wahrscheinlich im dialekt von Höysgaard (jütländ.) geltend gemacht (336).

519. In relativ später zeit zusammengewachsene juxtapositionen verwenden die acc. 1 auf dem zweiten juxtap.-

gliede, wenn dieses als simplex die acc. 1 hat (z. b. nschw. *gutå*^{1}*r* 'prosit' < *godt år* 'gutes jahr'), aber meistenteils die acc. 2, wenn es als simplex die acc. 2 bekommt, z. b. nschw. *hvara*^{2}*ndra* (< *hvá*^{1}*r á*^{2}*ndra*) 'einander', ndän. *hvera*$^?$*ndre* (335).

520. Wie dieses résumé zeigt, hat die acc. der composita im schwed. wesentlich dadurch eine veränderung erfahren,

dass der fortis, im wesentlichen auf dem wege der analogie, in grossem umfange von dem zweiten auf das erste comp.-glied versetzt worden ist;

dass der exspirationsdruck vermindert worden ist; und zwar teils so, dass juxtapositionen mit zwei fortisaccenten nur éinen fortisaccent erhielten, während der andere zu einem semifortis herabsank, teils so, dass der semifortis auf dem ersten, besonders aber auf dem zweiten comp.-gliede zum infortis herabsank;

dass die acc. 1 auf dem wege der analogie in grosser ausdehnung durch die acc. 2 ersetzt wurde, und zwar besonders auf dem ersten comp.-gliede, aber auch auf dem zweiten.

VI. Abschnitt.

Satzaccentuierung.

Einige kurze bemerkungen.

521. Die nschw. satz-acc. ist viel schwankender als die acc. der einzelnen wörter. Ganz im allgemeinen kann man sagen, dass in einem satze die wörter, welche man hervorzuheben wünscht oder gezwungen ist, fortis, diejenigen jedoch, welche man nicht hervorzuheben wünscht oder gezwungen ist, einen schwächeren accent, nämlich semifortis oder infortis bekommen. Indess kann man auch die wichtigeren wörter des satzes mit verschiedener stärke hervorheben wollen; es erhalten darum oft auch wörter mit fortis verschiedene grade von exspirationsdruck. Andrerseits werden wörter ohne fortis oft mit einer bedeutenden aussprache-latitüde (vom semifortis bis zum levissimus) ausgesprochen. Im allgemeinen bekommen die relativ unaccentuierten wörter bei langsamem tempo stärkeren accent als bei hastigem.

Hier berücksichtigen wir im allgemeinen nur den unterschied zwischen wörtern mit fortis und wörtern ohne fortis (nicht aber die verschiedenen grade des fortis).

522. Gleichwie in den germ. sprachen die wurzelsilbe, die trägerin der wesentlichsten bedeutung des wortes, fortis bekommen hat (498, 499), während die des wortes bedeutung nur in geringerem grade modifizierenden endungen den infortis erhalten, so findet man ein entsprechendes verhältnis im satze. Substantive und adjektive (teilweise auch verba) werden im allgemeinen mit fortis ausgesprochen, weil sie dem satze seinen realen inhalt geben; die formwörter (artikel,

pronomina, præpositionen, konjunktionen, hilfsverben) sind relat. unaccentuiert; vgl. z. b. dass die præpos. *åt* im nschw. *åt barnen* 'den kindern' mindestens ebenso wenig accentuiert ist, wie die endung *-om* im aschw. dat. pl. *barnom* 'kindern'.

Dies hindert jedoch nicht, dass man ausnahmsweise (besonders bei gegensatzverhältnis) grund haben kann sowohl ein formwort als auch in der regel 'unaccentuierte' silben von simplicia durch den fortis hervorzuheben. So accentuiert man z. b. *han gáf det icke å't barnen, utan tóg det frå'n barnen* 'er gab es den kindern nicht, sondern nahm es den kindern', wie man auch ganz ausnahmsweise *bárnén* 'die kinder' accentuieren kann als gegensatz zu *bárnét* 'das kind', und wie man *división* (heeresabteilung), aber gern *dívision* (rechnungsart), im gegensatz zu *áddition, súbtraktion* etc., accentuiert.

523. Manchmal hat sich die nschw. wortacc. aus der aschw. satzacc. entwickelt (512). So ist z. b. nschw. *é¹lds-vå`da* 'feuersbrunst' aus aschw. *é¹lds vå²þi* entstanden; nschw. *hú¹set* 'das haus' ist von verbindungen wie *hū́s ĕt hwīta* 'das weisse haus' (378) ausgegangen. Noch heute stehen viele wortverbindungen für das sprachgefühl auf der grenze zwischen zwei wörtern und einer juxtaposition, z. b. *idág* (*i dág*) 'heute'.

Im allgemeinen erhalten wortverbindungen, welche ursprünglich verschiedene begriffe bezeichneten und zwei fortisaccente hatten, nur éinen fortis, wenn sie zu éinem begriffe zusammenschmelzen. So accentuiert man z. b. *ĕn líten bít* 'ein kleines stück' um den gegensatz zu einem grösseren oder ziemlich grossen stück hervorzuheben; *ĕn lĭten bít* bedeutet aber 'ein bischen' — *ĕn líten gósse* bedeutet 'ein kleiner knabe', *ĕn lĭten gósse* dagegen 'ein knäblein'.

524. Wie soeben teilweise angedeutet wurde, ist für die satzacc. im wesentlichen ein logisches princip bestimmend gewesen. Die logisch wichtigsten wörter (wörter mit realem inhalte) bekommen fortis, die logisch weniger wichtigen wörter (formwörter) erhalten keinen fortis, z. b. *hăn réser* 'er reist', *hŏn hăr rést* 'sie ist gereist', *hŏn gáf hŏnom ĕtt slág* 'sie gab ihm einen schlag'.

525. Besonders bekommen wörter den fortis, wenn sie

im gegensatzverhältnis zu einander stehen, wobei jedoch das gegensatz-wort durchaus nicht immer ausgesprochen zu sein braucht, sondern dem redenden oft nur vorschwebt. Man accentuierte z. b. im aschw. *fǽm tĭghi* '50', *sǽx tĭghi* '60', *siú tighi* '70' etc. (im nschw. *fé¹mti*, *sé¹xti*, *sjú¹tti* etc.), weil die einer (*fæm* '5', *sæx* '6' etc.) als gegensätze einander gegenüberstanden (vgl. 512,2). Dagegen wird im nschw. normal *fĕmtĭ én* '51', *fĕmtĭ tvǻ* '52', *fĕmtĭ tré* '53' etc. accentuiert, denn in *femti en* steht *en* zumeist im gegensatz zu *två*, *tre* in *femti två*, *femti tre* etc. Manchmal kann man mit Behaghel dieses verhältnis so formulieren, dass das wort mit der grössten variationsmöglichkeit den fortis bekommt: in *fæm tighi*, *sæx tighi* etc. ist es das erste wort, welches variiert wird, während *tighi* unveränderlich ist; in *fĕmtĭ én*, *fĕmtĭ tvǻ* etc. wird das zweite wort variiert, und *femti* bleibt unverändert. Wenn man dagegen *fémti en*, *séxti en*, *sjútti en* etc. auf einander folgen lässt, so wird, wie angedeutet, accentuiert, da ja *femti* hier im gegensatz zu *sexti*, *sjutti* etc. steht: hier werden die zehner variiert, der einer (*en*) dagegen bleibt unverändert.

526. Indessen wird die satzacc. in gewissem grade auch durch folgende momente geregelt:

1. Durch eine rhythmische tendenz. Es findet sich nämlich in der satzacc. die tendenz wieder (155), eine silbe um die andere gern stärker zu accentuieren. Hauptsächlich tritt dies bei der placierung der nebenaccente auf wörter ohne fortis hervor, z. b. *kŭsĭn A'nna* mit levior auf *ku-* (trotz *kusín* 'cousine' 546). Bei der incorporierenden acc. wird oft eine silbe um die andere stärker accentuiert, z. b. *frý²sa dè?* 'frieren sie?' (< *frý²sà de* 547). Hierauf beruht teilweise auch die aussprache *Tú̀sen òch ĕn nátt* (nicht *ŏch én nátt*) 'Tausendundeinenacht', obwohl *en* hier cardinalzahl (nicht artikel) ist (doch hat auch die einwirkung von ausdrücken mit *ĕn nátt* mit *en* als artikel eine rolle gespielt). Wenn praepositionen oft fortis vor dem pronomen bekommen, so steht auch dies teilweise mit einer rhythm. tendenz in verbindung (vgl. 540); vgl. auch *bákom* (oder *bàkŏm*) *bérgen* 'hinter den bergen', aber *ha något bakóm sĭg* 'etwas hinter sich haben', *útom góssarna* 'ausser den knaben', aber *utóm sĭg* 'ausser sich'.

2. Wenn eine phrase erst in späterer zeit zu einer einheit (einem begriffe) zusammengeschmolzen ist, ruht der fortis oft auf dem letzten worte, z. b. *Dăgens Nýheter* (name einer zeitung = 'Tagesneuigkeiten' aber *dágens nýheter* 'neuigkeiten des tages'), *Gŭds hús* 'Gotteshaus', *Gŭds órd* 'wort Gottes', *ĕtt făder vå'r* 'ein vaterunser' (trotz der acc. *Fáder vå'r* im gebet (vgl. *Păter-nóster-skăren*, kleine inseln der an küste von Bohuslän), *svĕnsk história* 'schwedische geschichte' (trotz der gegensätze *biblisk historia* 'biblische geschichte', *allmän historia* 'allgemeine geschichte'), *Svărtă Háfvet* 'das Schwarze Meer' (trotz der gegensätze *Hvita Hafvet* 'das Weisse Meer', *Röda Hafvet* 'das Rote Meer'), (*läsa*) *rŏliga bŏcker* 'unterhaltungslektüre (lesen)' (trotz des gegensatzes *lexböcker* 'schulbücher'). —

Ŏrd ŏch Bíld 'Wort und Bild' (name einer zeitschrift, aber *órd ŏch bílder* 'worte und bilder'), *knĭf ŏch gáffel* 'messer und gabel', *săft ŏch vátten* 'wasser mit fruchtsaft', *smŏ̈r ŏch brŏ̈d* 'brot und butter' (so in Stockholm; in Schonen *smŏ̈r ŏch brŏ̈d*), *nŭ ŏch då'* 'dann und wann'; so werden auch firmen-namen accentuiert: *Nŏrstedt ŏch sŏ̈ner* 'N. u. söhne' etc. Vgl. engl. *cŭp ănd sáucer*, *knĭfe ănd fórk*, *brĕad ănd bútter* etc. (Sweet: New engl. grammar s. 295), nhd. *schwărz ŭnd wéiss* (aber wenigstens im südl. Schweden *svárt ŏch hvĭt*), *dŏnner ŭnd blítz* (Minor: Nhd. metrik 93) —

kŏnungen ăf Svérige 'der könig von Schweden', *Ănders på̆ bérget* 'Andreas auf dem berge', *ŏndt ĭ húfvudet* 'kopfschmerz'; vgl. Kock im Ark. nf. VIII, 265 f., J. A. A[urén]: Qvantitätslära s. 109.

Die lage des fortis auf dem letzten worte lässt sich zur not bisweilen aus der logischen acc. (oder auf dem wege der analogie, mom. 3) erklären. So kann man z. b. die acc. *ŏndt ĭ húfvudet* aus den gegensatz-ausdrücken *ŏndt ĭ mágen* 'leibweh', *ŏndt ĭ tänderna* 'zahnschmerz' etc., *Gŭds hús* im gegensatz zu *Gŭds órd, Gŭds són* 'sohn Gottes' etc. erklären. *Ănders pă bérget* kann möglicherweise durch gegensätzliche ausdrücke wie *Ănders ĭ skógen* 'A. im walde', *Ănders pă tórget* 'A. auf dem markte' veranlasst sein. Während des mittelalters waren personenbenennungen, welche nach diesem principe gebildet waren, sehr gewöhnlich und sind gewiss uralt.

Doch können nicht alle die angeführten beispiele mit fortis auf dem letzten worte durch logische oder analogische acc. erklärt werden, sondern bei verschiedenen ist eine tendenz, das letzte wort mit fortis zu accentuieren, zu verspüren. Dies ist z. b. bei ortsnamen wie *Svărtă Háfvet* ebenso wie *Karlshámn* etc. z. t. der fall (vgl. jedoch auch 512,1).

Vgl. Sweet a. a. o.: 'Group-compounds formed by joining together two nouns by the conjunction *and* or a preposition — generally *of* — throw the stress on the second element, as being the modifying one.' Bemerkenswert ist übrigens, dass wenn in der älteren sprache zwei nomina zu einem begriffe zusammengewachsen sind, der fortis in der regel auf dem ersten juxtapositionsgliede ruht (512,1).

3. Analogie. Es ist leicht begreiflich, dass sich die analogie hier wie auf andern sprachlichen gebieten geltend gemacht hat (vgl. auch mom. 2). Ein beispiel aus der jüngsten sprache sei hier angeführt. Hof accentuierte (um die mitte des 18. jhs.) *där träffades icke én ménniska, icke étt djúr* 'man traf dort nicht einen menschen, nicht ein tier' normal mit fortis auf *en*, *ett*, weil dies zahlwörter sind. Heutzutage wird in derartigen ausdrücken *ícke ĕn ménniska*, *ícke ĕtt djúr* accentuiert infolge der einwirkung von ausdrücken wie *ícke ĕn smúl*, *ícke ĕtt grănd* 'keine spur' etc., wo *en*, *ett* formen des unbestimmten artikels sind.

Die verschiedenen wortklassen mit rücksicht auf die satzaccentuierung.

Nomina.

527. Im allgemeinen bekommen die nomina den fortis, z. b. *hímlen är blå'* 'der himmel ist blau'.

Ausnahmen. Subst. sind rel. unaccentuiert in folgenden fällen:

1. Vocative, wenn das wort nicht an erster stelle im satze steht, z. b. *kŏm hít, gŏssĕ*! 'komm her, junge!' (aber *gósse, kŏm hít*!). Auch wenn man im nschw. ein subst. statt des pron. der 2. person gebraucht, ist jenes rel. unaccentuiert, z. b. *skall mŏrmŏr résa*? 'wirst du reisen, gross-

mutter?' (aber *skall mórmor résa*? 'wird die grossmutter reisen?'); vgl. Kock: Akc. II, 130 mit den anmerkungen.

Auch in verwandten sprachen wie in den übrigen nord. sprachen (auch im isl.), im nhd., ahd., sskr. ist der vocativ oft rel. unaccentuiert; siehe a. a. o. sowie Hirt: Akz. 293, Kluge im Literaturblatt 1895 sp. 332 anm. 2, Whitney: Sanskrit Gr. § 314, Wackernagel IF. I, 424 f.

2. Appositionen vor ihrem hauptwort, z. b. *bĭskŏp A'bsalon* 'bischof A.', *prŏfĕssŏr Rúneberg*.

3. Vornamen vor familien- oder zunamen, z. b. *Jĕnnў Línd*, *Hărăld Hå'rfagre* (vgl. die acc. *Ănders pă bérget* 526,2).

4. Ausdrücke für mass und gewicht vor folgenden stoffnamen, z. b. *två' mĕter síden* '2 meter seide', *étt skălpŭnd kött* '1 pfund fleisch'. In ähnlicher weise accentuiert man z. b. *én mĭls väg* 'ein weg von 1 meile', *på sŏndăg éftermiddag* 'am sonntag nachmittag'. Auch im norw. und dän. sind die subst. in den unter 2—4 angeführten fällen rel. unaccentuiert.

528. Sowohl subst. als auch adj. sind bisweilen rel. unaccentuiert als erstes wort in einer zu einer einheit zusammengewachsenen phrase (vgl. 526,2), z. b. *Gŭds órd* 'wort Gottes', *Gŭ(d) nå's* 'Gott sei's geklagt!' (< *Gŭd nå'de ŏss*; Weste aber auch *gúnås*), *Gŭd gífve dét* 'geb's Gott' (vgl. dän. *gid* < (*Gŭd*) *give't*; über die aussprache *gŭdh gíwi*, *gŭdh nădhe* etc. in aschw. gedichten siehe Bure: Rythm. studier, s. 43 anm.), *Svĕnska Akademíen* 'die Schwedische Akademie', *sŏta fár* 'lieber vater', *sŏta mór* 'liebe mutter' (früher auch *stă fár*, *stă mór* ausgesprochen). Dies ist bisweilen auch sonst mit gewissen attributiv gebrauchten adj. der fall, z. b. *ŭng Érik* 'jung Erik', *hans sălig fár* 'sein seliger vater'; vgl. z. t. J. A. A[urén]: Qvantitetslära s. 111.

529. Dass auch in der ält. sprache titel oft relativ unaccentuiert waren, geht daraus hervor, dass sie bisweilen abnorme lautentwickelungen erfahren haben. Aschw. *kununger*, *konunger* 'könig' hat im späten aschw. und im nschw. *kung* neben *konung* gegeben. *Biskop(er)* 'bischof' ist im aschw. und im dän. *bisp* neben *biskop* geworden; aschw. *hærra* 'herr' hat vor namen oft die form *hær*, *her*. Ndän. *frue* 'frau' heisst vor namen *fru*; vgl. dass mhd. *vrouwe* vor namen und bei

der anrede die formen *vrō*, *vor*, *ver* bekommt. Vornamen haben z. t. aus demselben grunde oft eine abnorme entwickelung genommen. Vgl. z. b. Kock im Ark. nf. III, 308; V, 143—157, IX, 191, Jespersen in Udsigt over det phil.-hist. samfunds virksomhed 1884—5 s. 78.

Zahlwörter.

530. Bei der verbindung zahlwort + nomen erhalten beide wörter gewöhnlich fortis, z. b. *fýra kvínnor* '4 weiber', *det fémte bárnet* 'das 5. kind'; so auch *fĕ́mtio séx kvínnor* '56 weiber', *det nittioníonde å'ret* 'das 99. jahr' (dialektisch hört man jedoch auch *trĕ mil* 'drei meilen', *fĕ́mtī öre* '50 öre' etc.). Bei der verbindung von zehnern und einern bekommen gewöhnlich nur die letzteren fortis, z. b. *femtio tré* '53' (teilweise durch lautliche verschmelzung aus älterem *femtio-o[gh]-thrī* etc. [vgl. isl. *tuttugu ok einn* '21' etc.] entwickelt); vgl. 525. Man accentuiert auch *ăderton hŭndra sĕxtio sjú* '1867' (neben *áderton húndra sèxtio sjú*) etc. Über die ält. acc. *fæ̀m tīghi* siehe 525. *En*, als unbest. artikel gebraucht, bekommt infortis.

Pronomina.

531. Die persönlichen (*jag* 'ich', *du* 'du', *han* 'er', *hon* 'sie', *det* 'es', *de* 'sie'), das reflexive (*sig* 'sich'), das reciproke (*hvarandra*, *hvarannan* 'einander'), die possessiva (*min* 'mein', *din* 'dein', *sin* 'sein', *vår* 'unser' etc.), die relativa (*som*, *hvilken* 'welcher', gen. *hvars* 'dessen'), die indefinita *någon* 'jemand', *ingen* 'niemand' ebenso wie das pron. *den* 'der' sind oft rel. unaccentuiert, z. b. *jăg så'g dĕt* 'ich sah es', *dĭn fár* 'dein vater', *mór mīn* 'meine mutter' (über *Fáder vå'r* s. 526,2), *dĕn sŏm söker, hăn finner* 'wer da sucht, der wird finden'. Gewöhnlich *dĕn här* 'dieser', *dĕn där* 'jener'.

Die interr. pronomina (*hvem* 'wer', *hvad* 'was', *hvilken* 'welcher', *hvilkendera* 'welcher von beiden', *hurudan* 'wie beschaffen', *ho* 'wer') sind in hauptsätzen oft, in nebensätzen sehr oft rel. unaccentuiert. *Denne* 'dieser' steht seltener ohne fortis. Man accentuiert *på'fven sjä̀lf* 'der papst selbst', aber oft *sjălfva på'fven* 'sogar der papst' etc.

Die indefinita *man*, *en* 'man' und die in der umgangssprache gebräuchlichen personalia *-en* 'ihn, ihm' (< aschw. acc. *han*), *-na* acc. 'sie', dat. 'ihr' (< aschw. acc. *hana*), *-et* 'es' (Kock im Ark. nf. VII, 120 ff.) bekommen niemals fortis, z. b. *măn vét ĭcke* 'man weiss nicht', *hăn slóg'nă* 'er schlug sie', *hästen găf'ĕn ĕn spárk* 'das pferd versetzte ihm einen tritt'.

Hvarje 'jeder', *(den-)samme* 'derselbe', *dylik*, *slik* 'derartig', *sådan* 'solch', *likadan* 'gleich', *få* 'wenige', *flere* 'mehrere', *mången* 'mancher', *ende* 'einzig', *båda*, *bägge* 'beide', *alla* 'alle', *annan* 'anderer, -e', *somliga* 'einige', *somt* 'einiges', *ömse* 'beiderseits', *egen* 'eigen', *endera* 'einer von beiden', *någondera* 'einer von beiden', *ingendera* 'keiner von beiden', *hvardera* 'jeder von beiden', *bäggedera*, *bådadera* 'beide' bekommen zumeist fortis.

Im grossen betrachtet sind im dän. und norw. dieselben pron. rel. unaccentuiert wie im schw.

532. Sehr oft beruht die entwickelung der pronominalformen darauf, dass sie facultativ rel. unaccentuiert gewesen sind. Während *k* im aschw. nach vocal mit fortis erhalten geblieben ist, z. b. in *þak*, nschw. *tak* 'dach', ist es zu jüng. aschw. *gh*, nschw. *g* geworden in *iak* > *jag* 'ich', *mik* > *mig* 'mich', *þik* > *dig* 'dich', *sik* > *sig* 'sich', *nākon* > *någon* 'jemand'. So erklärt sich auch isl. *ek* : *eg* 'ich', *mik* : *mig*, *þik* : *þig*, *sik* : *sig* (Kock in TfF. nr. III (1878) s. 249; vgl. 421). Auslautendes *-t* ist im aschw. nach vocal mit fortis erhalten, ist aber zu *ð* (geschrieben *þ* oder *dh*), nschw. *d* geworden in aschw. *hwat* > *hwaþ*, nschw. *hvad* 'was', aschw. *þæt* > *þæþ*, ä. nschw. *thed* 'es'. So ist auch die isl. entwickelung *hvat* > *hvað*, *hit* > *hið* 'jenes', *vit* > *við* 'wir beide', *it* > *ið* 'ihr beide' zu erklären (a. a. o. 248). Stimmlose consonanten sind im anlaut der pronomina stimmhaft geworden: isl. aschw. *þū* 'du', *þīn(n)* 'dein', *þan(n)* 'den', *þessi* 'dieser' : isl. *ðu*, *ðinn*, *ðann*, *ðessi*, nschw. ndän. *du*, *din*, *den* (aschw. bisweilen dat. *dhom*), *denne* (vgl. Kock, ib. s. 241). In vorhistorischer zeit ist eine assimilation *nt* > *tt* eingetreten in den neutr. *mitt* 'mein', *þitt* 'dein', *sitt* 'sein', *hitt* 'jenes' (auch in *eitt* 'ein') aus **mīnt* etc. In aschw. runeninschriften, welche sonst *ai* (*æi*) in

stain etc. haben, ist der diphthong *ai* (*æi*) zu *æ*(*e*) (geschrieben *i*) in **þiʀ** 'sie', **þim** 'ihnen' monophthongiert worden (Kock im Ark. nf. VII, 137 anm.). Aschw., agutn. *vīr* 'wir', *īr* 'ihr' mit *ī* repräsentieren die urspr. vollaccentuierten formen, isl. *vēr*, *ēr* die rel. unaccentuierten. Ebenso verhält es sich mit agutn. dat. sg. *mīr* 'mir', *þīr* 'dir', *sīr* 'sich' (vgl. got. *mis*, *sis*) : isl. *mēr* (Opedal **mer**), *þēr*, *sēr*, aschw. *mǣr*, *þǣr*, *sǣr* (Kock im Ark. nf. XI, 344, 355 f.). Bei dem wechsel isl. *es* : *er*, aschw. run. ***is*** : aschw. *ær* (als relativ-partikel gebraucht) repräsentiert *es* die vollaccentuierte, *er* (*eʀ* < **ez*) die relativ unaccentuierte form; im aschw. *vīr*, *īr*, dat. *mǣr*, *þǣr*, *sǣr* (isl. *vēr* etc.) hat sich *r*, *ʀ* aus *s* (vgl. got. *weis* etc.) in relat. unaccentuierter stellung entwickelt (Kock in TfF. nr. III, 250). Auch der vollständige verlust des *-ʀ* in aschw. *vī*(*r*), *ī*(*r*), nschw. *vi*, *I* 'wir, ihr' wie auch in aschw. *þi*(*r*), nschw. *de* 'sie', aschw. *þā*(*r*) nom. pl. fem. 'sie', gen. sg. *hænnæ*(*r*) (zu *hōn* 'sie'), gen. sg. f. aschw. *minnar*, *þinnar*, *sinnar* (zu *mīn* 'mein', *þīn* 'dein', *sīn* 'sein') > ä. nschw. *minne*, *thinne*, *sinne*, aschw. *hwār* > nschw. *hō* 'wer' beruht auf der relat. accentlosigkeit der wörter (Kock ib. s. 251, Sv. landsm. XI, no. 8 s. 19 f.). Der wechsel dat. sg. fem. *hænne* : *henne*, gen. sg. fem. *hænnar* : *hennar* (zu *hōn*) wie auch acc. sg. m. *þæn* : *þen* 'den', *þæt* : *þet* 'es' im aschw. (z. b. im Dalalag) erklärt sich aus dem wechsel von fortis- und nicht-fortis-formen (Kock: Fsv. ljudl. II, 534). Während der levis die endvocale *a*, *o* im schw. bewahrt hat (158 ff.), ist *a* zu *e* geworden in gen. sg. f. aschw. *hænna*[*r*] > jüng. aschw. *henne*, aschw. *minna*[*r*], *þinna*[*r*], *sinna*[*r*] > ä. nschw. *minne*, *thinne*, *sinne*; der wechsel nschw. *deras* (aschw. *þēra*, *thēras*) : ä. nschw. *theres* (gen. pl. zu *den* 'der'), *någhon* : *någhen* 'irgend ein' beruht auf der wechselnden satzacc. (Kock: Språkh. 103 f.).

Den wechsel aschw. *ūs* : *ōs*, isl. *oss* 'uns', ebenso wie isl. *ōrir*, *ossir* 'unsere' habe ich im Ark. nf. XI, 323 ff. erörtert, den wechsel aschw. *hōn* : *hun* : *hēn* 'sie' ib. nf. V, 262, X, 96 f.; die entwickelung aschw. *hwā* > nschw. *hō* 'wer' ib. nf. II, 23, Sv. landsm. XV, no. 5 s. 45 ff.; die entwickelung aschw. *han* > *-en*, nschw. *-en* 'ihn' im Ark. nf. VII, 121. Über den wechsel isl. *hānum* : *hōnum* 'ihm' vgl. Noreen: Aisl. gr.² § 76. Über die vocalverkürzung in *hǫnum*, *mēr*, *þēr*, *sēr*, *vēr*, *ēr* in isl. versen siehe Sievers: Metrik s. 59.*

533. Bisweilen haben schon in der alten sprache enklit. pron. den wurzelvocal verloren, z. b. aschw. *mātte han* > *mātten* 'konnte er', *fǿrdo han* > *fǿrdon* 'führten ihn', *firi han* > *firin* 'für ihn', *skulle honom* > *skullenom* 'würde ihm...', *haffdo hana* > *haffdona* 'hatten sie', *firi hana* > *firina* 'für sie' (viele beisp. bei Bure: Rythm. studier 17—18); im ä. nschw. *snarkar han* > *snarkarn* 'schnarcht er', nschw. *Gud bevåre oss* > *Gud bevårs* 'Gott bewahre!'. Im isl. ist *kalla-sik* zu *kallask* 'genannt werden' etc. geworden, *em-ek* > *emk* 'bin ich', *þat es* > *þat's* etc. (vgl. Sievers a. a. o., s. 56 f.).

Verba.

534. Die verba haben oft keinen fortis. Dies ist normalerweise der fall

1) bei hilfsverben (*hafva* 'haben', *skola* 'werden', *vara* 'sein', *varda* 'werden', *blifva* 'werden', *tör*, *torde* 'dürfte', *månde* 'werden, wollen', *må* 'mögen', *måste* 'müssen', *kunna* 'können', *vilja* 'wollen', *böra* 'sollen', *låta* 'lassen', *få* 'dürfen', *komma* (*att*) 'werden', *lär* 'sollen'), z. b. *bárnet tŏrde văra sjúkt* 'das kind dürfte krank sein', *hăn skăll résa ĭ mórgon* 'er wird morgen reisen'. In ausdrücken wie *hŏn sĭtter ŏch sýr* 'sie sitzt an ihrer näharbeit', *flíckan sprăng ŏch lékte* 'das mädchen lief spielend herum', *hăn gă̊r ŏch läser* 'er geht in den konfirmandenunterricht' bekommt das erste verbum keinen fortis (dagegen: *han gå'r och läser* 'er liest im gehen').

2) bei verben, welche mit einer folgenden partikel einen begriff bilden. Verbum + partikel können dann als ein compositum aufgefasst werden, und oft wird auch (in etwas verschiedener bedeutung) die entsprechende partikel + verbum allgemein als compositum aufgefasst; beisp. *hon gĭck frám tĭll húset* 'sie ging bis ans haus heran' (vgl. *häraf frámgår följande* 'hieraus geht folgendes hervor'; aber *hŏn gĭck frámme vĭd húset* 'sie ging vorn am hause'; ein compositum **framme-gå* existiert nicht), *brŷta út* 'ausbrechen' (und

* [Betr. der acc. von *sā er* ... etc. im isl. siehe jetzt Neckel: Über die agerm. relativsätze 47 ff., betr. *es* : *er* ib. 69 ff.]

útbrýta), *skrăpa áf* 'abkratzen' (und *áfskràpa*), *hålsa på' någon* 'einen besuchen' (aber *hälsa pă ngn* 'einen grüssen'), *hŏppa ĭ váttnet* 'ins wasser springen' (aber *hóppa ĭ váttnet* 'im wasser (herum)springen').

3) oft, wenn auf das verb ein objekt oder adverbial folgt, z. b. *dĕ kŏpa frúkt* 'sie kaufen obst', *hăn gå̆r ĭ skólan* 'er geht in die schule'. Auch hier dürfte die relat. accentlosigkeit des verbums damit zusammenhängen, dass dasselbe mit dem darauf folgenden bestimmungsworte ganz oder teilweise zu einem begriffe zusanmenschmilzt. So stehen transitive verba im allgemeinen nur dann ohne fortis, wenn das objekt ein appellativum in unbestimmter form ist; vgl. *dĕ kŏpa frúkt* : *dĕ kŏpa frúkten* 'sie kaufen das obst', *Kárl slå̆r stén* 'K. klopft steine' : *Kárl slå'r Hénrik* 'der Karl schlägt den Heinrich'. Doch trägt das verbum auch vor einem appellativum in bestimmter form keinen fortis, wenn das ganze einen stehenden ausdruck bildet, und die wörter also zu einer einheit zusammengewachsen sind, z. b. *slå̆ kátten ŭr túnnan* 'die katze aus der tonne schlagen' (ein spiel). Vgl. ferner: *hăn gå̆r ĭ skólan* 'er geht in die schule (besucht die sch.)' mit *hăn bór ĭ skólan* 'er wohnt in der schule', *hăn gå̆r pă teátern* 'er geht ins theater' mit *hăn gå'r pă teátern* 'er geht auf der bühne'. Das verbum steht ferner auch ohne fortis, wenn ein infinitiv nachfolgt, z. b. *hăn bŏrjade frýsa* 'er fing an zu frieren'. So auch wenn ein prädikativ auf das verb folgt, z. b. *fádren hĕter Kárl* 'der vater heisst Karl', sowie in parenthetisch eingeschobenen sätzen, wie *sade jag* 'sagte ich', *trodde han* 'glaubte er', mit dem pron. hinter dem verbum. — Wenn das verbum an letzter stelle im satze steht, so bekommt es in der regel den fortis, z. b. *sedan jag tíllfrisknat, skall jag résa* 'wenn ich wieder genesen bin, werde ich reisen'.

535. Die acc. des verbums ist im dän. und norw. im wesentlichen dieselbe wie im schw. Im ostnorw. (im gegensatz zum westnorw.) hat jedoch in verbindungen wie *væ²rame[d]* 'mit dabei sein', *gå'²-ut* 'ausgehen' (vgl. schw. *văra méd, gă út*) das verbum den fortis 2 bekommen (J. Storm in der Norwegia I, 47); so auch oft im norrländischen (in Schweden).

Vgl. die acc.-veränderung aschw. *samankóma* > nschw. *sá²mmankòmma*, ä. nschw. *tilltágsen* > nschw. *ti²lltàgsen* etc. (506).

536. Mitunter haben verben infolge von rel. accentlosigkeit lautentwickelungen durchgemacht, welche von denen in wörtern mit fortis abweichen.

So ist isl. *es* 'ist' die voll accentuierte, isl. *er* aschw. *ær* (mit der germ. entwickelung *s* > *z*, nord. *ʀ*) die rel. unaccentuierte form; in derselben weise erklärt sich auch das *r* in dem pl. isl. *eru*, aschw. *æru* 'sind' und vielleicht auch im prät. *var* 'war' (: isl. *vas*, aschw. run. **uas**; *r* kann jedoch auch aus pl. *ōru* eingeführt worden sein); Kock in TfF. nr. III, 250. Der *i*-laut im agutn. *ir* 'ist' schreibt sich von der urnord. vollaccentuierten, *e* im isl. *er* (aschw. *ær*) von der rel. unaccentuierten form her (Kock im Ark. nf. XI, 355 ff.). Auch der wechsel aschw. *ær* : *æ*, nschw. *e* 'ist', aschw. *æru* : *æro*, nschw. *äro* : ä. nschw. *äre* 'sind', adän. (ajütl.) *wæræ* : *wær* 'sein' beruht auf der wechselnden satzacc. des wortes (Kock in Sv. landsm. XI, no. 8 s. 20, Fsv. ljudl. II, 346, Språkh. 103, Ark. nf. I, 70). Im conj. praes. ist agutn. *sī* die voll accentuierte, isl. aschw. *sē*, aschw. *sǣ* 'sei' die rel. unaccentuierte form (Kock im Ark. nf. XI, 344). So erklärt sich auch aschw. *værþa* : *varþa*, nschw. *varda* 'werden' (Kock: Språkh. 89), isl. anorw. conj. praet. *myndi* : *mindi* (zu *munu* 'mögen'), *skyldi* : *skildi* (zu *skulu* 'werden'), inf. *þykkia* : *þikkia* 'scheinen' (Kock im Ark. IV, 167), praet. *þōtta* : *þōta* 'schien' (ib. nf. IX, 163), aschw. *fār* : *fā* 'darf', ä. nschw. *har* : *ha* 'hat', *plär* : *plä* 'pflegt' (Kock in Sv. landsm. XI, no. 8 s. 18 ff.).

Isl. aschw. *taka* ist zu jü. aschw. *tagha*, nschw. *taga* 'nehmen' geworden trotz der erhaltung des *k* in *vaka* 'wachen' etc.; diese lautentwicklung ist in *tăka frám* 'hervornehmen' etc. lautgesetzlich eingetreten. Die aschw. praet. *fik* (von *fā* 'bekommen'), *gik* (von *ganga* 'gehen') mit langem *k* haben kurzes *k* bekommen, welches dann in jü. aschw. *gigh*, *figh* in *gh* überging; diese formen sind zuerst in ausdrücken wie *fĭk ā'ter* 'bekam zurück' entstanden. Die aschw. praet. *sagþe* (zu *sæghia* 'sagen'), *lagþe* (zu *læggia* 'legen') heissen im spät.

aschw. *ladhe, sadhe*, nschw. *lade, sade*; vgl. *hélbrỳgþa* > *hélbrỳdha* 'gesund'. So ist auch schon im ältesten aschw. *brăgþa úp* zu *brăþa úp* 'vorwerfen' geworden. Aschw. *halda* 'halten' mit fortis ist nschw. *hålla*; *halda* ohne fortis (vgl. *hălla frám* 'hervorhalten' etc.) zu ä. nschw. *halla* geworden. Kock im Ark. nf. IX, 190.

Adverbia.

537. Folgende adv. werden oft rel. unaccentuiert: die, welche eine frage (*huru* 'wie', *när* 'wann'), eine vermutung (*ju* 'ja', *då* 'doch', *väl* 'wohl' etc.), eine negation (*icke, ej, inte* 'nicht'), eine beschränkung (*dock, likväl* 'doch', *endast* 'nur' etc.), eine verstärkung (*äfven* 'auch', *mycket* 'sehr' etc.) ausdrücken, sowie die relativadverbia (*där* 'da' etc.); oft auch *ja* 'ja' und *nej* 'nein'. Z. b. *Dĕt ăr văl sánnt?* 'Das ist doch wohl wahr?' *Jăg vét ĭnte.* 'Ich weiss nicht.' J. A. A[urén]: Qvantitetslära s. 103.

538. Ein älteres **wail* (vgl. got. *waila* mit dem diphthong *ai*) ist mit fortis zu **veil* aschw. *vēl* 'wohl' geworden, ohne fortis dagegen zu isl. anorw. aschw. *val* (vgl. 442); **veil* ohne fortis gab später isl. *vel* aschw. *væl* (vgl. 443). So ist auch anorw. *æigi* 'nicht' in rel. unaccentuierter stellung zu *ægi* geworden (Wadstein: Fnorska hom.-bokens ljudlära 58), aschw. *ækki* isl. *ekki* zu *æki, eki* 'nicht' (vgl. Kock: Fornsvenska lagord 17) und auch aschw. *ēgh* zu *igh* 'nicht'. Isl. *miok* mit infortis wurde *miog* 'sehr' (Kock i TfF. nr. III, 249), aschw. *harþla* > *halla* 'sehr' (Kock im Ark. nf. V, 156), aschw. *hwāru, h[w]ōro* > *huru* 'wie', ajütl. *huræ* > *hur* 'wie' (ib. I, 70). Der wechsel isl. *svā* : *sa*, aschw. *swā* : *sa*, nschw. *så* 'so' zeigt, dass das wort teils fortis hatte, teils nicht (Kock im Ark. nf. V, 145). Aschw. *iā* mit fortis wurde nschw. *jå*, mit infortis nschw. *ja* 'ja'* (Kock: Fsv. ljudl. II, 409; Språkh. 50). Betreffs isl. aschw. *þā*, anorw. aschw. *þīt*, isl. *þar*, aschw. *þær*, isl. *þaþan*, aschw. *þæþan* : nschw. *då*, ndän. *da* 'da', nschw. *dit*, ndän. *did* 'dahin', nschw. *där*, ndän. *der* 'dort', nschw. *dädan*, ndän. *deden* 'von dort' vgl. *þū* : *du* etc. 532.

* Beachte jedoch, dass *ja* ausnahmsweise auch mit fortis und kurzem *a* ausgesprochen werden kann (11).

Praepositionen.

539. Die allermeisten praepositionen sind im allgemeinen rel. unaccentuiert, z. b. *hăn kŏm tĭll stáden* 'er kam in die stadt'; *hŏn árbetar fŏ̆r sĭna bárn* 'sie arbeitet für ihre kinder'. Doch erhalten gewisse praepositionen, wie *före* 'vor', *trots* 'trotz', *utan* 'ohne', sowie verschiedene zusammengesetzte wie *nedanför* 'unter', *uppifrån* 'von oben her' etc. in der regel fortis; dies ist nicht eben selten auch mit *under* 'unter', *öfver* 'über', *efter* 'nach' der fall. Das zweite glied der tmetischen praep. *för—skull* 'um—willen', *å—vägnar* 'von—wegen' bekommt fac. fortis, z. b. *fŏ̆r vánnens skúll* (und *skŭll*) 'um des freundes willen'.

540. Wenn auf die praep. ein pronomen folgt, so bekommt die praep. oft stärkeren accent als das pronomen, welches dann enklitisch wird; doch beruht dies teilweise auf dem rhythmus. In sätzen wie *hăn gå'r mĕd hònom* 'er geht mit ihm', *hŏn så'g pă dèm* 'sie sah sie an' (d. h. ein wort mit fortis auf der ultima + einsilbig. praep. + pron.) bekommt die praep. den levissimus und das pron. den levior (bez. levis oder semifortis). Ist das fortis-wort zwei- oder mehrsilbig, so fällt oft der levior (bez. levis oder semifortis) auf die praeposition, und das pron. bekommt den levissimus, z. b. *hŏn dá²nsar mèd hŏnom* 'sie tanzt mit ihm', *hăn tá²lade mèd hĕnne* 'er sprach mit ihr' (aber auch *hŏn dá²nsar mĕd hònom* etc.; vgl. 547 betr. der incorporierenden acc.); dagegen nur *hŏn dá'nsàr mĕd gó²ssèn* 'sie tanzt mit dem knaben'. Bisweilen bekommt die praep. sogar den fortis und das pron. den levissimus, z. b. *Hérren úpplyse sĭtt ánsikte öfver ŏss* 'der Herr lasse sein angesicht leuchten über uns'. Hiervon zu scheiden ist natürlich die 534,2 behandelte acc. *hälsa på' någon* etc., wo *hälsa på* etc. eine art composita bilden.

Dass auch in der alten sprache bei verbindungen von praep. + pron. oft auf der praep. ein stärkerer accent lag als auf dem pron., geht aus den entwickelungen aschw. *firi hana* > *firina* 'für sie', *firi han* > *firin* 'für ihn', *frān han* > *frānen* 'von ihm' etc. hervor.

Sowohl im dän. (Bruun: Akcent s. 27, Mikkelsen s. 70) als auch in andern germ. sprachen (Rieger in der ZfdPh.

VII, 32, Kluge im GgPh. I², s. 397 f; Streitberg: Urg. gr. s. 166) bekommt die praep. oft stärkeren accent als das nachfolgende pronomen.

541. Urnord. **uʀ* 'aus' (vgl. got. *us*) mit fortis blieb erhalten (isl. aschw. *ū̆r*), mit infortis jedoch wurde es zu **oʀ* (isl. aschw. adän. *ō̆r*). Später wurde sowohl **uʀ* als auch **oʀ* mit fortis wie auch mit infortis gebraucht. Im ersteren falle bekam man isl. agutn. *ȳr*, isl. aschw. *ø̄r*, im späteren isl. aschw. *ū̆r*, *ō̆r* (Kock im Ark. nf. XI, 354 f.). Andere wechselformen mit fortis und mit infortis sind isl. *ōn* : *ān* 'ohne' (Wadstein: Fnorska Hom.-bokens ljudl. 73), isl. anorw. *fyrir* : *firir*, aschw. *fyri* : *firi* 'vor', isl. anorw. *yfir* : *ifir*, aschw. *ywir* : *iwir* 'über' (Kock im Ark. IV, 164 ff.), aschw. *æptir* : *æpte* 'nach', *undi(r)* 'unter', *ywi(r)* 'über', *ūr* : *ū* ä. nschw. *utu* 'aus' (Kock in Sv. landsm. XI, no. 8 s. 18 ff.), aschw. *fori* : *fore* 'vor' (Kock: Fsv. ljudl. II, 345), *frām* : *frān* 'von' (Kock im Ark. nf. II, 32), jü. adän. *frå* (*fraa* geschrieben) : ndän. *fra* 'von', isl. *eftir* : *eptir*, aschw. *æftir* : *æptir* 'nach' (ib. s. 42, 40), *ūtī* : *ūdī* 'in' (Kock: Språkh. 12), *til* : *te* 'zu', aschw. *āf*, ä. nschw. *åf* : aschw. *ā*, nschw. *å* 'von' (Kock: Fsv. ljudl. II, 405), ä. nschw. *medh* : *med* 'mit' (Kock im Ark. nf. VII, 152).

Konjunktionen.

542. Die meisten konjunktionen werden sehr oft rel. unaccentuiert, z. b. *och* 'und', *eller* 'oder', *då* 'da', *sedan* 'seit, nachdem', *om* 'wenn' (*fádren ŏch módren* 'der vater und die mutter' etc.).

543. Die acc. der konjunktionen mit dem infortis erklärt, dass in isl. *nema*, *nefa* 'ausgenommen', isl. aschw. *eþa* 'oder' keine brechung eingetreten (Kock im Ark. nf. II, 50 anm.) und dass isl. *bǣþi* dial. zu *bøþi* 'so wohl' geworden ist (Kock in Beitr. XX, 123 anm.). *þā* (*dhā*) 'da, als' mit fortis ist zu nschw. *då*, jü. adän. *thaa* geworden; *þă* (*dhă*) mit infortis zu ä. nschw. *tha*, dän. *da*; *nār* 'als' mit fortis gab ndän. *når*, ohne fortis ä. nschw. *nar* (Kock: Sv. Språkh. 52, Medeltidsordspråk. Inl. s. 7). Aschw. *ok* ist zu nschw. *ock* 'auch' (welches fortis hat) und jü. aschw. nschw. *och*, *ogh* 'und' mit infortis differenziert worden (Kock: Fsv. ljudl. I,

76 ff.), und isl. *ok* mit infortis wurde in der etwas jüngeren sprache zu *og* (vgl. Kock in der TfF. nr. III, 249). Ajütl. ist *æthæ* 'oder' zu *æth* geworden (Kock im Ark. nf. I, 70). Über aschw. *hwa[r]zke — eþa* 'weder — noch', *hwatzte*, nschw. *hvarken* etc. siehe im Ark. nf. V, 167.

Interjektionen.

544. Diese haben meistenteils fortis; doch können gewisse interj. auch rel. unaccentuiert werden, z. b. (fac.) *fў túsan* 'pfui teufel!'.

545. Die acc. der partikeln im dän. und norw. stimmt im wesentlichen mit deren acc. im schw. überein.

Infortis und semifortis in rel. unaccentuierten wörtern.

546. Bei rel. accentlosigkeit hat die sprache eine recht grosse freiheit in der anwendung der verschiedenen infortis-accente (levissimus, levior, levis) bez. des semifortis. Manchmal kann ein wort bez. eine silbe sowohl mit levissimus als auch mit einem stärkeren accent ausgesprochen werden. — Im allgemeinen macht sich eine rhythmische tendenz geltend bei der anwendung von levior (bez. levis, semifortis), und zwar in der weise, dass, wenn mehrere rel. unaccentuierte worte (bez. worte und silben) auf einander folgen, der levior (bez. levis, semifortis) gern auf einer silbe ruht, welche den fortis bekommt, wenn das wort voll accentuiert ist, und die nicht unmittelbar neben einer silbe mit fortis (bez. semifortis) steht. Unmittelbar nach oder vor einer fortis- (bez. semifortis-) silbe wird aber der levissimus gern benutzt. Vgl. z. t. 155.

Rel. unaccentuierte einsilbler bekommen also levissimus, wenn sie unmittelbar vor oder unmittelbar nach einer fortis-silbe (bez. semifortissilbe) stehen, z. b. *kŏm ín!* 'herein!'; *hăn så'g dĕt* 'er sah es'. Rel. unaccentuierte mehrsilbige wörter erhalten für gewöhnlich den levior (levis oder semifortis), und zwar gern auf der silbe, welche den fortis bekommt, wenn die wörter voll accentuiert sind. Beisp.: *proféssor Ljúnggren* 'professor Lj.'; *hăn betálte hònom* 'er bezahlte ihn'.

Um einen befriedigenderen rhythmus (wechsel von rel. unaccentuierten und rel. accentuierten silben) zu erreichen, lässt man jedoch bisweilen bei rel. accentlosigkeit mehrsilbiger wörter eine andere silbe als die fortissilbe den levior (bez. levis, semifortis) bekommen:

1) Oxytona (*kusín* 'cousine, vetter', *majór* 'major', *generál* 'general' etc.) bekommen bei rel. accentlosigkeit den levior (bez. levis, semifortis) auf der ersten silbe, wenn sie vor einem worte mit fortis auf der ersten silbe stehen, z. b. *kùsin A'nna*, *màjor Fálk* (fac. auch z. b. *kùsin* [oder *kusín*] *Heléna*). Im wesentlichen auf gleiche art und weise wird im dän. accentuiert *ĕt dùsin skéer* 'ein dutzend löffel' (aber *et dusín*), *gèneral Rýe* (aber *generál* etc., Jespersen in Udsigt over det phil.-hist. samfunds virksomhed 1884—5 s. 78 [jetzt auch Fonetik s. 569 ff.]), Mikkelsen s. 71.

2) Folgt auf ein wort mit fortis (bez. semifortis) auf der ultima ein zweisilbiges rel. unaccentuiertes (enklitisches) wort, so kann dies auf der ultima levior (bez. levis) bekommen, wenigstens wenn das ganze eine stehende phrase bildet, z. b. *jăg vét ĭntè* 'ich weiss nicht'. Dies kann auch im norw. und dän. der fall sein, z. b. norw. dial. *véit ikkjè* 'weiss nicht' (auch *kann'kje* 'kann nicht' etc., Aasen: Ordbog s. 322), dän. *kán ikkè* (Jespersen: Fonetik s. 568).

Dass zweisilbige enklitische wörter auch in der alten sprache levissimus auf der wurzelsilbe und levior auf der ultima haben konnten, geht hervor aus entwickelungen wie isl. *þeir ero* > *þeirro* 'sie sind', *būnar ero* > *būnarro* 'sind bereit', *vēr erom* > *vērrom* 'wir sind' etc. und aschw. *haffdo hana* > *haffdona* 'hatten sie', *skulle honom* > *skullenom* 'würde ihm'; vgl. nschw. *jag ser'na* < aschw. *iak sēr hana* 'ich sehe sie'. Dass der levior auf der ultima von isl. *'ro* (< *ero*) etc. ruhte, wird dadurch bestätigt, dass in den hss. bisweilen das accentzeichen über den vocal der ultima gesetzt ist (*þeirró*, *vérróm* etc.); vgl. dass in gewissen ahd. schriften ein accentzeichen auf enklitischen wörtern wie *inán*, *imó* etc. die lage des levior angibt.

547. *Incorporierende accentuierung.* Wenn auf ein wort mit fortis ein oder mehrere rel. unaccentuierte wörter folgen,

so verschmilzt oft die ganze phrase zu einer accentuierungseinheit mit einer acc., die (im wesentlichen) mit der der composita gleichartig ist (incorporierende acc.). So wird z. b. accentuiert *ka²llar-hàn* 'ruft er', (*han*) *tá²lar-ìnte* '(er) spricht nicht' mit fortis 2 auf der ersten, levissimus auf der zweiten, semifortis (welcher doch auch zum levis reduciert werden kann) auf der dritten silbe, obwohl z. b. *kallar*, allein ausgesprochen, fortis 2 auf der ersten, levis auf der zweiten silbe hat (vgl. *só²mmarnàtt* 'sommernacht', aber *só²mmàr* 'sommer'); so auch z. b. *ká²llar-han-ìnte?* 'ruft er nicht?' *Han betá¹lade hònom* 'er bezahlte ihn' hat fortis 1 auf der zweiten, levissimus auf der dritten und vierten silbe von *betalade* und semifortis auf *honom*, obwohl *betalade*, allein ausgesprochen, levior auf der ultima bekommt. Durch eine derartige acc. lässt sich auch der vocalverlust in formen wie isl. *hrøkkvat* < *hrǿkkvi-àt* 'ne cedat', *kallega* < *kálla-èk-a* 'ich rufe nicht', aschw. *mondon* < *mónde-hòn* 'sie wollte' erklären. Dagegen gab eine acc. *ǽ'tlà ek* isl. *ǽtlak* 'ich beabsichtige nicht', *krø̄'ntò han* aschw. *krønton* 'sie krönten ihn' (Kock: Akc. I, 69, Ark. nf. X, 224 ff.). Mit der entwickelung *ká²llàr-han* > *ká²llar-hàn* 'ruft er' ist die acc.-entwickelung in juxtapositionen wie *Své²à lánd* > *Své²a-lànd* (372) zu vergleichen.

548. Siehe 71—73 betreffs der veränderung der acc.-systeme bei rel. accentlosigkeit. Über die gegensatz-acc. und die emphatische acc. von composita siehe 298, 299. Über die acc. des vocativs und imperativs in gewissen dialekten siehe 137, 138.

Betreffs der nschw. satzacc. vgl. J. A. A[urén]: Bidrag till svenska språkets qvantitetslära (eine verdienstliche schrift), s. 97—120; Svahn: Språkljud och qvantitativ betoning i högsvenskan s. 139—171; G. Borgström in Pedagogisk tidskrift 1897, s. 34 ff.; betreffs der ndän. satzacc. Lyngby in Blandinger I, 50—52; Grundtvig in Forhandlinger paa det første nord. filologmøde s. 103; Bruun: Akcent s. 25—29; Jespersen: Udsigt over det hist.-phil. samfunds virksomhed 1884—85, s. 77 f. [jetzt auch Fonetik 563 ff.]; Mikkelsen s. 69—72.

Nachträge.

S. 26, z. 20. Füge hinzu: und Dyrlund im Ark. nf. IX, 82.

S. 30, § 69. Auch die dialekte von Süd-Seeland, Möen, Falster, Låland und Langeland verwenden nur éin acc.-system, während die beiden musicalischen acc.-systeme des ostschlesw. sich auch auf Ærö, Tåsinge, Fünen und Süd-Samsö finden (die dialekte von Nord-Fünen und Samsö verwenden aber ausserdem den stoss); s. nunmehr M. Kristensen in Sønderjydske Aarbøger 1900, s. 245.

S. 62, z. 10. Die acc. 1 der dän. wörter des typus *roning* 'rudern' etc. erklärt sich daraus, dass sie früher formelle composita waren (vgl. 353), deren erstes comp.-glied vocalisch auslautete; vgl. dass im östlichen jütländischen wörter auf *-lig* (ält. *-līk*; vgl. 352) wie *rolig* 'ruhig', *trolig* 'glaublich' die acc. 1 verwenden (auch im schonischen *rä¹li*[*g*] 'garstig' [< *rǣþelīker*], *ska¹li*[*g*] 'unartig' [< *skaþalīker*]). Die acc. 1 ist auf diese wörter von den 316 besprochenen composita übertragen worden.

S. 98, § 208. Die gemeinnord. acc. mit **starkem** levis auf der zweiten silbe kurzsilbiger wörter, aber mit **schwachem** levis auf der zweiten silbe langsilbiger wörter hat auch für die gemeinnord. jüngere *a*-brechung eine entscheidende bedeutung gehabt, wie nunmehr von mir im Ark. nf. XIII, 161 ff. gezeigt worden ist. Die jüngere *a*-brechung wurde nur durch ein unnasaliertes (nicht durch ein nasaliertes) *a* bewirkt, z. b. nom. sg. urnord. **etō*, gemeinnord. *eta* (mit unnasaliertem *ō*, *a*) > isl. *iata* 'krippe', aber infin. urnord. **etan*, gemeinnord. *eta* (mit nasaliertem *a*) > isl. *eta* 'essen'. Ebenso wie in den wörtern des typus *iata* 'krippe' mit in urnord. zeit unnasaliertem endungsvocal tritt die brechung in **langsilbigen** wörtern wie infin. urnord. **helpan* > isl. *hialpa* 'helfen', urnord. **geldan* > isl. *gialda* 'bezahlen' mit in urnord. zeit nasaliertem *a* ein. Die verschiedene entwickelung der kurzsilbigen **etan* > *eta*, **beran* > *bera* 'tragen' etc. und der langsilbigen **helpan* > *hialpa*, **geldan* > *gialda* etc. hängt von der verschiedenen acc. ab. Der starke levis der kurzsilbigen *eta* 'essen' etc. conservierte zur zeit der gemeinnord. brechung noch die nasalität der ultima, während die langsilbigen **helpa* etc. mit schwachem levis auf der ultima zu dieser zeit die nasalität schon verloren hatten. Deshalb wurde *eta* 'essen' erhalten, **helpa* aber mit unnasaliertem *a* zu *hialpa* gebrochen, ebenso wie der nom. sg. *eta* mit schon urnordisch unnasaliertem endungsvocal zu *iata* gebrochen wurde. Der wechsel *eta* mit nasaliertem *a*: **helpa* mit unnasaliertem *a* kann eine nasalitäts-balance genannt werden.

Die hier besprochene gemeinnord. acc. wird, wie ich nunmehr beobachtet habe, auch durch die behandlung des urnord. -*R* im aschw. bestätigt. Wenigstens dialektisch (im Codex bureanus um 1360) geht dieses nämlich sehr oft in langsilbigen praesensformen wie *kalla*[*r*] 'ruft', *løse*[*r*] 'löst' mit schwachem levis auf der ultima verloren, während es im allgemeinen in kurzsilbigen praesensformen wie *talar* 'spricht' mit starkem levis auf der ultima erhalten bleibt. Dies ist eine art consonanten-balance; vgl. die vocalbalance und (gleich oben) die nasalitäts-balance.

Wortregister.

Alt- und neuschwedisch unbezeichnet. Wörter, die sowohl schwedisch als auch norwegisch, dänisch oder isländisch sind, bleiben auch unbezeichnet. Wenn ein aschw. wort nur durch die orthographie von dem entsprechenden neuschwedischen verschieden ist, wird oft nur eine form angeführt. Flektierte formen sind in ziemlich grosser zahl aufgenommen.

Lies 10 : 25 der beiden — 66 : 13 *tapper* — 79 : 8 aschw. *þūsand* — 93 : 38 anorw. *nykill* — 169 : 9 *(ærke)biskop* — 182 : 5 Snōorslēeff — 187 : 17 *for-* — 194 : 9 *ogin* — 201 : 35 isl. *Haraldr* — 219 : 25 öfver — 220 : 37 *vei-* > *ve-* — 221 : 30 isl. *mullaug* — 225 : 13 *penningr* — 245 : 31 *god dág . . . god nátt*. Das längezeichen fehlt in *bītr* 43 : 11; *fātegher* 161 : 38; *sǣrdēlis* 162 : 33; *rēttyndi* 167 : 5; *hēmul* 169 : 6; *hēmuld* 169 : 7; *brūþgumi* 201 : 10; *Ālāfr* 203 : 13; *Rōsbyggiar* 205 : 35; *ōsǣl* 207 : 9; *sūradhule* 213 : 26; *ālīt* 220 : 22; *selīker*, *silīker* 230 : 12; *saktdōmh . . . ēndrækt* 240 : 20.

FSC
www.fsc.org
MIX
Papier | Fördert
gute Waldnutzung
FSC® C083411

Kolibri 360 GmbH
Ferdinand-Jühlke-Straße 7
99095 Erfurt, Deutschland
produktsicherheit@kolibri360.de